电工电子技术

主　编　段晶莹　付长景
副主编　江翠翠　杜秀芳
　　　　冯海伟　卢秋霞

北京理工大学出版社
BEIJING INSTITUTE OF TECHNOLOGY PRESS

内 容 简 介

　　"电工电子技术"是非电类专业的重要专业基础课,本书的编写针对该门课程学时减少的现状,根据"理论知识够用为度,注重职业素养培养"的原则,突出"电工电子技术"的基本理论和基本分析方法,简明易懂,注重应用。采用以"项目引领、任务驱动"的形式组织内容,由浅入深地将基本理论和基本技能以"理实一体"的形式展现出来,引导学生在"做中学,学中做",有效提升学生的岗位职业能力和职业素养。全书共分为6个项目,18个任务,主要内容包括直流电路、正弦交流电路、磁路与变压器、电动机及其控制、模拟电路基础、数字电路基础知识。

　　本书可作为高等院校、高职院校机械制造与自动化、机电一体化、数控技术、工业机器人等非电类专业学生的专业基础教材,也可供技师学院相关专业师生作为教材使用,还可供相关专业技术人员参考。

图书在版编目(CIP)数据

电工电子技术／段晶莹,付长景主编. -- 北京：
北京理工大学出版社,2023.5
ISBN 978-7-5763-2341-2

Ⅰ.①电… Ⅱ.①段… ②付… Ⅲ.①电工技术 ②电子技术 Ⅳ.①TM ②TN

中国国家版本馆 CIP 数据核字(2023)第 076231 号

出版发行／北京理工大学出版社有限责任公司
社　　　址／北京市海淀区中关村南大街 5 号
邮　　　编／100081
电　　　话／(010)68914775(总编室)
　　　　　　(010)82562903(教材售后服务热线)
　　　　　　(010)68944723(其他图书服务热线)
网　　　址／http：//www.bitpress.com.cn
经　　　销／全国各地新华书店
印　　　刷／北京广达印刷有限公司
开　　　本／787 毫米×1092 毫米　1/16
印　　　张／15.25　　　　　　　　　　责任编辑／张鑫星
字　　　数／358 千字　　　　　　　　　文案编辑／张鑫星
版　　　次／2023 年 5 月第 1 版　2023 年 5 月第 1 次印刷　　责任校对／周瑞红
定　　　价／76.00 元　　　　　　　　　责任印制／李志强

前　言

"电工电子技术"是高职高专非电类专业中一门必修的专业基础课程。随着高端装备制造业的发展，"电工电子技术"已广泛应用于工业、农业及其他诸多产业实现自动化、信息化、远程化及智能化领域，为了适应高端装备制造业对复合型技术技能人才的需求，根据《国家职业教育改革实施方案》精神并结合高职高专教学特点编写本教材。

本教材贯彻落实党的二十大精神，在编写过程中根据"理论知识够用为度，注重职业素养培养"的原则，强调知识的应用，力求体现以下特点：

1. 采用"项目导向、任务驱动"的形式编写。组织了6个难度循序渐进的独立项目，并将每个项目划分为多个进阶任务。按照"任务描述→学习导航→知识储备→任务实施→检查评估→小结反思"等环节展开，将原理性知识内容分散在各项工作任务中，由浅入深地将基本理论和基本技能以"理实一体"的形式展现出来，引导学生在"做中学，学中做"，有效提升学生的岗位职业能力。

2. 每个项目均选自实际生活实践和工业生产，具有较强的代表性和实用性。教材编写过程中与济南柴油机股份有限公司等企业合作，充分考虑学生的学习能力及基础知识，所有项目由工业生产和实际生活实践典型案例引入。在内容的选择上注意基础性和实践性的统一；在内容的安排上，注意由浅入深、循序渐进；在内容的论述上，做到语言简明、叙述清楚、讲解细致、通俗易懂。

3. 注重学生职业素养培养。根据课程知识点内容，将自信自立、守正创新、劳动精神、大国工匠精神、奉献精神、创造精神、勤俭节约、安全操作等职业素养通过知识关联、典型案例等方式融入教学内容，提升学生职业素养。

4. 注重立体化教材建设。通过教材、视频和习题等教学资源的有机结合，提高教学服务水平，为复合型技术技能人才的培养创造良好的条件。

本书由山东劳动职业技术学院段晶莹、付长景担任主编，山东劳动职业技术学院江翠翠、杜秀芳、冯海伟、卢秋霞担任副主编。项目一由付长景编写，项目二由段晶莹编写，项目三由冯海伟编写，项目四由卢秋霞编写，项目五由杜秀芳编写，项目六由江翠翠编写。参与本书编写的还有山东劳动职业技术学院徐雯雯、姚忠福、赵训茶、李庆、刘燕、王希保、李慧明、张新成、丁来源、翟瑞卿和山东开泰集团有限公司李计良、济南柴油机股份有限公司王其，但限于编者水平，书中难免存在不足之处，恳请各位同仁及读者批评指正。

编　者

目　录

项目1　汽车安全带指示灯电路的制作与测试

项目描述

家用轿车的仪表盘上，有一个显示驾驶员和副驾驶乘客安全带是否系好的指示灯，当汽车起动后，只要驾驶员和副驾驶乘客有一个没有系好安全带，指示灯就发光提醒，如图1-1所示。根据工艺标准完成汽车起动后未系好安全带电路的制作测试任务。

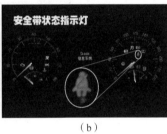

（a）　　　　　　　　　　（b）

图1-1　轿车安全带状态指示灯

（a）安全带未系状态；（b）安全带状态指示灯

项目流程

要完成这项电路安装任务，必须了解该电路构成的三要素，即电源、负载、中间环节，所以项目过程分三步走，具体如图1-2所示。

图1-2　项目流程图

任务1.1　检测直流电源

任务描述

家用轿车仪表盘上的安全带状态指示灯正常显示的前提条件是汽车已起动，电路接通，电源正常供电。

本次任务：请使用电工工具或仪表按规范操作检测电源的特性。

任务提交：检测结论、任务问答、学习要点思维导图、检查评估表。

本任务参考学习学时：4（课内）+2（课外）。通过本任务学习，可以获得以下收获：

专业知识：

1. 能够认识电路并知晓电路的组成。

2. 能够熟知电路的基本物理量及其关系。

3. 能够区别电路的基本工作状态。

专业技能：

1. 能够使用常用仪表正确规范检测电压源（恒压源）与实际电压源的外特性。

2. 能够使用常用仪表正确规范检测电流源（恒流源）与实际电流源的外特性。

职业素养：

1. 通过对电流、电压、功率等基本概念的数学描述，启发学生用数学思维模式描述工程问题，培养学生的科学素养。

2. 养成良好的安全作业意识，规范操作意识；自主学习，主动完成任务内容，提炼学习重点。

3. 能够团结合作，主动帮助同学、善于协调工作关系。

知识储备 NEWS

1.1.1 电路的组成及其作用

1. 电路的组成

电路就是电流所通过的路径。通常电路是由电源、负载和中间环节（导线和开关）等基本部分组成的，如图 1-3 所示。

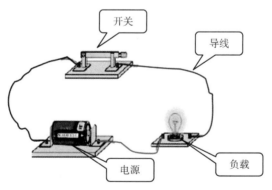

图 1-3 电路组成

电源是提供电能的设备。它把化学能、机械能等其他形式的能转化成电能，例如干电池、蓄电池、发电机和各种整流电源等。

负载是指将电能转化为其他形式能的元器件或设备。例如照明灯、扬声器、电炉、电动机等，其中照明灯是将电能转换成光能和热能，电炉是将电能转换成热能，电动机是将电能转换成机械能。

中间环节是指介于电源和负载之间的传输、控制设备及保护装置。电路中简单的中间环节可以仅由连接导线和开关组成，但复杂的中间环节还包括用来实现对电路的控制、分配、保护及测量等作用的常用的辅助设备，包括各种开关、熔断器及测量仪表等。

2. 电路的作用

电路是为实现某种目的而设计的，它的形式有多种多样，电路的主要作用有两类：一是实现电能的传送、分配和转换。如图1-4所示输配电电路，在火力发电厂中，发电机由汽轮机带动运转，将机械能转换成电能，经升压变压器将电压升高，由输电线送往用电地方，再经降压变压器将电压降低，送至各种用电设备，把电能转换成热能、光能、机械能等。二是实现电信号的传递和处理，如收音机、电视机电路等。如图1-5所示收音机电路，接收天线将载有语言或音乐信号的电磁波接收后，通过收音机电路把输入信号变换或处理为我们所需要的输出信号，送到扬声器，再还原为语言或音乐。

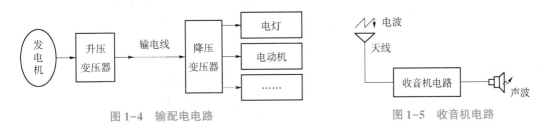

图1-4　输配电电路　　　　　　　　　图1-5　收音机电路

1.1.2　理想电路元件和电路模型

如图1-6所示，实际电路形象直观，但绘制麻烦，并且实际电路元件的电磁性质较为复杂，不便于进行理论分析。在一定条件下将实际电路元件理想化，考虑电路元件的主要性质忽略其次要性质，只保留它的一个主要性质，并用一个足以反映该主要性质的模型表示，这样经过简化的模型称为理想电路元件。这种由理想电路元件组成的电路称为电路模型，如图1-7所示。常用理想电路元件的图形符号及文字符号如图1-8所示。

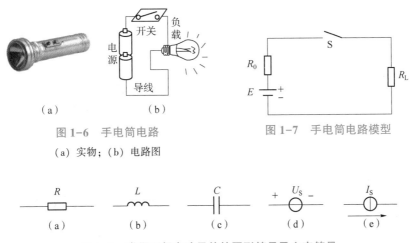

图1-6　手电筒电路　　　　　　　　　图1-7　手电筒电路模型
（a）实物；（b）电路图

图1-8　常用理想电路元件的图形符号及文字符号
（a）电阻；（b）电感；（c）电容；（d）电压源；（e）电流源

1.1.3 电路基本物理量

1. 电流

1）电流概述

电流是由电荷的定向移动而形成的。规定正电荷移动的方向为电流的实际方向。电流的大小用电流强度来表示，把单位时间内通过导体横截面的电荷量定义为电流强度，简称电流，即

$$i = \frac{\mathrm{d}q}{\mathrm{d}t} \tag{1-1}$$

大小和方向不随时间变化的电流称为恒定电流，简称为直流（DC），用大写字母 I 表示；大小和方向随时间变化的电流称为交流电流，简称交流（AC），用小写字母 i 表示。

在国际单位制中电流的单位是 A（安［培］），在 1 s 时间内通过导体横截面的电荷量为 1 C（库［仑］）时，导体中的电流为 1 A。对于大电流和微小电流，电流计量单位还有 kA（千安）、mA（毫安）、μA（微安），1 kA = 10^3A，1 A = 10^3 mA = 10^6 μA。

2）电流的参考方向

在复杂电路分析中，有时某段电流的实际方向难以判断，为了分析电路的需要，引入"参考方向"。电流的参考方向是人为假定的电流方向，任意选定某一个方向作为电流的参考方向并标注在电路图上。其标注方法有双下标表示法和箭头表示法，如 I_{ab} 表示参考方向从 a 指向 b，如图 1-9 所示。规定：当电流的参考方向与实际方向一致时，电流取正值，$I>0$，如图 1-9（a）所示；当电流的参考方向与实际方向不一致即相反时，电流取负值 $I<0$，如图 1-9（b）所示。这样，在电路计算时，只要选定了参考方向，并算出电流值，就可根据其值的正负号来判断其实际方向了。

图 1-9　电流参考方向与实际方向的关系
(a) $I>0$；(b) $I<0$

特别提示

（1）电流的参考方向可以任意设定，但一经设定就不得改变；

（2）不标参考方向的电流没有任何意义，只有在指定电流参考方向的前提下，电流值的正负才能反映出电流的实际方向。

---

2. 电压

1）电压概述

一般用电压来反映电场力做功的能力。电压就是电场力将单位正电荷从电路中 a 点移至 b 点所做的功，定义为 a、b 间的电压，即

$$u_{ab} = \frac{\mathrm{d}W}{\mathrm{d}q} \tag{1-2}$$

电路中电压的实际方向规定为高电位指向低电位的方向。大小和方向不随时间变化的电压称为直流电压，用大写字母 U 表示；大小和方向随时间变化的电压称为交流电压，用小写字母 u 表示。

在国际单位制中电压的单位是 V（伏［特］）。若电场力将 1 C 的正电荷从 a 点移动到 b 点所做的功为 1 J（焦［耳］），则 u_{ab} 为 1 V。对于较大电压和较小电压，电压计量单位还有 kV（千伏）、mV（毫伏）、μV（微伏），1 kV = 10^3 V，1 V = 10^3 mV = 10^6 μV。

2）电压的参考方向

与电流的参考方向一样，在电路分析时，也需要对电路两点间电压假设其参考方向。在电路图中，常标以"＋""－"号表示电压的正、负极性或参考方向。在图 1-10（a）中，a 点标以"＋"，极性为正，称为高电位；b 点标以"－"，极性为负，称为低电位。一旦选定了电压参考方向，若 $U>0$，则表示电压的真实方向与选定的参考方向一致；反之则相反，如图 1-10（b）所示。也有的用带有双下标的字母表示，如电压 U_{ab}，表示该电压的参考方向为从 a 点指向 b 点。

图 1-10　电压参考方向与实际方向的关系

（a）$U>0$；（b）$U<0$

3）关联参考方向

电路中电流的正方向和电压的正方向在选定时都有任意性，二者彼此独立。但是，为了分析电路方便，常把元件上的电流与电压的正方向取为一致，称为关联参考方向，如图 1-11（a）所示；不一致时称为非关联参考方向，如图 1-11（b）所示。

图 1-11　电压和电流的关联、非关联参考方向

（a）关联参考方向；（b）非关联参考方向

3. 电位

在电路分析中，经常用到电位这一物理量。电场力将单位正电荷从某一点 a 沿任意路径移动到参考点（规定电位能为零的点）所做的功，称为 a 点的电位，记为 u_a。所以为了求出各点的电位，必须选定电路中的某一点作为参考点，并规定参考点的电位为零，则电路中的任一点与参考点之间的电压（即电位差）就是该点的电位。

电力系统中，常选大地为参考点；在电子线路中，则常选机壳电路的公共线为参考点。线路图中都用符号"⊥"表示，简称"接地"。电位的单位与电压相同，用 V（伏［特］）表示。

电路中两点间的电压也可以用两点间的电位差表示为

$$u_{ab} = u_a - u_b \tag{1-3}$$

电路中任意两点间的电压是绝对的，不随参考点变化；但电位是相对的，随参考点发生变化。

4. 电动势

在电路中要维持电荷的持续流动，除了电场力将单位正电荷从高电位端移动到低电位端外，还需要一种力量将正电荷从低电位端移动到高电位端，这个力量称为电源力（非电场力）。电源力把单位正电荷从电源的低电位端（负极）经过电源内部移到高电位端（正极）所做的功，称为电动势，用字母 $e(E)$ 表示，即

$$e = \frac{\mathrm{d}W}{\mathrm{d}q} \tag{1-4}$$

电动势的单位也是 V（伏 [特]），电动势的实际方向在电源内部是由低电位端指向高电位端，即与电源两端电压的方向相反。

5. 功率

1）功率概述

电场力在单位时间内所做的功称为电功率，简称功率，用符号 $p(P)$ 表示，即

$$p = \frac{\mathrm{d}W}{\mathrm{d}t} \tag{1-5}$$

在国际单位制中功率的单位是 W（瓦 [特]）。若电场力在 1 s 时间内所做的功为 1 J（焦 [耳]），则功率为 1 W。常用的计量单位还有 kW（千瓦）、mW（毫瓦），$1\ \mathrm{kW} = 10^3\ \mathrm{W}$，$1\ \mathrm{W} = 10^3\ \mathrm{mW}$。

根据功率的定义，某段电路在时间 t 内吸收或发出的电能为

$$W = pt \tag{1-6}$$

电能的国际单位是 J（焦 [耳]），常用 kW·h（千瓦时）或度为单位。平时所说的 1 度电就是功率为 1 kW 的用电设备，在 1 h 内消耗的电能，即为 1 kW·h。

$$1\ 度（电）= 1\ \mathrm{kW \cdot h} = 3.6 \times 10^6\ \mathrm{J}$$

2）功率的吸收与发出

一个电路最终的目的是电源将一定的电功率传送给负载，负载将电能转换成工作所需要的一定形式的能量，即电路中存在发出功率的器件（供能元件）和吸收功率的器件（耗能元件）。因此，在分析电路时，不仅要计算功率的大小，还要判断它是吸收功率，还是发出功率。具体分析如下：

（1）对于直流电路，当电流与电压取关联参考方向时，功率表达式为

$$P = UI \tag{1-7}$$

（2）对于直流电路，当电流与电压取非关联参考方向时，功率表达式为

$$P = -UI \tag{1-8}$$

按式（1-7）、式（1-8）计算功率，若 $P>0$，则表示元器件吸收功率，为负载；若 $P<0$，则表示元器件发出功率，为电源。

【例 1-1】 试判断图 1-12 中元件是发出功率还是吸收功率。

图 1-12　例 1-1 图

解：在图 1-12（a）中，电流与电压是非关联参考方向，且

$$P = -UI = -(-2) \times 3 = 6（\mathrm{W}）> 0$$

元件吸收功率。

在图 1-12（b）中，电流与电压是关联参考方向，且

$$P = UI = (-2) \times 3 = -6(\text{W}) < 0$$

元件发出功率。

1.1.4 电路的几种状态

当电源与负载相连时，根据所连接负载的情况，电路有带负载、开路和短路三种工作状态。

1. 带负载工作状态

如图 1-13（a）所示，把开关 S 闭合，电路便处于带负载工作状态。此时电路有下列特征：
电路中的电流为

$$I = \frac{U_S}{R_0 + R_L} \tag{1-9}$$

电路中的电压为

$$U = U_S - IR_0$$

电源的输出功率为

$$P_1 = (U_S - IR_0)I = U_SI - R_0I^2 \tag{1-10}$$

负载所吸取的功率为

$$P_2 = UI = I^2R_L \tag{1-11}$$

2. 开路状态

将图 1-13（b）中开关 S 打开，电源与负载断开，此时电路称为开路（断路）状态。这时外电路所呈现的电阻对电源来说是无穷大，此时
电路中的电流为零，即

$$I = 0$$

电源的端电压 U 等于电源的恒定电压，即

$$U = U_S - R_0I = U_S \tag{1-12}$$

电源的输出功率 P_1 和负载所吸收的功率 P_2 均为零。

3. 短路状态

当电源的两输出端由于某种原因（如电源线绝缘损坏、操作不慎等）相接触时，会造成电源被直接短路的情况，如图 1-13（c）所示。

当电源短路时，外电路所呈现出的电阻可视为零，故电路具有下列特征：
电源中的电流为

$$I = I_S = \frac{U_S}{R_0} \tag{1-13}$$

此电流称为短路电流。在一般供电系统中，因电源的内电阻 R_0 很小，故短路电流 I_S 很大。

因负载被短路，电源端电压与负载电压均为零，即

$$U = U_S - R_0I_S = 0 \tag{1-14}$$

负载吸收的功率

$$P_2 = 0 \tag{1-15}$$

电源提供的输出功率

$$P_1 = I_S^2R_0 \tag{1-16}$$

这时电源发出的功率全部消耗在内阻上，这将导致电源的温度急剧上升，有可能烧毁电源

或由于电流过大造成设备损坏，甚至引起火灾。为了防止此现象的发生，可在电路中接入熔断器等短路保护电器。

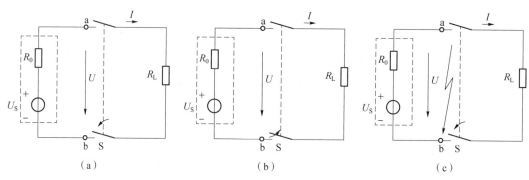

图 1-13　电路的工作状态

（a）带负载工作状态；（b）开路状态；（c）短路状态

职业素养

　　电池是最常见的电源之一，随着科技的发展家用电器不断增加，使人们对电池的需求量越来越大，从而使废电池的量也越来越多。有害垃圾中的废电池是指含汞、镍氢、镍镉等的充电电池、纽扣电池、锂电池、蓄电池；其他垃圾中的废电池是指干电池，因为现在市场上的干电池都是无汞或低汞的，所以干电池是其他垃圾。家用不可充电的 5 号和 7 号电池多为干电池。因此，我们使用电池后，一旦废弃，不要乱扔，收集起来分类放到回收箱里。垃圾分类益处多，环境保护靠你我。

1.1.5　认识直流电源

　　实际电源种类繁多，常用的直流电源如干电池、蓄电池、直流稳压电源等。一个实际电源可以用两种模型来表示：一种是以电压形式表示的电路模型称为电压源；另一种是以电流形式表示的电路模型称为电流源。

　　1. 电压源

　　发电机、蓄电池等实际电源都含有电动势和内阻，在电路分析时，为了直观和方便，往往用电动势 E（常用 U_s 表示）和内阻 R_0 串联的电路模型表示，即为实际电压源，如图 1-14 所示。接上负载 R 形成回路后，电流通过内阻时会产生电压降，在图 1-15 中，$U = U_s - R_0 I$，使电源两端的电压随电流而变化，其特性曲线如图 1-16 所示。

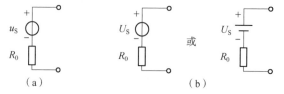

图 1-14　实际电压源

（a）实际电压源（交流）；（b）实际电压源（直流）

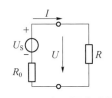

图1-15 电压源电路图

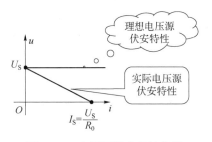

图1-16 电压源伏安特性曲线

从图1-16中可以看出，电源两端电压 U 将随负载电流的增大而下降，下降的快慢由内阻 R_0 决定。R_0 越大，U 下降得越快，表明带负载的能力差；R_0 越小，U 下降得越慢，曲线越平缓，表明带负载的能力强。当 $R_0 = 0$ 时，$U = U_S$，电压源输出的电压是恒定不变的，与通过它的电流无关，伏安特性曲线为一条与横轴平行的直线。这种内阻为零的电压源称为理想电压源或恒压源，用 u_S 或 U_S 表示，其图形符号如图1-17所示。其特点是：电压源两端的电压不随外电路的改变而改变，输出的电流则随外电路的改变而改变。

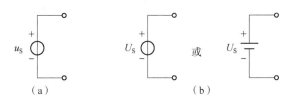

图1-17 理想电压源

（a）理想电压源（交流）；（b）理想电压源（直流）

对于理想电压源是不允许其短路的，因此在电压源的应用电路中通常会加入短路保护，以免电路短路时，造成过大的短路电流而损坏电压源。电压源可以串联使用不能并联使用。

n 个理想电压源串联如图1-18（a）所示，可等效为一个理想电压源，如图1-18（b）所示，其电压等于各电压源电压的代数和，即

$$U_S = \sum_{k=1}^{n} U_{Sk} \tag{1-17}$$

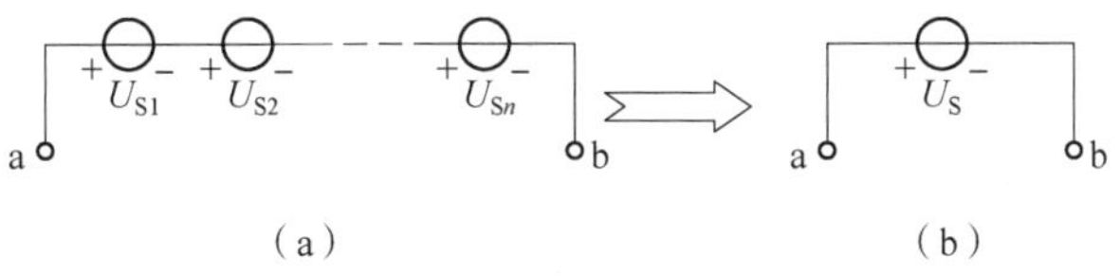

图1-18 电压源的串联

（a）电压源串联电路；（b）等效电压源

其中，各电压源的电压 U_{Sk} 的参考方向与等效电压源 U_S 的参考方向一致取正，反之取负。

2. 电流源

任何电源内部总有损耗，为反映实际电流源随负载变化而变化的情况，往往用一个定值电流 I_S 和内阻 R_0 并联的电路模型表示，即为实际电流源，如图1-19所示。接上负载 R 形成回路后，并联的内阻 R_0 使电源的输出电流 I 随负载而变化，如图1-20所示。

$$I = I_S - I_0 = I_S - \frac{U}{R_0}$$

其特性曲线如图 1-21 所示。

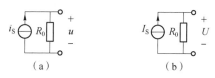

图 1-19　实际电流源

（a）实际电流源（交流）；（b）实际电流源（直流）

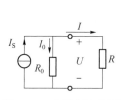

图 1-20　电流源电路图

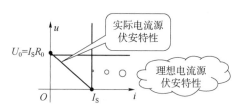

图 1-21　电流源伏安特性曲线

从图 1-21 中可以看出，R_0 越小，分流作用越大，电流下降得越快；R_0 越大，分流作用越小，输出电流下降得越慢。当 $R_0 = \infty$ 时，$I = I_S$，电流源输出的电流是恒定不变的，与外电路无关，伏安特性曲线为一条与纵轴平行的直线。这种内阻为无穷大的电流源被称为理想电流源或恒流源，用 i_S 或 I_S 表示，其图形符号如图 1-22 所示。其特点是：电流源两端的电流不随外电路的改变而改变，但电流源两端的电压则随外电路的改变而改变。

对于理想电流源，其内阻等于零，电流源的容量无穷大，电流源严禁开路，电流源可以并联使用不能串联使用。

n 个理想电流源并联，如图 1-23（a）所示，就端口特性而言，可以等效为一个理想电流源，如图 1-23（b）所示。其电流等于各电流源电流的代数和，即

$$I_S = \sum_{k=1}^{n} I_{Sk} \tag{1-18}$$

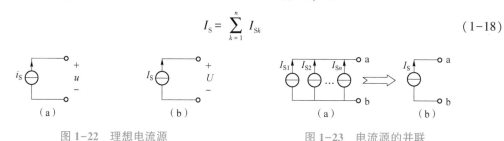

图 1-22　理想电流源

（a）理想电流源（交流）；（b）理想电流源（直流）

图 1-23　电流源的并联

（a）电流源并联电路；（b）等效电流源

其中，各电流源的电流 I_{Sk} 的参考方向与等效电流源 I_S 的参考方向一致取正，反之取负。

3. 电压源和电流源的等效变换

前面已经介绍了实际电压源和实际电流源模型，那么实际电源用哪一种电源模型来表示呢？对外电路而言，只要两种电源模型的外部特性一致，则它们对外电路的影响是一样的。因此，实际电源可以用实际电压源模型表示，也可以用实际电流源模型表示，为了方便电路的分析和计

算，常常把这两种电源模型进行等效变换。

这里所说的等效变换是指对外部等效，就是变换前后端口处的伏安关系不变，即 a、b 间端口电压均为 U，端口处流出或流入的电流 I 相同，如图 1-24 所示。

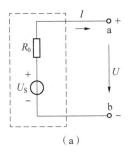 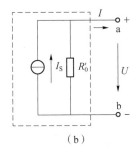

图 1-24　电压源和电流源的等效变换

（a）电压源；（b）电流源

电压源输出的电流为

$$I = \frac{U_S - U}{R_0} = \frac{U_S}{R_0} - \frac{U}{R_0} \tag{1-19}$$

电流源输出的电流为

$$I = I_S - \frac{U}{R'_0} \tag{1-20}$$

根据等效的要求，上面两个式子中对应项应该相等，即

$$\left. \begin{array}{c} I_S = \dfrac{U_S}{R_0} \\[2mm] R'_0 = R_0 \end{array} \right\} \tag{1-21}$$

这就是两种电源模型等效变换的条件。

特别提示

（1）I_S 的参考方向与 U_S 电位升高的方向一致；

（2）理想电压源与理想电流源之间不能进行等效变换；

（3）等效变换仅对外电路适用，其电源内部是不等效的。

【例 1-2】　试将图 1-25（a）所示的电源电路分别简化为电压源和电流源。

解：如图 1-25（a）所示，将左边实际电流源等效为实际电压源，如图 1-25（b）所示；

将图 1-25（b）中两串联电压源合并等效为一个电压源，如图 1-25（c）所示；再将实际电压源等效为实际电流源，如图 1-25（d）所示。

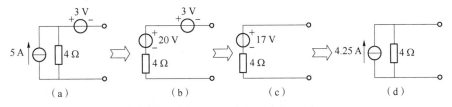

图 1-25　电压源和电流源的等效变换

1. 实训设备与器材

直流数字电压表、直流数字电流表、恒压源（双路 0~30 V 可调）；恒流源（0~200 mA 可调）、固定电阻、调节电位器、导线若干。

2. 任务内容和步骤

1）测定电压源（恒压源）与实际电压源的外特性

电路如图 1-26 所示，图中的电源 U_S 用恒压源 0~+30 V 可调电压输出端，并将输出电压调到 +6 V，R_1 取 200 Ω 的固定电阻，R_2 取 470 Ω 的电位器。调节电位器 R_2，令其阻值由大至小变化，将电流表、电压表的读数记入表 1-1 中。

表 1-1　电压源（恒压源）外特性数据

被测量	阻值：	阻值：	阻值：	阻值：	阻值：
I/mA					
U/V					

在图 1-26 电路中，将电压源改成实际电压源，如图 1-27 所示，图中内阻 R_0 取 51 Ω 的固定电阻，调节电位器 R_2，令其阻值由大至小变化，将电流表、电压表的读数记入表 1-2 中。

表 1-2　实际电压源外特性数据

被测量	阻值：	阻值：	阻值：	阻值：	阻值：
I/mA					
U/V					

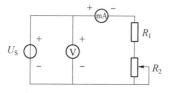

图 1-26　电压源（恒压源）外特性测量电路

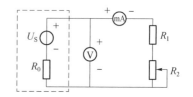

图 1-27　实际电压源外特性测量电路

2）测定电流源（恒流源）与实际电流源的外特性

电路如图 1-28 所示，图中 I_S 为恒流源，调节其输出为 5 mA（用毫安表测量），R_2 取 470 Ω 的电位器，在 R_0 分别为 1 kΩ 和 ∞ 两种情况下，调节电位器 R_2，令其阻值由大至小变化，将电流表、电压表的读数记入自拟的数据表格中。

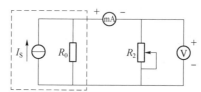

图 1-28　电流源（恒流源）外特性测量电路

检查评估 NEW!

1. 任务问答

（1）电压源的输出端为什么不允许短路？电流源的输出端为什么不允许开路？

_____

_____

（2）说明电压源和电流源的特性，其输出是否在任何负载下能保持恒值？

_____

_____

（3）实际电压源与实际电流源的外特性为什么呈下降变化趋势，下降的快慢受哪个参数影响？

_____

_____

_____

2. 检查评估

任务评价如表1-3所示。

表1-3　任务评价

评价项目	评价内容	配分/分	得分/分
职业素养	是否遵守纪律，不旷课、不迟到、不早退	10	
	是否以严谨细致、节约能源、勇于探索的态度对待学习及工作	10	
	是否符合电工安全操作规程	20	
	是否在任务实施过程中造成仪表等器件的损坏	10	
专业能力	是否能复述电路的组成及各部分作用	10	
	是否能规范使用表测量电压源外特性	15	
	是否能规范使用仪表测量电流源外特性	15	
	是否能对检测结果进行准确判断	10	
总分			

小结反思

（1）绘制本任务学习要点思维导图。

（2）在任务实施中出现了哪些错误？遇到了哪些问题？是否解决？如何解决？记录在表1-4中。

表1-4　错误/问题记录

出现错误	遇到问题

任务 1.2　认识检测电路元件

任务描述

电路元件是构成电路的基础，熟悉各类电路元件的性能、特点和用途，对设计、安装、调试电路十分重要。

本次任务：请使用万用表对电路中电阻元件进行识别与检测。

任务提交：检测结论、任务问答、学习要点思维导图、检查评估表。

学习导航

本任务参考学习学时：4（课内）+2（课外）。通过本任务学习，可以获得以下收获：

专业知识：

1. 能够熟知电阻元件的电路符号、特性及主要参数。

2. 能够辨别电路中电阻串、并联关系。

3. 能分析电阻不同连接方式时电路的参数关系。

专业技能：

1. 能够正确识别电阻元件及其主要技术参数。

2. 能够使用万用表规范检测电阻元件的好坏。

职业素养：

1. 养成严格执行工作标准的科学态度。

2. 养成严格按规范要求操作，使用电工仪表和安全工具等安全用电习惯和意识。

3. 能够团结合作，主动帮助同学、善于协调工作关系。

知识储备

1.2.1　认识电路中的电阻元件

1. 电阻的概念

电阻元件种类繁多、结构形式各有不同，常见电阻的外形如图1-29所示。

电阻元件是对电流呈现阻碍作用的耗能元件，例如灯泡、电热炉等电器。电阻的图形符号如图1-8（a）所示，用字母 R 表示，单位为 Ω（欧姆），常用的电阻单位还有 $k\Omega$（千欧）、

MΩ（兆欧），它们的换算关系为

$$1 \text{ k}\Omega = 10^3 \text{ }\Omega; \quad 1 \text{ M}\Omega = 10^6 \text{ }\Omega$$

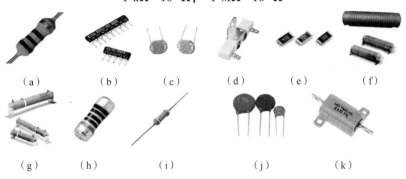

图 1-29　常见电阻的外形

（a）碳膜电阻；（b）排阻；（c）光敏电阻；（d）水泥电阻；（e）贴片排阻；（f）功率电阻；（g）变阻器；
（h）柱型贴片电阻；（i）金属膜电阻；（j）压敏电阻；（k）大功率电阻

2. 电压与电流的关系

当电阻两端的电压与流过电阻的电流为关联参考方向时，如图 1-30（a）所示，根据欧姆定律电压与电流成正比，有如下关系

$$U = IR \tag{1-22}$$

当电阻两端的电压与流过电阻的电流为非关联参考方向时，如图 1-30（b）所示。根据欧姆定律电压与电流有如下关系

$$U = -IR \tag{1-23}$$

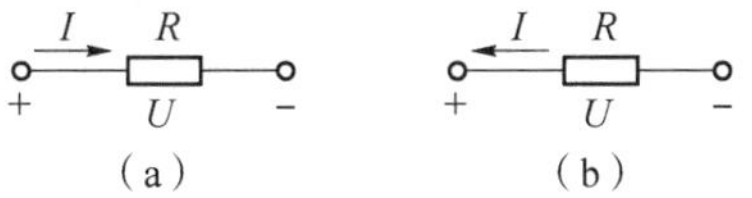

图 1-30　关联参考方向与非关联参考方向的电阻

（a）关联参考方向；（b）非关联参考方向

在关联参考方向下，$R = U/I$ 是一个常数，则 R 称为线性电阻。线性电阻的伏安特性如图 1-31 所示，是过原点的直线。

把式（1-22）两端乘以 I，得到 $P = UI = RI^2 = U^2/R = GU^2$，式中 $G = 1/R$，称为电导。电导 G 的单位是 S（西［门子］）。

当电阻两端的电压与流过电阻的电流不成正比时，伏安特性是曲线，如图 1-32 所示。此时电阻不是一个常数，随电压电流变动称为非线性电阻。

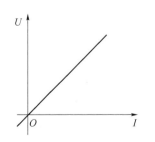

图 1-31　线性电阻的伏安特性

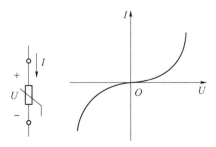

图 1-32　非线性电阻的伏安特性

1.2.2 电阻串并联的等效变换

1. 电阻的串联

如图 1-33 所示，假设有 n 个电阻 R_1，R_2，$\cdots$，R_n 按顺序相连，其中没有分支，称为 n 个电阻串联，U 代表总电压，I 代表电流。电阻串联电路具有如下特点：通过每个电阻的电流相同。

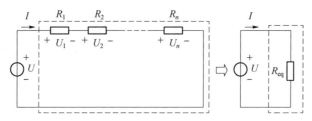

图 1-33 电阻的串联及其等效电阻

$$U = U_1 + U_2 + \cdots + U_n = R_1 I + R_2 I + \cdots + R_n I = (R_1 + R_2 + \cdots + R_n) I$$

等效电阻

$$R_{eq} = R_1 + R_2 + \cdots + R_n = \sum_{k=1}^{n} R_k \qquad (1-24)$$

各串联电阻上电压与电阻大小成正比

$$U_k = R_k I = R_k \frac{U}{R_{eq}} = \frac{R_k}{R_{eq}} U$$

功率

$$P = UI = (R_1 + R_2 + \cdots + R_n) I^2 = R_{eq} I^2 \qquad (1-25)$$

n 个串联电阻吸收的总功率等于它们的等效电阻所吸收的功率。

2. 电阻的并联

如图 1-34 所示，假设有 n 个电阻 R_1，R_2，$\cdots$，R_n 并排连接，承受相同的电压，称为 n 个电阻并联。I 代表总电流，U 代表电压。电阻并联电路具有以下特点：加在每个电阻两端的电压相同。

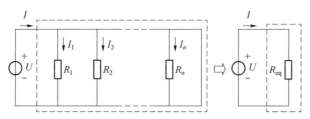

图 1-34 电阻的并联及其等效电阻

$$I = I_1 + I_2 + \cdots + I_n = \left(\frac{1}{R_1} + \frac{1}{R_2} + \cdots + \frac{1}{R_n} \right) U$$

等效电阻

$$\frac{1}{R_{eq}} = \frac{1}{R_1} + \frac{1}{R_2} + \cdots + \frac{1}{R_n} \qquad (1-26)$$

并联的每个电阻的电流与总电流的比等于总电阻与该电阻的比，即并联分流。

$$I_k = \frac{U}{R_k} = \frac{I R_{eq}}{R_k} = \frac{R_{eq}}{R_k} I \qquad (1-27)$$

并联的负载越多（负载增加），则总电阻越小，电路中总电流和总功率越大，但是每个负载的电流和功率却没有变动。

功率

$$P = \frac{U^2}{R_1} + \frac{U^2}{R_2} + \cdots + \frac{U^2}{R_n} = \frac{U^2}{R_{eq}} \tag{1-28}$$

n 个并联电阻吸收的总功率等于它们的等效电阻所吸收的功率。

3. 电阻的混联

在电阻电路中，既有电阻的串联关系又有电阻的并联关系，称为电阻混联。对混联电路的分析和计算大体上可分为以下几个步骤：

（1）首先整理清楚电路中电阻串、并联关系，必要时重新画出串、并联关系明确的电路图。

（2）利用串、并联等效电阻公式计算出电路中总的等效电阻。

（3）利用已知条件进行计算，确定电路的总电压与总电流。

（4）根据电阻分压关系和分流关系，逐步推算出各支路的电流或电压。

【例 1-3】 如图 1-35 所示，已知 $R = 10\ \Omega$，电源电动势 $E = 6\ \text{V}$，试求电路中的总电流 I。

解：首先整理清楚电路中电阻串、并联关系，并画出等效电路，如图 1-36 所示。四只电阻并联的等效电阻为

$$R_{eq} = R/4 = 2.5\ \Omega$$

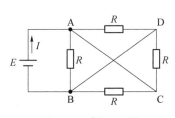

图 1-35 例 1-3 图

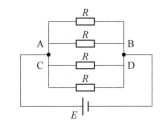

图 1-36 例题 1-3 的等效电路

根据欧姆定律，电路中的总电流为

$$I = \frac{E}{R_{eq}} = 2.4\ \text{A}$$

职业素养

自从 1879 年著名科学家爱迪生经过上万次的反复实验发明了世界上第一只实用的白炽灯泡后，从此让人类改变了日出而作、日落而息的习惯。爱迪生还发明了留声机、复印机、活动电影放映机……2 000 多项发明，为人类社会的进步做出了巨大贡献。他的这种不畏艰辛、勇于探索、求实创新的精神值得我们学习。发明和创造被誉为人类社会进步的阶梯，从指南针、印刷术到航天飞机、互联网，无数个伟大发明聚集了人类智慧的结晶。我们作为新时代大学生，应该要继承和发扬传统文化，让它们在我们手中发扬光大。

1.2.3 电阻器的识别与检测

1. 电阻器的主要技术参数

(1) 标称阻值。标称阻值通常是指电阻器上标注的电阻值。阻值的范围很广，可以从零点几欧到几十兆欧。

(2) 允许偏差。一只电阻器的实际阻值不可能与标称阻值绝对相等，两者之间会存在一定的偏差，该偏差允许范围称为电阻器的允许偏差。允许偏差越小的电阻器，其阻值精度越高。偏差是指标称阻值与实际阻值的差值与标称阻值之比的百分数。通常允许偏差分为三级：Ⅰ级（±5%）、Ⅱ级（±10%）、Ⅲ级（±20%）。精密电阻器允许偏差要求高，如±1%、±2%等。

(3) 额定功率。额定功率是指电阻器在交流或直流电路中，在特定条件下（在一定大气压下和产品标准所规定的温度下）长期工作时所能承受的最大功率（即最高电压和最大电流的乘积）。电阻器额定功率图形符号如图 1-37 所示。

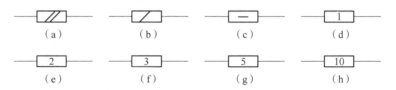

图 1-37　电阻器额定功率图形符号

(a) 0.125 W；(b) 0.25 W；(c) 0.125 W；(d) 1 W；(e) 2 W；(f) 3 W；(g) 5 W；(h) 10 W

2. 电阻器参数的标注方法

(1) 直标法。用阿拉伯数字和文字符号在电阻上直接标出其标称阻值和允许偏差的标识方法称为直标法。这种标识方法用于体积较大的元器件上。如图 1-38 所示，电阻器的标称阻值为 2.7 kΩ，允许偏差为 ±10%。

(2) 文字符号法。用阿拉伯数字和文字符号两者有规律地组合，在电阻上标出主要参数的标识方法。电阻值（阿拉伯数字）的整数部分写在符号的前面，小数部分写在符号的后面，如图 1-39 所示。例如：5.7 kΩ 标注为 5k7，3 300 MΩ 标注为 3G3，0.1 Ω 标注为 R10。

(3) 数码表示法。用三位数码表示电阻阻值、用相应字母表示允许偏差。数码按从左到右的顺序，第一、二位为电阻的有效值，第三位为零的个数，电阻的单位是 Ω。该方法常用于贴片电阻、排阻等。例如标注为 "103" 的电阻，其阻值为 $10 \times 10^3 = 10$（kΩ），如图 1-40 所示；标注为 "472" 的电阻，其阻值为 $47 \times 10^2 = 4.7$（kΩ）。需要注意的是，要将这种标注法与直标法区别开，如标注为 220 的电阻器，其阻值为 22 Ω，只有标注为 221 的电阻器，其阻值才为 220 Ω。

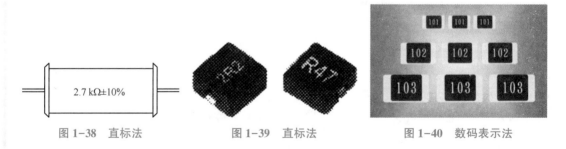

图 1-38　直标法　　　　图 1-39　直标法　　　　图 1-40　数码表示法

(4) 色标法（色环法）。用不同颜色的色环表示电阻的标称阻值与允许偏差的标注方法。这种表示方法常用在小型电阻上。色标法常用的有四色标法和五色标法两种，如图 1-41 所示。

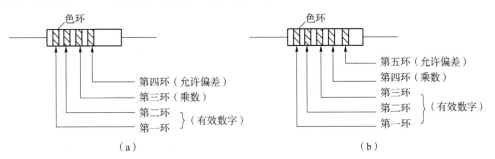

图 1-41　色环电阻器读法
（a）四色标法；（b）五色标法

当色环电阻为四环时，前两环表示阻值有效数字，第三环表示阻值的倍率，第四环表示阻值的允许偏差范围。普通电阻器多采用四色标法。

当色环电阻为五环时，最终一环与前面四环间隔较大。前三环表示阻值有效数字，第四环表示阻值的倍率，第五环表示阻值的允许偏差范围。精密电阻器多采用五色标法。色标符号规定与示例如图 1-42 所示。

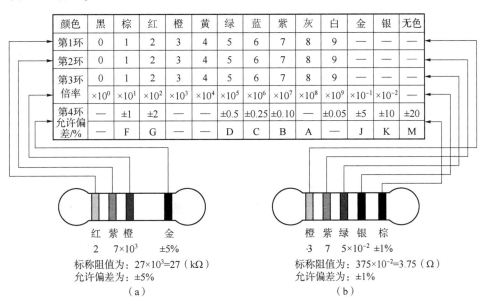

颜色	黑	棕	红	橙	黄	绿	蓝	紫	灰	白	金	银	无色
第1环	0	1	2	3	4	5	6	7	8	9	—	—	—
第2环	0	1	2	3	4	5	6	7	8	9	—	—	—
第3环	0	1	2	3	4	5	6	7	8	9	—	—	—
第3环倍率	$\times10^0$	$\times10^1$	$\times10^2$	$\times10^3$	$\times10^4$	$\times10^5$	$\times10^6$	$\times10^7$	$\times10^8$	$\times10^9$	$\times10^{-1}$	$\times10^{-2}$	—
第4环允许偏差/%	—	±1	±2	—	—	±0.5	±0.25	±0.10	—	±0.05	±5	±10	±20
	—	F	G	—	—	D	C	B	A	—	J	K	M

红 紫 橙　　金
2　7×10³　±5%
标称阻值为：27×10³=27（kΩ）
允许偏差为：±5%
（a）

橙 紫 绿 银 棕
3　7　5×10⁻²　±1%
标称阻值为：375×10⁻²=3.75（Ω）
允许偏差为：±1%
（b）

图 1-42　色标符号规定与示例
（a）四色标法；（b）五色标法

3. 常用电阻的简单测试

1）固定电阻器的检测

电阻器的检测，主要是利用万用表的欧姆挡来测量电阻器的电阻值，将测量值与标称阻值对比，从而判断电阻器是否能够正常工作，是否断路、短路及老化。

（1）从外观看电阻本身有无破损、脱皮，引脚有无脱落及松动现象，从外表排除电阻器有无断路情况。

（2）使用万用表测试时，选择欧姆挡合适量程测量。若基本等于标称阻值，则电阻器正常；

若阻值接近零，则电阻器短路；若测量值远小于标称阻值，则电阻器损坏；若远大于标称阻值，则电阻器断路。

2）压敏电阻器的检测

用万用表挡测量压敏电阻器两引脚之间的正、反向绝缘电阻，正常情况下均为无穷大，若所测阻值很小，说明压敏电阻器已损坏，不能继续使用。

3）光敏电阻器的检测

用一黑纸片将光敏电阻器的透光窗口遮住，此时万用表的读数基本保持不变，阻值接近无穷大。此值越大说明光敏电阻器性能越好。若此值很小或接近为零，说明光敏电阻器已烧穿损坏，不能继续使用。

1.2.4 学会使用万用表

万用表是一种多用途的电工仪表，可以测量电压、电流和电阻，还可以判断各种元器件的好坏。万用表的形式有很多，使用方法虽不完全相同，但基本原理是一样的。

1. 认识指针式万用表

指针式万用表有 MF-30 型、MF-50 型、MF-47 型等多种型号，其中 MF-47 型万用表的灵敏度较高、操作简单，还可以测量晶体三极管的放大倍数和 2 500 V 的高压，内部有保护电路，结构较牢靠，是机床电气维修比较理想的一种万用表。

指针式万用表主要由表头（测量机构）、测量线路、转换开关、面板及表壳等部分组成，它采用磁电式仪表为测量机构。MF-47 型万用表的外形如图 1-43 所示。下面以 MF-47 型万用表为例来说明指针式万用表的使用方法。

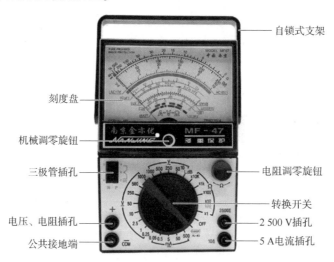

图 1-43　MF-47 型万用表的外形

（1）使用前的准备。在使用前应检查指针是否指在机械零位上，若不在机械零位上可旋转机械调零旋钮使指针指示在零位上，此过程称为机械调零。

（2）直流电压的测量。首先估计一下被测电压的大小，然后将转换开关拨至适当的 "V" 量程，将红表笔接被测电压 "+" 端，黑表笔接被测电压 "-" 端。然后根据该挡量程数字与标直流符号 "DC-" 刻度线（第二条线）上的指针所指数字来读出被测电压的大小。若无法估计被测电压的大小，可先选择量程最大挡，然后根据表头指示再选择相应量程。若指针反偏，须将两表笔对调测量。

（3）直流电流的测量。测量 0.05～500 mA 直流电流时，转动转换开关至所需电流挡；测量 5 A 时，转动转换开关在 500 mA 直流电流量限上，然后将表笔串接在被测电路中进行测量。

（4）交流电压的测量。测交流电压的方法与测量直流电压相似，所不同的是因为交流电压没有正、负之分，所以测量交流电压时，表笔也就无须分正、负极。

（5）电阻的测量。转动转换开关至所需电阻挡，将两表笔短接调零后进行测量。测量电路中的电阻时，应先切断电源，在带电状态下测电阻，会有电流通过万用表，从而烧坏万用表。若电路中有电容，则应先进行放电。当检查电解电容器漏电阻时，可转动转换开关至 $R×1$ k 挡，红表笔必须接电容器负极，黑表笔接电容器正极。

2. 认识数字式万用表

数字式万用表相比指针式万用表体积小、质量轻、便于携带，而且直接用数字显示测量结果，不但反应快，而且消除了视差，减少了人为误差，具有使用方便、精确度和灵敏度高、测电压时的输入阻抗高等优点。下面以 DT9205A 型数字式万用表为例来说明其使用方法。图 1-44 所示为 DT9205A 型数字式万用表的外形。

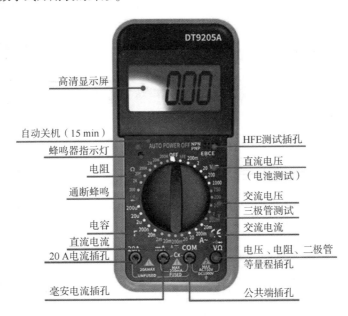

图 1-44　DT9205A 型数字式万用表的外形

（1）直流电压的测量。将转换开关置于直流电压挡"V–"量程范围，根据被测电压选择合适量程。将黑表笔插入 COM 插孔，红表笔插入 VΩ 插孔，红表笔另一端接被测电压高电位端，黑表笔另一端接电压低电位端，否则显示为负值，从显示屏读出被测电压值。

（2）直流电流的测量。将转换开关置于直流电流挡"A–"量程，将黑表笔插入 COM 插孔，当测量最大值为 200 mA 电流时，红表笔插入 mA 插孔，当测量最大值为 20 A 电流时，红表笔插入 20 A 插孔，并将测试表笔串联接入待测负载上，电流值显示的同时，将显示红表笔的极性。

（3）交流电压的测量。将转换开关置于交流电压挡"V~"量程范围，并将测试笔连接到待测电源或负载上，测量方法与直流电压测量方法相似。

（4）交流电流的测量。将转换开关置于交流电流挡"A~"量程，并将测试表笔串联接入待测电路中。测量方法与直流电流测量方法相似。

（5）电阻的测量。将转换开关置于"Ω"量程，将测试表笔连接到待测电阻上，将黑表笔插入 COM 插孔，红表笔插入 VΩ 插孔。

（6）电容的测量。将转换开关置于电容量程"F"，将电容器插入电容测试座中，仪器本身已对电容挡设置了保护，故在电容测试过程中不用考虑极性及电容充放电等情况。

任务实施

1. 实训设备与器材

万用表、各种类型的固定电阻器和可调电阻器若干。

2. 任务内容和步骤

（1）观察所用电阻器，并读出标称值，把标称值填入表 1-5。

（2）元器件质量的检测。

①外观检查。看电阻器本身有无破损、脱皮、引脚脱落及松动现象，从外表排除电阻器的断路情况。

②用万用表测量电阻器的阻值，根据标称值分析实际偏差是否在允许范围内，测量结果分别填入表 1-5。测量可变电阻器两固定端及固定端与可调端间的阻值，检测其质量是否良好。

表 1-5　检测结果

	标称值	万用表挡位	测量值	是否良好
电阻器				

检查评估

1. 任务问答

（1）线性电阻与非线性电阻的伏安特性有何区别？

_____

_____

（2）如何用万用表判别一个固定电阻器的好坏？

_____

_____

_____

（3）为什么指针式万用表测量电阻时不能带电测量？

_____

_____

_____

2. 检查评估

任务评价如表1-6所示。

表1-6　任务评价

评价项目	评价内容	配分/分	得分/分
职业素养	是否遵守纪律，不旷课、不迟到、不早退	10	
	是否以严谨细致、节约能源、勇于探索的态度对待学习及工作	10	
	是否符合电工安全操作规程	20	
	是否在任务实施过程中造成万用表等器件的损坏	10	
专业能力	是否能识别电阻元件的电路符号，熟知其特性及主要参数	10	
	是否能识读电阻串、并联电路	15	
	是否能规范使用万用表测量电阻元件的好坏	15	
	是否能对检测结果进行准确判断	10	
总分			

小结反思

（1）绘制本任务学习要点思维导图。

（2）在任务实施中出现了哪些错误？遇到了哪些问题？是否解决？如何解决？记录在表1-7中。

表1-7　错误/问题记录

出现错误	遇到问题

任务 1.3　**制作测试汽车安全带未系好指示灯电路**

任务描述

　　家用轿车的仪表盘上，把驾驶员和副驾驶乘客安全带卡扣看作两个开关，仪表盘上的指示灯看作小灯泡。如果有一个开关没关闭，小灯泡就会亮，如图 1-45 所示。根据工艺标准完成汽车安全带未系好指示灯电路制作与测试。

　　本次任务：请用万用表正确检测图 1-45 中各支路的电流；并分析各支路电流随着电源电压以及安全带卡扣状态的不同时，其变化情况。

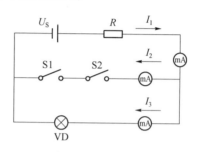

图 1-45　电路图

　　任务提交：检测结论、任务问答、学习要点思维导图、检查评估表。

学习导航

　　本任务参考学习学时：6（课内）+2（课外）。通过本任务学习，可以获得以下收获：
　　专业知识：
　　1. 能够阐明基尔霍夫定律的内容。
　　2. 能够应用支路电流法、叠加定理和戴维南定理等电路分析方法。
　　专业技能：
　　1. 能够识读电路图，并按工艺规范完成电路安装接线。
　　2. 能够按照电路通断电规程正确测试电路功能。
　　职业素养：
　　1. 养成理论联系实际，提升分析、解决实际问题的能力。
　　2. 养成严格按规范要求操作，使用电工仪表和安全工具等安全用电习惯和意识。
　　3. 能够团结合作，主动帮助同学、善于协调工作关系。

知识储备

1.3.1　基尔霍夫定律

　　基尔霍夫定律是电路中电压和电流所遵循的基本规律，是分析和计算较为复杂电路的基础。基尔霍夫定律包括基尔霍夫电流定律（KCL）和基尔霍夫电压定律（KVL）。基尔霍夫定律既可以用于直流电路的分析，也可以用于交流电路的分析，还可以用于含有电子元件的非线性电路的分析。要理解基尔霍夫定律，首先要理解以下几个有关电路的基本概念。

基尔霍夫定律

1. 支路、节点、回路和网孔

（1）支路：通常情况下，电路中流过同一电流的分支称为支路。如图1-46中有三条支路，分别是I_1、I_2和I_3所流过的路径。

（2）节点：电路中三条或三条以上支路的连接点称为节点。如图1-46中有两个节点，分别是a和b，c、d只是支路上的点，不是节点。

（3）回路：电路中任一闭合路径都称为回路。如图1-46有三个回路，分别是$U_{S1}-R_1-R_3$、$U_{S_2}-R_2-R_3$和$U_{S1}-R_1-R_2-U_{S2}$。

（4）网孔：不含支路的回路称为网孔。如图1-46中有两个网孔，分别$U_{S1}-R_1-R_3$和$U_{S2}-R_2-R_3$。

2. 基尔霍夫电流定律

基尔霍夫电流定律又称基尔霍夫第一定律，简记为KCL。基尔霍夫电流定律是确定电路中任意节点处各支路电流之间关系的定律，因此又称为节点电流定律。内容如下：对于电路中的任一节点，在任一时刻，流入该节点的电流之和恒等于流出该节点的电流之和。

$$\sum I_{入} = \sum I_{出} \tag{1-29}$$

或者描述为：假设流入某节点的电流为正值，流出该节点的电流为负值，则电路中任一节点上电流的代数和恒等于零。

$$\sum I = 0 \tag{1-30}$$

对于图1-46中的节点a有，$I_1+I_2=I_3$；

对于节点b有，$I_3=I_1+I_2$。

显然，对于节点a和节点b所列的KCL方程只有一个是独立的。一般来说，对于有n个节点的电路，可以列写出（$n-1$）彼此独立的节点电流方程。

KCL虽是应用于节点的，但也可以推广运用于电路任一假设的闭合面。在任一时刻，流入闭合面的电流等于流出闭合面的电流。

$$\sum I_{入} = \sum I_{出}$$

如图1-47所示三极管中的电流分配基本公式：

$$I_B + I_C = I_E$$

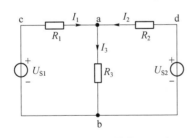

图1-46　支路、节点、回路　　　图1-47　三极管电流分配关系

3. 基尔霍夫电压定律

基尔霍夫电压定律是用来确定回路中的各段电压间的关系，内容如下：任一时刻，在电路中任一闭合回路内各个元件上电压的代数和恒等于零，即

$$\sum U = 0 \tag{1-31}$$

在列式（1-31）时，必须假设回路的绕行方向，如果元件上电压的参考方向与回路的绕行方向一致时，电压取正值，反之则取负值。如在图1-48所示电路中

$$U_S + U_1 + U_2 + U_3 = 0$$

基尔霍夫电压定律不仅可以用于闭合回路，还可以推广到任一不闭合的电路上，用于求回路的开路电压。如图1-49所示电路中，开路电压为U，基于基尔霍夫电压定律的推广应用，得

$$U-U_1+U_2=0$$

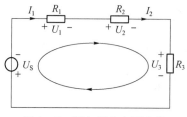
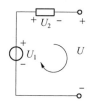

图1-48　基尔霍夫电压定律　　　　　图1-49　KVL的推广应用

【例1-4】　图1-50所示为一闭合回路，已知$U_{ab}=10\text{ V}$，$U_{bc}=-6\text{ V}$，$U_{da}=-5\text{ V}$，求U_{cd}和U_{ca}。

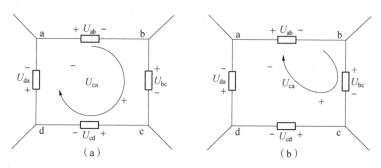

图1-50　例1-4图

(a) abcd回路；(b) abca回路

解：如图1-50（a）所示，选定回路的绕行方向为顺时针，应用基尔霍夫电压定律可列出

$$U_{ab}+U_{bc}+U_{cd}+U_{da}=0$$
$$U_{cd}=-U_{ab}-U_{bc}-U_{da}$$
$$=-10-(-6)-(-5)=1\text{（V）}$$

如图1-50（b）所示，abca不是闭合回路，也可用KVL得

$$U_{ab}+U_{bc}+U_{ca}=0$$
$$U_{ca}=-10-(-6)=-4\text{（V）}$$

职业素养

　　古斯塔夫·罗伯特·基尔霍夫，德国物理学家，1845年，21岁时就提出了稳恒电路网络中电流、电压、电阻关系的两条电路定律，即著名的基尔霍夫电流定律（KCL）和基尔霍夫电压定律（KVL），解决了电器设计中电路方面的难题。基尔霍夫被称为"电路求解大师"。尽管基尔霍夫很年轻就取得了很多成就，但这些成就不是轻而易举得到的，它需要科学家付出辛勤的劳动，并具有持之以恒、不畏失败、不畏权贵、敢于挑战的精神。人生路上难免遇到崎岖坎坷，我们要学习科学家努力奋斗的精神，以积极态度对待人生，树立正确的人生观和价值观。

1.3.2　支路电流法

支路电流法是以支路电流为未知量，应用基尔霍夫电流定律（KCL）列出节点电流方程式，应用基尔霍夫电压定律（KVL）列出回路电压方程式，然后解出支路电流的方法。

支路电流法

解题步骤如下：

（1）先标出各电流的参考方向、电压的参考方向及回路绕行方向。

（2）根据 KCL 定律列出节点电流的独立方程。如果电路中有 n 个节点，则列出（$n-1$）个独立电流方程。

（3）根据 KVL 定律列出回路的电压方程。如果电路有 m 个回路、n 个节点，则列出 $m-(n-1)$ 个独立回路电压方程。通常选取电路中的网孔来列回路电压方程。

（4）联立方程组，代入已知数据，求出各支路电流。

在图 1-51 所示电路中，有三条支路，设三条支路的电流分别为 I_1、I_2、I，假定各支路电流的参考方向和网孔绕行方向。在图中有两个节点，故只需对其中一个节点列电流方程。独立回路有两个网孔，要对网孔列电压方程。

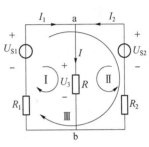

图 1-51　支路电流法电路图

节点 a：$I_1+I_2=I$；

回路Ⅰ：$I_1R_1+IR-U_{S1}=0$；

回路Ⅱ：$I_2R_2+IR-U_{S2}=0$。

【例 1-5】　如图 1-52 所示，采用支路电流法计算流过 5 Ω 电阻的电流值。

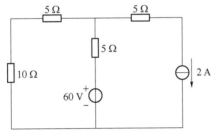

图 1-52　电路图

解：按题意，假定欲求的未知电流 I_1、I_2、U 在电路中的参考方向如图 1-53 所示。

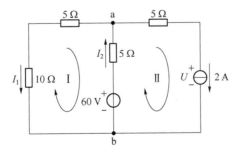

图 1-53　支路电流法结题图

电路中有两个节点 a、b，只需列一个独立电流方程式，由 KCL 定律可得

对节点 a　　　　　　　　　　　　$I_1+2=I_2$

题中有三个待求量，还需两个回路电压方程式，根据 KVL 定律可得

沿回路 I $\qquad\qquad\qquad 60-10I_1-5I_1-5I_2=0$

沿回路 II $\qquad\qquad\qquad U-60+5I_2+2\times5=0$

综合上述独立方程，可列出有关电流 I_1、I_2、U 的一个方程组，解方程组得 $I_1=2.5$ A，$I_2=4.5$ A，$U=27.5$ V。

1.3.3　叠加定理

叠加定理是分析线性电路的一个重要定理，它反映了线性电路的两个基本性质，即叠加性和比例性。

具体内容如下：在线性电路中，如果有多个独立电源同时作用，在任何一条支路产生的电压或电流，等于电路中各个独立电源单独作用时，在该支路所产生的电压或电流的代数和。

独立电源单独作用于电路时，其他独立电源应该除去，称为"除源"，即对电压源来说，令其电源电压为零，相当于"短路"；对电流源来说，令其电源电流为零，相当于"开路"。

> **特别提示**
>
> （1）叠加定理只适用于线性电路。
>
> （2）叠加定理只能叠加电路中的电流或电压，不能对能量和功率进行叠加。
>
> （3）不作用的电压源短接，电流源断开，但电源的内阻都要保留在原处。

在图 1-54（a）所示电路中，用叠加定理求流过 R_2 的电流 I 和 R_2 两端电压 U，电压源 U_S 单独作用下的情况如图 1-54（b）所示，此时，电流源开路，U_S 单独作用时 R_2 的电压 U' 和电流 I' 各为

$$U'=\frac{R_2}{R_1+R_2}U_S \qquad I'=\frac{U_S}{R_1+R_2}$$

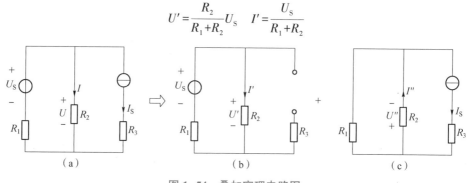

图 1-54　叠加定理电路图

电流源 I_S 单独作用时的情况如图 1-54（c）所示，此情况下电压源短路，在电流源 I_S 单独作用下 R_2 的电压 U'' 和电流 I'' 各为

$$U''=\frac{R_1R_2}{R_1+R_2}I_S \qquad I''=\frac{R_1}{R_1+R_2}I_S$$

所有独立电源单独作用下的相应的代数和为

$$U=U'+(-U'')=\frac{R_2}{R_1+R_2}U_S-\frac{R_1R_2}{R_1+R_2}I_S$$

$$I=I'+(-I'')=\frac{U_S}{R_1+R_2}-\frac{R_1}{R_1+R_2}I_S$$

解题步骤如下：

（1）作出各独立电源单独作用时的分电路图，标出分电路图中各支路电流或电压的参考方向。不作用的独立电压源视为短路，不作用的独立电流源视为开路。

（2）分别求出各分电路图中的各支路电流或电压。

（3）对各分电路图中同一支路电流或电压进行叠加求代数和，参考方向与原图中参考方向相同的取正号，反之取负号。

【例1-6】 如图1-55所示，采用叠加定理计算流过5 Ω电阻的电流值。

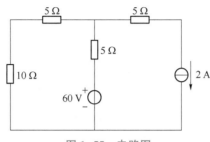

图1-55　电路图

解：用叠加定理计算电路时，可把该电路看成是电压源和电流源两个电源单独作用时电路的叠加，如图1-56（b）、图1-56（c）所示。

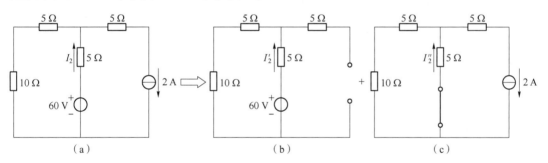

图1-56　叠加定理

由图1-56（b）可求得

$$I_2' = \frac{60}{10+5+5} = 3(\text{A})$$

由图1-56（c）可求得

$$I_2'' = 2 \times \frac{15}{10+5+5} = 1.5(\text{A})$$

根据以上计算可求得

$$I_2 = I_2' + I_2'' = 3 + 1.5 = 4.5(\text{A})$$

1.3.4　戴维南定理

在电路的分析和计算中，有时只需要计算其中某一条支路的电流或电压，若还是用支路电流法则显得烦琐，很不方便。此时可将待求支路和其余电路分开为两个二端网络。其中一个为假想的负载，另一个相当于电源，把复杂的电路化为简单的电路进行求解。

戴维南定理是一个有关二端网络的定理。若一个电路只通过两个输出端与外电路相连，则该电路称为二端网络。如果二端网络内有电源存在，则称为有源二端网络，如图 1-57（a）所示，有源二端网络可以等效为一个电源。若二端网络内没有电源，如图 1-57（b）所示，则称为无源二端网络，无源二端网络可以等效为一个电阻。

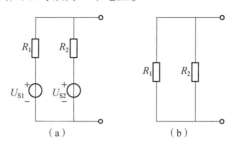

图 1-57　二端网络

（a）有源二端网络；（b）无源二端网络

戴维南定理指出：任何一个线性有源二端网络都可以用一个含源支路即一个电压源和电阻的串联组合来等效代替，其中电阻等于把此有源二端网络化成无源二端网络（电压源短路、电流源开路）时从两个端子看进去的等效电阻，电压源的电压等于有源二端网络两个端子间的开路电压。戴维南定理图示如图 1-58 所示。

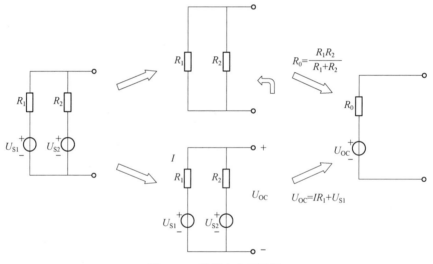

图 1-58　戴维南定理图示

解题步骤如下：

（1）画出把待求支路从电路中移去后的有源二端网络。

（2）有源二端网络的开路电压，即等效电源的电压源。

（3）求有源二端网络内部所有独立源置零时的等效电阻。将电压源短路，电流源开路，仅保留电源内阻。

（4）画出戴维南等效电路，将待求支路接起来，计算未知量。

【例 1-7】　如图 1-59 所示，采用戴维南定理计算流过 5 Ω 的电流值。

解：

（1）将待求支路从原电路中移开，留下的部分即为一个有源二端网络，如图 1-60（b）所示。求有源二端网络的开路电压 U_{OC}。

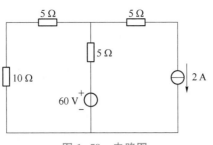

图 1-59 电路图

由图 1-60 （b）可求得

$$U_{OC} - 60 - 2 \times 10 - 2 \times 5 = 0$$

$$U_{OC} = 90 \text{ V}$$

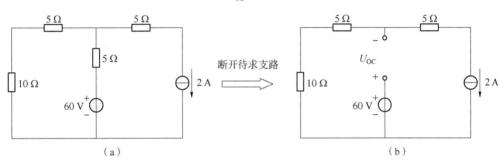

断开待求支路

（a）   （b）

图 1-60 有源二端网络

（2）将有源二端网络变为无源二端网络，如图 1-61 所示从两个端子 ab 看进去求等效电阻 R_0。

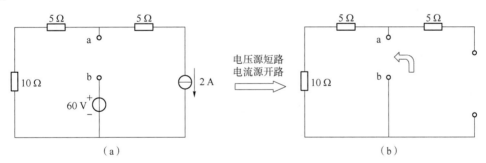

电压源短路
电流源开路

（a）   （b）

图 1-61 有源二端网络变无源二端网络

$$R_0 = 10 + 5 = 15 （\Omega）$$

（3）根据戴维南定理画出等效电压源电路，接入待求支路，如图 1-62 所示，计算流过 5 Ω 的电流值。

$$I = \frac{U_{OC}}{R_0 + 5} = \frac{90}{15 + 5} = 4.5 （\text{A}）$$

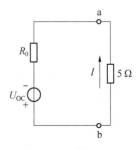

图 1-62 等效电路

任务实施

1. 实训设备与器材

万用表、可调直流稳压电源、10 Ω 电阻 1 个、开关 2 个、发光二极管 1 个、导线若干。

2. 任务内容和步骤

(1) 使用万用表欧姆挡检测电阻大小及器件的好坏。

(2) 根据电路图 1-45，合理连接电路元件，将元件合理布局在面包板上。

(3) 接线完毕后，进行通电前检查，分别按表 1-8 要求的电源电压数值通入直流电。

(4) 电路检查无误后，用万用表直流电压挡检查电源大小。

(5) 通电后用万用表直流电流挡测电流值并填入表 1-8。

(6) 调试完毕后，按断电规范操作断开电源，清理现场。

表 1-8 检测结果

$U_S = 9$ V	S1、S2 都闭合	S1 闭合	S2 闭合	$U_S = 15$ V	S1、S2 都闭合	S1 闭合	S2 闭合
I_1/mA				I_1/mA			
I_2/mA				I_2/mA			
I_3/mA				I_3/mA			

检查评估

1. 任务问答

(1) 通过任务实施分析电流 I_1、I_2、I_3 之间满足什么关系？

_____

_____

_____

(2) 若用指针式万用表直流毫安挡测各支路电流，什么情况下可能出现毫安表指针反偏，应如何处理，在记录数据时应注意什么？

_____

_____

_____

(3) 若每个汽车仪表盘上有两个指示灯，当驾驶员和副驾驶乘客安全带卡扣没闭合时，相应的指示灯亮，请设计出电路图并制作电路。

2. 检查评估

任务评价如表1-9所示。

表1-9 任务评价

评价项目	评价内容	配分/分	得分/分
职业素养	是否遵守纪律，不旷课、不迟到、不早退	10	
	是否以严谨细致、节约能源、勇于探索的态度对待学习及工作	10	
	是否符合电工安全操作规程	20	
	是否在任务实施过程中造成示波器、万用表等器件的损坏	10	
专业能力	是否能复述正弦交流电的概念及要素	10	
	是否能规范使用万用表测量电源电压并会正确读数	15	
	是否能对检测结果进行准确判断	10	
	是否能规范使用示波器检测正弦交流电参数	15	
总分			

小结反思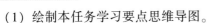

（1）绘制本任务学习要点思维导图。

（2）在任务实施中出现了哪些错误？遇到了哪些问题？是否解决？如何解决？记录在表1-10中。

表1-10 错误/问题记录

出现错误	遇到问题

【项目总结】

1. 电路由电源、中间环节及负载三部分组成，电源供给能量，负载消耗能量。

2. 电路中常用的物理量主要有电压、电流、电位、电动势、电功率。

电压、电流的参考方向是任意假定的方向。在电路的分析中，引入参考方向后，电压、电流是一个代数量。电压、电流大于零表示电压、电流的参考方向与实际方向相同；电压、电流小于零表示电压、电流的参考方向与实际方向相反。

3. 掌握电阻元件电压与电流的关系。

关联参考方向 $U = IR$ 非关联参考方向 $U = -IR$

4. 掌握电压源和电流源特性：

电压源两端的电压不随外电路的改变而改变，输出的电流则随外电路的改变而改变。

电流源两端的电流不随外电路的改变而改变，但电流源两端的电压则随外电路的改变而改变。

5. 电路有开路、短路和负载三种状态，其特点如下：

（1）负载状态：电流、电压、电功率由电源和负载共同决定，即

$$I = \frac{U_S}{R + R_0} \quad U = U_S - IR_0 \quad P = UI$$

（2）开路状态：电流 $I = 0$；端电压 U 等于电源电压 U_S；电路不消耗功率，即 $P = 0$。

（3）短路状态：端电压 $U = 0$；电流 $I = U_S / R_0$，为电源电动势除以电源内阻，因为一般电源内阻 R_0 很小，所以短路电流 I_S 很大；功率 $P = I_S^2 R_0$，全部消耗在电源内部。一般短路是一种不正常状态，有时会引起事故，因此应避免短路的发生。

6. 基尔霍夫定律。

基尔霍夫电流定律阐明了电路中与任一节点有关的各电流之间的关系，即 $\sum I = 0$。

基尔霍夫电压定律阐明了电路中任一闭合回路有关的各电压之间的关系，即 $\sum U = 0$ 或 $\sum U_S = \sum IR$。

7. 支路电流法是直接应用 KCL、KVL 分析电路的方法。

支路电流法是一种最基本的电路分析方法。它是以支路电流为未知量建立方程组求解方法。对有 m 条支路、n 个节点的电路，列出 $(n-1)$ 个 KCL 方程，$m-(n-1)$ 个 KVL 方程，共列 m 个方程。

8. 叠加定理是应用线性性质分析电路的一个重要定理，它适用于多个独立源作用的线性电路。多个独立源可以是电压源、电流源、正弦的或非正弦的周期信号等。它们共同作用在某支路（或元件）的响应为各独立源单独作用时响应的代数和。某独立源单独作用时，其他独立源不作用，即电压源短路，电流源开路。

叠加定理不适用于电路中功率的计算。

9. 戴维南定理是将一个有源二端网络用一个等效电压源代替，对外作用不变。等效电压源的电压为有源二端网络的开路电压，等效电压源的内阻为将有源二端网络各电源不作用后对开路端的等效电阻。所谓不作用就是将电压源短路，电流源开路处理。在计算复杂电路时，如只需求其中某一支路电流时，用戴维南定理比较方便。

【习题】

1.1 分别指出题图 1-1 中 U_{ab}、U_{ac}、U_{bc}、U_{ca}、U_{ba} 的值各为多少？

1.2 题图 1-2 所示电路中以 D 为零电位参考点，分别求 A、B、C 点的电位。

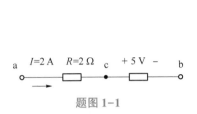

题图 1-1

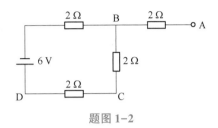

题图 1-2

1.3 在题图 1-3 中，电流（或电压）的参考方向已标出，且已测得 $I_1 = 1$ A，$I_2 = 2$ A，$I_3 = -3$ A，$U_1 = 5$ V，$U_2 = 1$ V，$U_3 = -4$ V，$U_4 = 7$ V，$U_5 = 3$ V，说明各器件的工作性质（电源还是负载）并说明功率平衡关系。

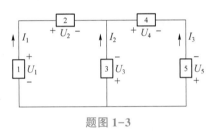

题图 1-3

1.4 额定电压 110 V，额定功率分别为 100 W 和 60 W 的两只灯泡，应该采用何种连接方式才能正常工作？若串联在端电压为 220 V 的电源上使用，这种接法会有什么后果？它们实际消耗的功率各是多少？如果是两只 110 V、60 W 的灯泡，是否可以这样使用？为什么？

1.5 在题图 1-4 电路中，分别求 I_3、I_8 数值。

1.6 利用 KCL、KVL 定律列写题图 1-5 中电路的方程。若已知 $I_S = 10$ A，$U_S = 6$ V，$R_1 = R_2 = 1$ Ω，求 R_1 电阻上的电流 I_1 大小。

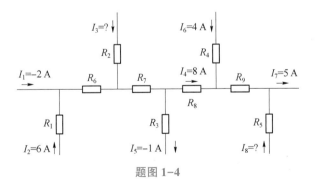

题图 1-4

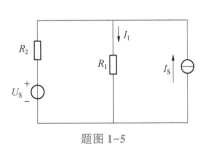

题图 1-5

1.7 题图 1-6 所示电路中，试把题图 1-6（a）化简为一个等效的电压源，把题图 1-6（b）化简为一个等效的电流源。

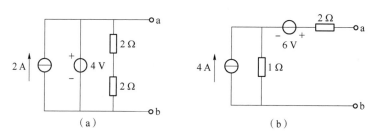

题图 1-6

1.8 在题图 1-7 中, 已知 $U = 20$ V, $U_{S1} = 8$ V, $U_{S2} = 4$ V, $R_1 = 2$ Ω, $R_2 = 4$ Ω, $R_3 = 5$ Ω, 设 a、b 两端开路, 求开路电压 U_{ab}。

1.9 求题图 1-8 所示电路 a、b 两点间的电压为多少? 若在 a、b 间接入一个 $R = 2$ Ω 的电阻, 问通过此电阻的电流是多少?

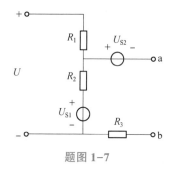

题图 1-7

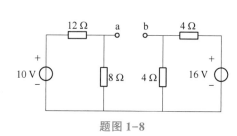

题图 1-8

1.10 用支路电流法求题图 1-9 中电路的未知电流和电压 U。

1.11 用支路电流法求题图 1-10 中电流 I 的大小。

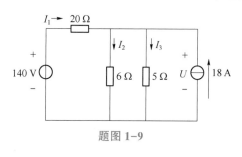

题图 1-9

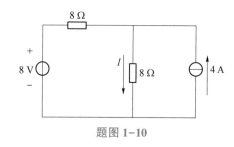

题图 1-10

1.12 用叠加定理求题图 1-10 中电流 I 的大小。

1.13 用叠加定理求题图 1-11 中电流 I 的大小。

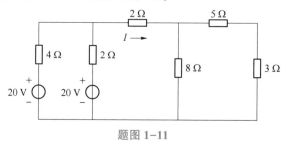

题图 1-11

1.14 用戴维南定理求题图 1-12 中电流 I 的大小。

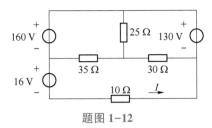

题图 1-12

1.15 用戴维南定理求题图 1-13 中电流 I 的大小。

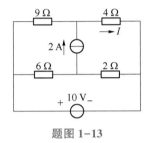

题图 1-13

项目2　电风扇电路的分析与测试

项目描述

清凉致胜，风随我动。炎炎夏日，电风扇能给人们带来凉意，也可用于流通空气，广泛用于家庭、教室、办公室、商店、医院和宾馆等场所。不同的场所和区域可以配备不同规格的风扇，有落地扇、吊扇、台扇、手持小风扇等。如图2-1所示，电风扇是一种利用单相交流电来使电动机旋转驱动扇叶转动使空气加速流通的家用电器。根据测试标准完成电风扇电路的分析与测试。

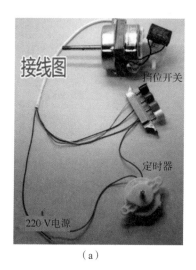

（a）　　　　　　　　　　　　　　　　（b）

图2-1　电风扇

（a）电风扇接线图；（b）电风扇实物图

项目流程

要想完成电风扇电路的分析与测试，必须了解电风扇电路中的交流电源、电路元件和用电量，所以项目过程分三步走，具体如图2-2所示。

图2-2　项目流程图

任务 2.1　认识电风扇电路

任务描述

在生产和日常生活中用电设备所用的交流电，一般都是指正弦交流电。正弦交流电一般用字母"AC"或符号"~"表示，电风扇、照明电路、电视机、电水壶等电气设备都采用正弦交流电。

本次任务：请使用电工工具或仪表按规范操作检测正弦交流电。

任务提交：检测结论、任务问答、学习要点思维导图、检查评估表。

学习导航

本任务参考学习学时：4（课内）+2（课外）。通过本任务学习，可以获得以下收获：

专业知识：

1. 能够知晓交流电的产生。

2. 能够指出正弦交流电的三要素。

3. 能够正确分析正弦交流电表示方法之间的相互关系。

专业技能：

1. 能够使用万用表正确规范检测交流电路电压、电流和功率。

2. 能够使用示波器测量正弦交流电路波形和参数。

职业素养：

1. 养成严谨细致、节约能源、勇于探索的科学态度。

2. 养成严格按规范要求操作，使用电工仪表和安全工具等安全用电习惯和意识。

3. 能够团结合作，主动帮助同学、善于协调工作关系。

知识储备

2.1.1　电风扇电路组成及原理

普通电风扇电路如图2-3所示，电路可以分为三大部分：220 V交流电源电路、摇摆电路和风机电路。

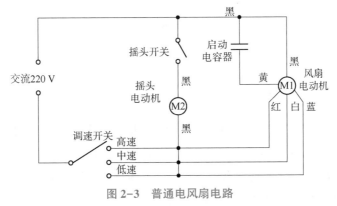

图2-3　普通电风扇电路

如图 2-4 所示，电风扇电路的组成元件包括电源线、熔断器、定时器、调速开关、电动机、电容和指示灯等。电动机是电风扇转动的主要部件，大多是单相交流电动机，它的内部有两个绕组，一个叫运行绕组（也称主绕组），另一个叫启动绕组（也称副绕组）。启动电路由启动绕组和启动电容（分相电容）组成，电容使主副绕组在空间上相隔 90° 相位角。

调速电路由定时器、调速开关、电容、电动机、指示灯等组成，通过调电抗大小来改变电动机的电压实现调速。接通电源，选择定时器定时时间，接通定时开关；选择挡位，接通调速开关，电风扇启动，电流通过电源线、熔断器流向定时开关、调速开关，使电动机绕组形成闭合回路，保持电风扇转动。

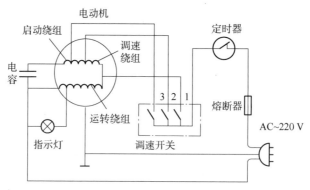

图 2-4　普通电风扇电路组成

2.1.2　正弦交流电基本概念

如图 2-5（a）所示，电压和电流的大小、方向不随时间变化，称为直流电压或电流。电压和电流的大小、方向随着时间呈周期性变化，称为交流电压或电流，简称交流电。如图 2-5（b）所示，随着时间按正弦规律变化的交流电叫作正弦交流电，正弦交流电压和电流常统称为正弦电量，简称正弦量。随着时间不按正弦规律变化的交流电，统称为非正弦交流电。图 2-5（c）所示为方波交流电。

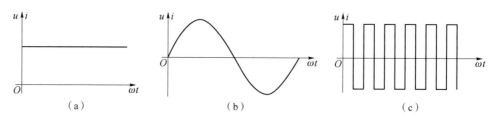

图 2-5　几种常见的电压或电流的波形
（a）直流电；（b）正弦交流电；（c）方波交流电

如图 2-6 所示，由于正弦电压和电流的方向是周期性变化的，在电路图上所标的方向是指它们的参考方向，即代表正半周时的方向。在正半周时，由于所标的参考方向与实际方向相同，其值为正。在负半周时，由于所标的参考方向与实际方向相反，其值为负。图 2-6（b）、（c）中的虚线箭标代表电流的实际方向，⊕代表电压的实际正方向（极性）。

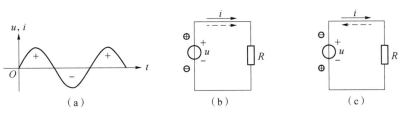

图 2-6 正弦交流信号示意图

（a）正弦交流信号示意图；（b）正半周示意图；（c）负半周示意图

2.1.3 正弦交流电的产生与检测

1. 正弦交流电的产生

在电力系统中，交流电是由交流发电机产生的；在信号系统中，交流电是由振荡电路产生的。交流发电机的模型如图 2-7 所示，它由静止部分（定子）和转动部分（转子）组成。

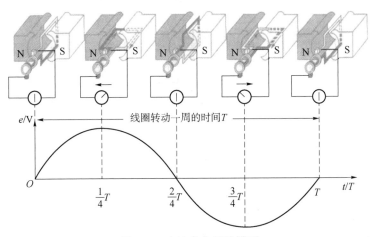

图 2-7 交流发电机的模型

静止部分称为定子，由硅钢片和线圈组成，用以产生均匀的磁场。转动部分称为转子，由线圈和滑环组成。转子上的线圈在均匀磁场中转动产生的感应电动势，通过滑环与负载连接形成电流。

当线圈在只有一对磁极（一个 N 极和一个 S 极称一对磁极）的磁场中转动一周，感应电动势按正弦规律完成一次变化。其周而复始变化的过程是：由"0"开始，按正弦规律增加到正方向的最大值，再由正方向的最大值按正弦规律减小到"0"；然后由"0"按正弦规律增加到反方向的最大值，再由反方向的最大值按正弦规律减小到"0"。

正弦量三要素

2. 正弦量的三要素

正弦交流电的大小和方向均随时间按正弦规律做周期性变化，可以用正弦波表示，这种表示方法称为波形图表示法，它直观、形象地描述各正弦量的变化规律，其波形如图 2-8 所示。

正弦交流电也可以用三角函数表达式表示，即

$$u = U_m \sin(\omega t + \varphi_u) \tag{2-1}$$

图 2-8 正弦量的三要素

$$i = I_\mathrm{m}\sin(\omega t + \varphi_i) \tag{2-2}$$

它反映了正弦交流电的变化规律，是正弦量的基本表示法。上述两个表达式中都必须包含正弦量的三个要素：最大值（有效值）、周期（频率或角频率）和相位（初相位）。下面分别介绍三要素的意义。

1）最大值与有效值

正弦量是变化的量，它在任一瞬间的值称为瞬时值，用小写字母表示，如电压 u、电流 i。

正弦交流电瞬时值的最大值称为正弦交流电的最大值，也称振幅或峰值。正弦电动势、电压和电流的最大值分别用符号 E_m、U_m、I_m 表示，如图 2-8 所示。最大值实际反映的是交流电在变化过程中能够达到的最大瞬时值，因此最大值是不随时间变化的。

正弦电流、电压和电动势的大小往往不是用它们的幅值，而是常用有效值（均方根值）来计量的。有效值是从电流的热效应来规定的，不论是周期性变化的电流还是直流，只要它们在相等的时间内通过同一电阻而两者的热效应相等，就把它们的安培值看作是相等的。就是说，某一个周期电流 i 通过电阻 R 在一个周期内产生的热量，和另一个直流 I 通过同样大小的电阻在相等的时间内产生的热量相等，那么这个周期性变化的电流 i 的有效值在数值上就等于这个直流 I，由此可得

$$\int_0^T i^2 R \mathrm{d}t = I^2 RT$$

正弦电流 i 的有效值

$$I = \sqrt{\frac{1}{T}\int_0^T i^2 \mathrm{d}t} \tag{2-3}$$

可见，正弦电流 i 的有效值为其方均根值，并且这一结论适用于任意周期量。

把 $i = I_\mathrm{m}\sin\omega t$ 代入式（2-3），可得正弦电流 i 的有效值 I 与最大值 I_m 的关系为

$$I = \frac{I_\mathrm{m}}{\sqrt{2}} \tag{2-4}$$

同理，可得出正弦交流电压、正弦电动势的有效值分别为

$$U = \frac{U_\mathrm{m}}{\sqrt{2}} \text{或} E = \frac{E_\mathrm{m}}{\sqrt{2}} \tag{2-5}$$

一般所讲的正弦交流电压或电流的大小，例如交流电压 380 V 或 220 V，都是指它们的有效值，其最大值应为 $\sqrt{2}\times380$ V 或 $\sqrt{2}\times220$ V。一般交流电压表和电流表的刻度也是根据有效值来定的。

2）周期、频率、角频率

周期、频率和角频率是从三个不同角度来反映交流电变化快慢的物理量。

正弦交流电变化一次所需的时间称为周期，用 T 表示，单位是秒（s）。

正弦交流电每秒内变化的次数称为频率，用 f 表示，单位是赫兹（Hz）。

由周期和频率的定义可知，周期和频率互为倒数关系，即

$$f = \frac{1}{T} \tag{2-6}$$

正弦量每秒钟相位角的变化称为角频率 ω，正弦交流电一个周期变化 360°，即 2π 弧度，把它在单位时间内变化的弧度数称为角频率，用 ω 表示，单位是弧度每秒（rad/s）。它与频率、周期之间的关系为

$$\omega = \frac{2\pi}{T} = 2\pi f \tag{2-7}$$

在我国和大多数国家都采用 50 Hz 作为电力标准频率，周期 T 为 0.02 s，角频率为 314 rad/s，这种交流电称为工频交流电。

学习笔记

特别提示

目前世界各国电力系统的供电频率有 50 Hz 和 60 Hz 两种，我国电力系统使用交流电的工频为 50 Hz。

中国、欧洲等 220 V、50 Hz   美国、加拿大 120 V、60 Hz

澳洲 240 V、50 Hz   印度 230 V、50 Hz

日本 110 V、60 Hz

【例 2-1】 已知某交流电的频率 $f=60$ Hz，求它的周期 T 和角频率 ω。

解：
$$T=\frac{1}{f}=\frac{1}{60}\approx 0.017(\text{s})$$
$$\omega=2\pi f=2\times 3.14\times 60=376.8(\text{rad/s})$$

3）相位、初相位、相位差

由图 2-8 的正弦波可知，正弦量的波形是随时间 t 变化的。电压 u 的波形起始于横坐标 φ_u 处，对应的三角函数表达式为

$$u=U_m\sin(\omega t+\varphi_u) \tag{2-8}$$

式中，$\omega t+\varphi_u$ 称为相位角，简称相位。$t=0$ 时的相位 φ_u 称为初相位，简称初相，它反映了正弦量计时起点初始值的大小。

在一个正弦交流电路中，电压和电流的频率相同，但它们的初相可能相同也可能不同，如图 2-9 所示。

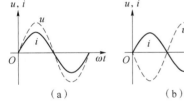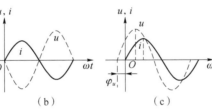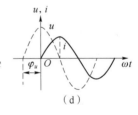

图 2-9　正弦交流电的相位

(a) $\varphi=0°$；(b) $\varphi=\pm 180°$；(c) $\varphi>0°$；(d) $\varphi=\pm 90°$

两个同频率正弦量的相位之差称为相位差，用 φ 表示。

设 $u=U_m\sin(\omega t+\varphi_u)$，$i=I_m\sin(\omega t+\varphi_i)$，则 u 与 i 的相位差为

$$\varphi=(\omega t+\varphi_u)-(\omega t+\varphi_i)=\varphi_u-\varphi_i \tag{2-9}$$

由此可见，同频率正弦量的相位差实际上就等于初相位之差。

若 $\varphi=0°$，u 与 i 同时到达最大值，也同时到达零点，二者变化趋势相同，这时说 u 与 i 同相，如图 2-9（a）所示。

若 $\varphi=\pm 180°$，u 到达最大值时，i 到达最小值，二者变化趋势相反，这时说 u 与 i 反相，如图 2-9（b）所示。

若 $\varphi>0°$，即 $\varphi_u>\varphi_i$ 时，u 比 i 先到达最大值，这时说在相位上 u 比 i 超前 φ 角，或 i 比 u 滞后 φ 角，如图 2-9（c）所示。

若 $\varphi=\pm 90°$，则称两者正交，如图 2-9（d）所示。

【例 2-2】 已知 $u=311\sin(314t+60°)$ V，$i=141\cos(100\pi t-60°)$ A。（1）在同一坐标下画出波形图。（2）求最大值、有效值、频率、初相。（3）比较它们的相位关系。

解：
$$u=311\sin(314t+60°)\text{ V}$$
$$i=141\cos(100\pi t-60°)\text{ A}$$
$$=141\sin(100\pi t+30°)\text{ A}$$

（1）波形图如图 2-10 所示。

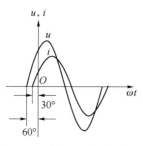

图 2-10 【例 2-2】的波形图

（2）$U_m=311$ V，$U=\dfrac{U_m}{\sqrt{2}}=\dfrac{311}{\sqrt{2}}\approx220(\text{V})$

$f_u=\dfrac{\omega}{2\pi}=\dfrac{314}{2\times3.14}=50(\text{Hz})$，$\varphi_u=60°$

$I_m=141$ A，$I=\dfrac{I_m}{\sqrt{2}}=\dfrac{141}{\sqrt{2}}\approx100(\text{A})$

$f_i=\dfrac{\omega}{2\pi}=\dfrac{100\pi}{2\pi}=50(\text{Hz})$，$\varphi_i=30°$

（3）因为相位差 $\varphi=\varphi_u-\varphi_i=60°-30°=30°$，所以它们的相位关系是 u 比 i 超前 $30°$。

2.1.4 正弦量的相量表示

1. 复数及其表示方法

取一直角坐标，横轴称为实轴，以 +1 为单位，用来表示复数的实部；纵轴称为虚轴，以 +j 为单位，用来表示复数的虚部。这两个坐标轴共同组成的平面称为复平面。复平面上的点和复数之间是一一对应的关系，如图 2-11 所示。

1）代数式

设复平面中有一复数 A，复数 A 可用复平面上的有向线段 OM 来表示，如图 2-11 所示，图中由坐标原点 O 到 M 点的有向线段对应着复数

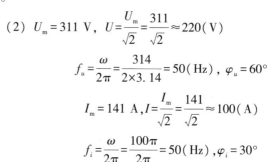

图 2-11 相量的复数表示

$$A=a+jb \tag{2-10}$$

式中，a、b 均为实数，a 为复数的实部，b 为复数的虚部。$j=\sqrt{-1}$ 为虚数单位。（避免与电流 i 相混淆，电工中改用 j 作为虚数单位。）

有向线段 OM 的长度称为复数 A 的模，用 r 表示，模总是取正值。该有向线段 OM 与实轴正方向的夹角 φ 称为复数的辐角。

由图 2-11 可知

$$r=\sqrt{a^2+b^2}\qquad \varphi=\arctan\frac{b}{a} \tag{2-11}$$

$$a=r\cos\varphi\qquad b=r\sin\varphi \tag{2-12}$$

2）三角函数式

将式（2-12）代入复数 $A=a+jb$，则

$$A=a+jb=r\cos\varphi+jr\sin\varphi=r(\cos\varphi+j\sin\varphi) \tag{2-13}$$

即为复数 A 的三角函数表达式。

3）指数式

利用欧拉公式 $e^{j\varphi}=\cos\varphi+j\sin\varphi$

可得复数 A 的指数形式: $\qquad A = re^{j\varphi}$ $\qquad\qquad$ (2-14)

（4）极坐标式

简写成极坐标形式: $\qquad A = r \angle \varphi$ $\qquad\qquad$ (2-15)

2. 复数的运算

设

$$A_1 = a_1 + jb_1 = r_1 e^{j\varphi_1} = r_1 \angle \varphi_1$$

$$A_2 = a_2 + jb_2 = r_2 e^{j\varphi_2} = r_2 \angle \varphi_2$$

一般情况下，复数的加减运算采用代数式进行，即两复数实部相加减，虚部相加减。

加法运算：$A_1 + A_2 = (a_1 + a_2) + j(b_1 + b_2)$；

减法运算：$A_1 - A_2 = (a_1 - a_2) + j(b_1 - b_2)$。

复数的乘除，常用指数形式或极坐标形式进行，即两复数的模相乘除，辐角相加减。

乘法运算：

$$A_1 \cdot A_2 = r_1 e^{j\varphi_1} \cdot r_2 e^{j\varphi_2} = r_1 r_2 e^{j(\varphi_1 + \varphi_2)}$$

$$A_1 \cdot A_2 = r_1 \angle \varphi_1 \cdot r_2 \angle \varphi_2 = r_1 \cdot r_2 \angle (\varphi_1 + \varphi_2)$$

除法运算：

$$\frac{A_1}{A_2} = \frac{r_1 e^{j\varphi_1}}{r_2 e^{j\varphi_2}} = \frac{r_1}{r_2} e^{j(\varphi_1 - \varphi_2)}$$

$$\frac{A_1}{A_2} = \frac{r_1 \angle \varphi_1}{r_2 \angle \varphi_2} = \frac{r_1}{r_2} \angle (\varphi_1 - \varphi_2)$$

3. 正弦量的相量表示

对于一个正弦量，它由幅值、角频率和初相位三个特征来确定。一个相量由模和辐角两个特征来确定，那么正弦量可以用相量表示吗？下面通过旋转矢量法进行说明。

以正弦电流 $i = I_m \sin(\omega t + \varphi_i)$ 为例，其波形如图 2-12（b）所示。图 2-12（a）是复平面上一旋转有向线段 OM，有向线段的长度等于正弦量的最大值 I_m，它的初始位置（$t = 0$ 时的位置）与实轴正方向的夹角等于正弦量的初相 φ_i，并以正弦的角频率 ω 做逆时针方向的旋转。

可见，这一旋转有向线段具有正弦量的三要素，所以可用来表示正弦量。正弦量可用有向线段表示，而有向线段又可用复数表示，所以正弦量也可用复数表示：复数的模即为正弦量的最大值（或有效值），复数的幅角即为正弦量的初相。

为了与一般的复数相区别，把表示正弦量的复数称为相量。这种表示正弦量的方法称为正弦量的相量表示法。相量可以用大写字母上加一点表示。例如 $\dot{U}$、$\dot{I}$ 表示电压有效值相量和电流有效值相量，$\dot{U}_m$、$\dot{I}_m$ 表示电压最大值相量和电流最大值相量。

以正弦电流 $i = I_m \sin(\omega t + \varphi_i)$ 为例，其对应的最大值相量表示为 $\dot{I}_m = I_m \angle \varphi_i$，有效值相量表示为 $\dot{I} = I \angle \varphi_i$。

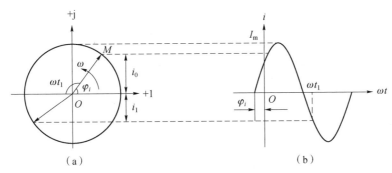

图 2-12　正弦量的相量表示法

相量是一个复数，只是用来表示正弦量，而不等于正弦量，它只是分析和计算交流电路的一种方法。

正弦量和相量的相互关系是：$i = I_m \sin(\omega t + \varphi_i) \Leftrightarrow \dot{I} = I \angle \varphi_i$。

【例2-3】 试画出以下两个正弦量的相量图：

$$u = 70\sqrt{2} \sin(314t + 60°) \text{ V} \qquad i = 50\sqrt{2} \sin(314t + 30°) \text{ A}$$

解：两个正弦量对应的相量分别为

$$\dot{U} = 70 \angle 60°, \dot{I} = 50 \angle 30°$$

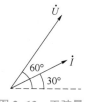

图2-13　正弦量 u 与 i 的相量

相量图如图2-13所示。

由上可知，表示正弦量的相量有两种形式：相量图和复数式（即相量式）。以相量图为基础进行正弦量计算的方法称为相量图法；用复数表示正弦量来进行计算的方法称为相量的复数运算法。在分析正弦交流电路时，这两种方法都可以用。

【例2-4】 已知 $u_1 = 8\sqrt{2} \sin(314t + 60°)$ V，$u_2 = 6\sqrt{2} \sin(314t - 30°)$ V，求 $u = u_1 + u_2$。

解：（1）用相量法求解

由已知条件可写出 u_1 和 u_2 的有效值相量

$$\dot{U}_1 = 8 \angle 60° = (4 + j6.9) \text{ V}$$

$$\dot{U}_2 = 6 \angle -30° = (5.2 - j3) \text{ V}$$

$$\dot{U} = \dot{U}_1 + \dot{U}_2 = 4 + j6.9 + 5.2 - j3 = 9.2 + j3.9 (\text{V}) = 10 \angle 23° \text{ V}$$

转换成瞬时值表示，即

$$u = 10\sqrt{2} \sin(314t + 23°) \text{ V}$$

（2）用相量图求解

在复平面上，复数用有向线段表示时，复数间的加、减运算满足平行四边形法则，那么正弦量的相量加、减运算就满足该法则，相量图法求出 $\dot{U} = \dot{U}_1 + \dot{U}_2$，其相量图如图2-14所示。根据总电压 $\dot{U}$ 的长度 U 和它与实轴的夹角 φ，可写出 u 的瞬时值表达式

$$u = 10\sqrt{2} \sin(314t + 23°) \text{ V}$$

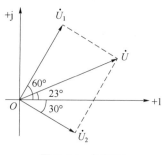

图2-14　相量图

（1）只有正弦周期量才能用相量表示。

（2）只有同频率的正弦量才能画在同一相量图上。

任务实施

1. 实训设备与器材

电工电子试验台、万用表、示波器。

2. 任务内容和步骤

（1）使用万用表测量交流电压。

观察电工电子实验台上信号源部分面板结构，调整交流电源的输出电压。选择万用表交流电压挡的适当量程，将万用表并联在交流电源两端，测量其电压值，将测量结果记录在表 2-1 中。

表 2-1　测量电压记录表

序号	交流电源的输出电压	万用表电压挡量程	万用表测量电压值
1			
2			

（2）使用示波器观测交流信号。

了解示波器的使用方法，调整交流电源的输出电压。正确连接交流电源与示波器，调整示波器相关旋钮，使之显示清晰、波形稳定。使用示波器准确读取交流电压的峰-峰值和周期，并将测量结果填入表 2-2 中。

改变交流电源的输出电压，重复进行测量，并将测量结果填入表 2-2 中。

表 2-2　示波器观测信号记录表

序号	峰-峰值	有效值	周期	频率
1				
2				

检查评估 NEWS

1. 任务问答

（1）交流电与直流电的区别是什么？

_____

_____

_____

_____

（2）正弦交流电是如何产生的？

_____

_____

_____

_____

（3）写出正弦交流电的电压三角函数表达式，并指出三要素？

_____

_____

_____

_____

学习笔记

2. 检查评估

任务评价如表2-3所示。

表2-3　任务评价

评价项目	评价内容	配分/分	得分/分
职业素养	是否遵守纪律，不旷课、不迟到、不早退	10	
	是否以严谨细致、节约能源、勇于探索的态度对待学习及工作	10	
	是否符合电工安全操作规程	20	
	是否在任务实施过程中造成示波器、万用表等器件的损坏	10	
专业能力	是否能复述正弦交流电的概念及要素	10	
	是否能规范使用万用表测量电源电压并会正确读数	15	
	是否能对检测结果进行准确判断	10	
	是否能规范使用示波器检测正弦交流电参数	15	
总分			

小结反思

（1）绘制本任务学习要点思维导图。

（2）在任务实施中出现了哪些错误？遇到了哪些问题？是否解决？如何解决？记录在表2-4中。

表2-4　错误/问题记录

出现错误	遇到问题

任务 2.2　分析与检测电风扇电路

 任务描述

在电风扇电路中有两个关键的部件：电容和电动机。电动机内部有启动绕组和运行绕组两个绕组，也就是电感。当电风扇发生不转的故障现象时，很有可能是电容元件或电感元件损坏。

本次任务：请识别并使用电工工具或仪表按规范操作检测电感和电容。

任务提交：检测结论、任务问答、学习要点思维导图、检查评估表。

学习导航

本任务参考学习学时：4（课内）+2（课外）。通过本任务学习，可以获得以下收获：

专业知识：

1. 能够知晓电容、电感元件的电路符号、特性及主要参数。

2. 能够掌握电容和电感元件的检测方法。

3. 能够分析纯电阻、纯电容、纯电感元件正弦交流电路电压与电流的关系。

专业技能：

1. 学会识别电容和电感元件。

2. 能够使用万用表正确规范检测电容和电感元件的性能。

职业素养：

1. 养成严谨细致、节约能源、勇于探索的科学态度。

2. 养成严格按规范要求操作，使用电工仪表和安全工具等安全用电习惯和意识。

3. 能够团结合作，主动帮助同学、善于协调工作关系。

 知识储备

2.2.1　电风扇电路中的元件

1. 电容元件的识别与检测

1）电容器的基础知识

电容元件是从实际电容器抽象出来的电路模型。实际电容器是由两块相互平行、彼此靠得很近，但中间填充绝缘介质的金属板构成的，如图 2-15 所示。常见的电容器的外形如图 2-16 所示。

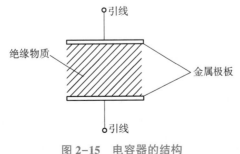

图 2-15　电容器的结构

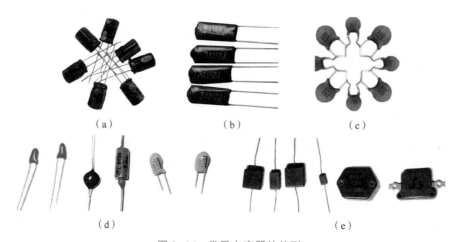

图 2-16　常见电容器的外形

（a）电解电容器；（b）涤纶电容器；（c）瓷介电容器；（d）钽电解电容器；（e）云母电容器

如图 2-17 所示，当电容元件上电压的参考方向由正极板指向负极板，则正极板上的电荷 q 与其两端电压 u 有以下关系，即

$$q = Cu$$

$$C = \frac{q}{u} \tag{2-16}$$

C 称为该元件的电容，当 C 是正实常数时，电容为线性电容，库伏特性是通过原点的一条直线，如图 2-18 所示。

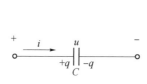

图 2-17　电容元件符号

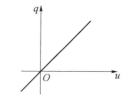

图 2-18　线性电容元件库伏特性

电容的单位在国际单位制中用 F（法［拉］）表示。当在电容两端的电压是 1 V，极板上电荷为 1 C 时，电容是 1 F。电容的单位换算关系为

$$1\ F = 10^6\ \mu F = 10^{12}\ pF$$

当电容两端的电压 u 与流进正极板电流参考方向一致时，为关联参考方向，如图 2-16 所示。

$$i = \frac{dq}{dt} \tag{2-17}$$

把式 $q = Cu$ 代入式（2-17）得

$$i = C \frac{du}{dt} \tag{2-18}$$

当电容一定时，电流与电容两端电压的变化率成正比，当电压为直流电压时，电流为零，电容相当于开路。

电容元件两端电压与通过的电流在关联参考方向下，从 $0 \sim \tau$ 的时间内元件所吸收的电能为

$$W_C = \int_0^\tau p\,dt = \int_0^\tau ui\,dt = C \int_0^\tau u \frac{du}{dt}dt = C \int_{u(0)}^{u(\tau)} u\,du = \frac{1}{2} C u^2(\tau) \tag{2-19}$$

式中，C 一定时，电场能量随着电压的增加而增加，假定 $u(0) = 0$。

职业素养

电容是一种电子器件，有通交流隔直流的作用，同时它也能存储电能。随着科学技术的不断发展，电容介质越做越小，手机、电脑、电视、平板也会越来越薄。我国既是电容器产业世界生产大国，也是出口大国，但是我国本土生产的为电容器制造业配套的电子材料、零配件、仪器设备等上游产品与世界先进水平相比仍有差距，许多产品仍然严重依赖进口，这成为制约我国电容器制造业发展的重大问题。作为大学生的我们应勤学奋斗、增长才干，努力练好人生和事业的基本功，肩负时代责任，高扬理想风帆。

2）电容器的主要参数

（1）标称容量和允许偏差。成品电容器上所标明的电容值称为标称容量。电容器的标称容量与实际容量总是存在着一定的偏差，称为允许偏差。

电容器的允许偏差可以用偏差等级表示，也可以用偏差百分数表示。

（2）额定工作电压。电容器的额定工作电压，习惯上称为"耐压"，是指电容器长时间工作而不会引起介质电性能受到任何破坏的最大直流电压值。如果电容器两端加上交流电压，那么，所加交流电压的最大值（峰值）不得超过额定工作电压。

（3）绝缘电阻。电容器的绝缘电阻是指电容器两极之间的电阻，也称漏电电阻。

3）电容器的识别

（1）直标法。如图 2-19 所示，用阿拉伯数字和文字符号在电容器上直接标出主要参数（标称容量、额定电压、允许偏差等）的标示方法。若电容器上未标注偏差，则默认为 ±20% 的偏差。有的电容器由于体积小，为了便于标准，习惯上省略其单位，但遵循以下原则：凡不带小数点的整数，若无标志单位，则表示皮法；凡带小数点的整数，若无标志单位，则表示微法。

（2）数码法。体积较小的电容器标注常用数码法。如图 2-20 所示，一般用 3 位整数表示。数码按从左到右的顺序，第一、第二位为有效数字，第三位表示 10 的倍率，单位为 pF。但要注意：用数码表示法来表示电容器的容量时，若第三位数码是 "9" 时，则表示 10^{-1}，而不是 10^9。

图 2-19　电容器直标法图

图 2-20　电容器数码法

（3）文字符号法。文字符号法是由数字和字母相结合表示电容器电容量的方法。字母符号前面的数字表示整数值，字母符号后面的数字表示小数点后面的小数值。如 p10 表示 0.1 pF，1p0 表示 1 pF，6p8 表示 6.8 pF，2u2 表示 2.2 μF。

（4）色标法。电容器的色标法与电阻器类似。沿电容器引线方向，第 1、2 色环表示电容量的有效数字，第 3 色环表示有效数字后面零的个数，单位为 pF。

4）电容器的性能检测

在通常情况下，电容器用于滤波或隔直，电路中对电容量的精确度要求不高，故无须测量实际电容量。通常可用万用表的电阻挡测量较大容量电容器两电极之间的漏电阻，并根据万用表指针摆动幅度，对电容器的好坏进行判别。

（1）指针式万用表。

电容值为 0.1 F 以下的电容器用万用表"$R\times1\,k$"或"$R\times10\,k$"挡，1 F 以上的电容器用万用表"$R\times100$"或"$R\times10$"挡（测量电容两引线之间的电阻值）。

将万用表调至电阻挡并调零，将待测电容器短路放电。将万用表表笔接电容器两极，表针应向阻值小的方向摆动，然后慢慢回摆至"∞"附近。接着交换表笔再试一次，看表针的摆动情况，摆幅越大，表明电容器的电容量越大。若表笔一直碰触电容器引线，表针应指在"∞"附近，否则，表明该电容器有漏电现象，其电阻值越小，说明漏电量越大，则电容器质量越差；如在测量时表针根本不动，表明此电容器已失效或断路。

电容量越大，指针摆动的角度越大，1 000 pF 以下的电容器几乎看不到指针的摆动。对于不知道极性的电解电容器，可用万用表的"$R\times100$"或"$R\times1\,k$"电阻挡测量其极性。电解电容器极性的判别如图 2-21 所示。测量时，先假定某极为正极，让其与万用表的黑表笔相接，另一个电极与红表笔相接，记下表针停止的刻度；然后将电容器放电，两表笔对调，重新测量。两次测量中，阻值大的那次，黑表笔接的是电解电容器的正极。

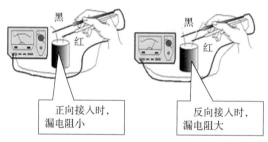

图 2-21　电解电容器极性的判别
（a）正向接入；（b）反向接入

（2）数字式万用表。

①电容挡直接检测。某些数字式万用表具有检测电容的功能，测量时可将已放电的电容器两引脚直接插入电容测试插孔中，将显示屏读出的值与电容器标称值进行比较。若相差太大，说明该电容器容量不足或性能不良，不能继续使用。

②电阻挡检测。将数字万用表拨至适宜的电阻挡，红表笔和黑表笔分别接触被测电容器的两极，这时显示值将从"000"开始逐渐增加，直至显示溢出符号"1"，表明电容器正常。若不断显示"000"，表明电容器内部短路；若不断显示溢出"1"，表明电容器内部极间断路。检验电解电容器时需要注意，红表笔应接电容器正极，黑表笔应接电容器负极。此方法适用于测量 0.1 μF 至几千微法的大容量电容器。

2. 电感元件的识别与检测

1）电感器的基础知识

电感器是储能元件，它是依据电磁感应原理，由导线绕制而成，又称为电感线圈。常见的电感器如图 2-22 所示，图 2-23 所示为实际的线圈，假定绕制线圈的导线无电阻，线圈有 N 匝，当线圈通以电流 i 时，在线圈内部将产生磁通 Φ_L，若磁通 Φ_L 与线圈 N 匝都交链，则磁通链 $\Psi_L = N\Phi_L$。在电路中一般用图 2-24 表示实际线圈，并用字母 L 表示，通常称为电感元件，能够储存磁场能量。Φ_L 和 Ψ_L 都是线圈本身电流产生的，称为自感磁通和自感磁通链。

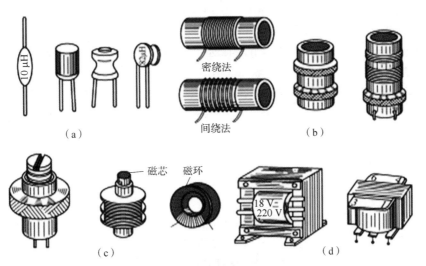

图 2-22　常见的电感器

（a）固定电感；（b）空心电感；（c）磁芯电感；（d）变压器

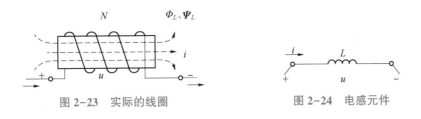

图 2-23　实际的线圈　　　　　　　图 2-24　电感元件

当磁通 Φ_L 和磁通链 Ψ_L 的参考方向与电流 i 的参考方向之间满足右手螺旋定则时，有

$$\Psi_L = Li \tag{2-20}$$

式中，L 称为线圈的自感或电感。

在国际单位制中，磁通和磁通链的单位是 Wb（韦［伯］），自感的单位是 H（亨［利］）。

当 $L = \Psi_L/i$ 是常数时，称其为线性电感，如图 2-25 所示，韦安特性是通过原点的一条直线。

当电感元件两端电压和通过电感元件的电流在关联参考方向下时，根据楞次定律，有

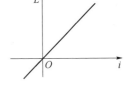

图 2-25　线性电感的韦安特性

$$u = \frac{\mathrm{d}\Psi_L}{\mathrm{d}t} \tag{2-21}$$

把 $\Psi_L = Li$ 代入式（2-21），得

$$u = L\frac{\mathrm{d}i}{\mathrm{d}t} \tag{2-22}$$

从式（2-22）可以看出，任何时刻线性电感元件的电压与该时刻电流的变化率成正比。当电流不随时间变化（直流电流）时，则电感电压为零，这时电感元件相当于短接。

电感元件两端电压和通过电感元件的电流在关联参考方向下，从 $0 \sim \tau$ 的时间内电感元件所吸收的电能为

$$W_L = \int_0^\tau p\mathrm{d}t = \int_0^\tau ui\mathrm{d}t = L\int_0^\tau i\frac{\mathrm{d}i}{\mathrm{d}t}\mathrm{d}t = L\int_{i(0)}^{i(\tau)} i\mathrm{d}i = \frac{1}{2}Li^2(\tau) \tag{2-23}$$

从式（2-23）中可以看出，L 一定时，磁场能量 W_L 随着电流的增加而增加，假定 $i(0)=0$。

2）电感器的主要参数

（1）电感量。电感量 L 表示线圈本身固有特性，主要取决于线圈的匝数、绕制方式、有无磁芯及磁芯的材料等。

（2）品质因数 Q。品质因数 Q 是表示线圈质量的一个物理量，Q 为感抗 X_L 与其等效的电阻的比值，即 $Q=X_L/R$。

（3）分布电容。线圈的匝与匝间、线圈与屏蔽罩间、线圈与底板间存在的电容称为分布电容。

（4）额定电流。额定电流即电感线圈中正常工作时允许通过的最大电流，额定电流的大小与绕制线圈的线径粗细有关。

（5）直流电阻。直流电阻是指电感线圈本身的电阻，可用万用表或欧姆表直接测得。

3）电感器的识别

（1）直标法。电感量用阿拉伯数字和单位符号直接标注在外壳上，单位 μH 或 mH，如"220 μH±5%"。

（2）色标法。卧式电感器的色标法与电阻色环法相似，立式电感常采用色点法，单位 μH。

（3）数码法，采用三位数码表示，前两位表示有效数字，第三位表示零的个数。

4）电感器的性能检测

（1）外观检查。

外观检查主要是观察外形是否完好无损；磁性材料有无缺损、裂缝；金属屏蔽罩是否有腐蚀、氧化现象；线圈绕组是否清洁、干燥；导线绝缘漆有无刻痕划伤；接线有无断裂等。

（2）万用表测量。

电感的检测主要是检测线圈的好坏，有时需要检测它的绝缘，线圈的通断用万用表的"$R\times100$"挡进行判断，将万用表的两表笔接通线圈的两端，指针偏转，说明线圈是通的，一般线圈是好的；若指针指向"∞"，说明线圈断开、已损坏。用 500 V 兆欧表测量线圈的绝缘电阻，若绝缘电阻的值低于几兆欧，则说明绝缘受潮或击穿。

2.2.2　纯电阻正弦交流电路

纯电阻元件是指只考虑电阻性质，而忽略其他性质的元件，日常生活中接触到的白炽灯、电炉、热得快等都是电阻性负载。若正弦交流电源中接入的负载为纯电阻元件，形成的电路称为纯电阻正弦交流电路，如图 2-26（a）所示。

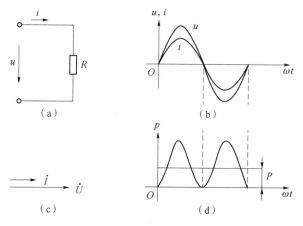

图 2-26　纯电阻正弦交流电路
（a）电路图；（b）电压与电流的正弦波形；（c）电压与电流的相量图；（d）功率波形

电阻、电感、电容元件
电压与电流关系

1. 电压电流关系

对于电阻来说，当电压与电流的参考方向如图 2-26（a）所示为关联参考方向时，电压和电流之间符合欧姆定律 $i=u/R$。

设 $u=U_{\mathrm{m}}\sin\omega t$，则

$$i=\frac{u}{R}=\frac{U_{\mathrm{m}}\sin\omega t}{R}=\frac{U_{\mathrm{m}}}{R}\sin\omega t=I_{\mathrm{m}}\sin\omega t \tag{2-24}$$

由上式可得，电阻元件两端电压最大值与通过它的电流最大值在数量上有以下关系：

$$I_{\mathrm{m}}=\frac{U_{\mathrm{m}}}{R}$$

可得有效值关系为

$$I=\frac{U}{R} \tag{2-25}$$

相量形式为

$$\dot{U}=U\angle 0° \quad \dot{I}=I\angle 0°=\frac{U}{R}\angle 0°=\frac{\dot{U}}{R}$$

即

$$\dot{I}=\frac{\dot{U}}{R} \tag{2-26}$$

由此可见，电阻元件上电压与电流的关系可表述如下：

（1）电压与电流均是同频率、同相位的正弦量。u 与 i 的波形如图 2-26（b）所示。u 与 i 的相量图如图 2-26（c）所示。

（2）电压与电流的瞬时值、最大值、有效值和相量之间均符合欧姆定律形式。

2. 功率和能量

1）瞬时功率

在任意瞬时，电压瞬时值 u 与电流瞬时值 i 的乘积，称为瞬时功率，用小写字母 p 表示，则

$$p=ui=U_{\mathrm{m}}\sin\omega t\times I_{\mathrm{m}}\sin\omega t=2UI\sin^2\omega t=UI(1-\cos 2\omega t)$$

即

$$p=UI(1-\cos 2\omega t) \tag{2-27}$$

由式（2-27）可见，p 由两部分组成，且 $-1\leqslant\cos 2\omega t\leqslant 1$，所以 $1-\cos 2\omega t\geqslant 0$。故 $p\geqslant 0$，说明电阻只要有电流就消耗能量，它是耗能元件，其瞬时功率的波形如图 2-26（d）所示。

2）有功功率

瞬时功率 p 在一个周期内的平均值称为平均功率，平均功率又称为有功功率，单位为瓦或千瓦（W 或 kW）。有功功率用大写字母 P 表示，即

$$P=\frac{1}{T}\int_0^T p\mathrm{d}t=UI=I^2R=\frac{U^2}{R} \tag{2-28}$$

式（2-28）与直流电路中电阻功率的表达式相同，需注意式中的 U、I 是正弦交流电压和电流的有效值，而不是直流电压、电流。

2.2.3 纯电感正弦交流电路

纯电感元件是指只考虑元件电感性质，而忽略其他性质的元件，电动机、变压器的绕组等都是电感性负载。若正弦交流电源中接入的负载为纯电感元件，形成的电路称为纯电感正弦交流电路，如图 2-27（a）所示。

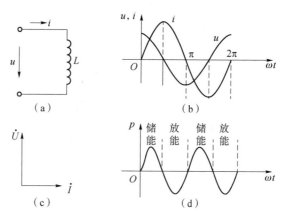

图 2-27 纯电感正弦交流电路

(a) 电路图；(b) 电压与电流的正弦波形；(c) 电压与电流的相量图；(d) 功率波形

1. 电压电流关系

设流过电感元件的交流电流为 $i = I_{\mathrm{m}}\sin \omega t$，当电压与电流的参考方向如图 2-27（a）所示为关联参考方向时，根据电感元件伏安关系 $u = L\dfrac{\mathrm{d}i}{\mathrm{d}t}$，则电感元件两端的电压为

$$u = L\frac{\mathrm{d}i}{\mathrm{d}t} = L\frac{\mathrm{d}(I_{\mathrm{m}}\sin \omega t)}{\mathrm{d}t}$$

即

$$u = LI_{\mathrm{m}}\omega\cos \omega t = LI_{\mathrm{m}}\omega\sin (\omega t + 90°) = U_{\mathrm{m}}\sin (\omega t + 90°) \tag{2-29}$$

由上式可得，电感元件两端电压最大值与通过它的电流最大值在数量上有以下关系：

$$I_{\mathrm{m}} = \frac{U_{\mathrm{m}}}{L\omega} = \frac{U_{\mathrm{m}}}{X_L}$$

可得有效值关系为
$$I = \frac{U}{L\omega} = \frac{U}{X_L} \tag{2-30}$$

$$X_L = \frac{U_{\mathrm{m}}}{I_{\mathrm{m}}} = \frac{U}{I} = \omega L = 2\pi f L \tag{2-31}$$

X_L 称为感抗，单位为欧姆（Ω）。它反映的是电感对交流电的阻碍作用。感抗 X_L 与电感量 L 和频率 f 成正比。L 一定时，f 越高，X_L 越大；f 越低，X_L 越小；当 f 减小为零即为直流时，X_L 等于零，即电感对直流可视为短路。由此可见，电感具有"通直流、阻交流"和"通低频、阻高频"的作用。

相量形式为

$$\dot{I} = I\angle 0°$$

$$\dot{U} = U\angle 90° = IX_L\angle 90° = \frac{\dot{I}}{\angle 0°}X_L\angle 90° = \dot{I}\,X_L\angle 90° = \mathrm{j}X_L\dot{I}$$

即

$$\dot{I} = \frac{\dot{U}}{\mathrm{j}X_L} \tag{2-32}$$

由此可见，电感元件上电压与电流的关系可表述如下：

（1）电压与电流均是同频率正弦量。

（2）电压与电流在相位上，u 超前 i 相位角 $90°$。波形如图 2-27（b）所示。u 与 i 的相量图如图 2-27（c）所示。

2. 功率和能量

1）瞬时功率

由瞬时功率的定义可得

$$p = ui = UI \sin 2\omega t \tag{2-33}$$

由式（2-33）可见，p 是一个幅值为 UI，并以 2ω 的角频率随时间而变化的交变量，其波形如图 2-27（d）所示。

将电压 u 和电流 i 每个周期的变化过程分成四个 $\frac{1}{4}$ 周期：在第一和第三个 $\frac{1}{4}$ 周期，电感中的电流在增大，磁场在增强，电感从电源吸取能量，并将之储存起来，p 为正。在第二和第四个 $\frac{1}{4}$ 周期，电感中的电流在减小，磁场在减弱，电感将储存的磁场能量释放出来，归还给电源，p 为负。可以看出理想电感 L 在正弦交流电源作用下，不断地与电源进行能量交换，但却不消耗能量。

2）有功功率

瞬时功率 p 在一周期内的平均值即为平均功率

$$P = \frac{1}{T}\int_0^T p\mathrm{d}t = \frac{1}{T}\int_0^T UI\sin 2\omega t\mathrm{d}t = 0 \tag{2-34}$$

说明纯电感元件在正弦交流电路中是不消耗电能的。

3）无功功率

电感本身并未消耗能量，但要和电源进行能量交换，是储能元件。

为了反映能量交换的规模，用 u 与 i 的有效值乘积来衡量，称为电感的无功功率，用 Q_L 表示，并记作

$$Q_L = UI = I^2 X_L = \frac{U^2}{X_L} \tag{2-35}$$

无功功率的单位为乏（var）或千乏（kvar）。

储能元件（L 或 C），虽本身不消耗能量，但需占用电源容量并与之进行能量交换，对电源是一种负担。

2.2.4　纯电容正弦交流电路

纯电容元件是指只考虑元件电容性质，而忽略其他性质的元件，若正弦交流电源中接入的负载为纯电容元件，形成的电路称为纯电容正弦交流电路，如图 2-28（a）所示。

1. 电压电流关系

设电容元件两端交流电压为 $u = U_m \sin \omega t$，当电压与电流的参考方向如图 2-28（a）所示为关联参考方向时，根据电容元件伏安关系 $i = C\frac{\mathrm{d}u}{\mathrm{d}t}$，则电容元件两端的电流为

$$i = C\frac{\mathrm{d}u}{\mathrm{d}t} = C\frac{\mathrm{d}(U_m \sin \omega t)}{\mathrm{d}t}$$

即

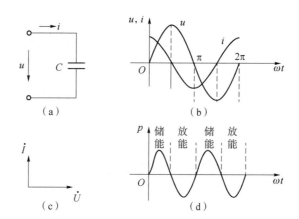

图 2-28 纯电容正弦交流电路

(a) 电路图；(b) 电压与电流的正弦波形；(c) 电压与电流的相量图；(d) 功率波形

$$i = CU_m\omega\cos\omega t = CU_m\omega\sin(\omega t+90°) = I_m\sin(\omega t+90°) \tag{2-36}$$

由上式可得，电容元件两端电压最大值与通过它的电流最大值在数量上有以下关系：

$$I_m = CU_m\omega = \frac{U_m}{\dfrac{1}{\omega C}} = \frac{U_m}{X_C}$$

可得有效值关系为

$$I = \frac{U}{X_C} \tag{2-37}$$

$$X_C = \frac{U_m}{I_m} = \frac{U}{I} = \frac{1}{\omega C} = \frac{1}{2\pi f C} \tag{2-38}$$

X_C 称为容抗，单位为欧姆（Ω）。它体现的是电容对交流电的阻碍作用。容抗 X_C 与电容量 C 和频率 f 成反比。C 一定时，f 越高，X_C 越小；f 越低，X_L 越大；当 f 减小为零即为直流时，X_C 趋于无穷大，即电容对直流可视为断路。由此可见，电容具有"通交流、阻直流"和"通高频、阻低频"的作用。

相量形式为

$$\dot{U} = U\angle 0°\quad \dot{I} = I\angle 90° = \frac{U}{X_C}\angle 90° = \frac{\dot{U}\angle 90°}{X_C\angle 0°} = -\frac{\dot{U}}{jX_C}$$

即

$$\dot{I} = -\frac{\dot{U}}{jX_C} \tag{2-39}$$

由此可见，电容元件上电压与电流的关系可表述如下：

（1）电压与电流均是同频率正弦量。

（2）电压与电流在相位上，i 超前 u 相位角 90°。波形如图 2-28（b）所示，u 与 i 的相量图如图 2-28（c）所示。

2. 功率和能量

1）瞬时功率

由瞬时功率的定义可得

$$p = ui = UI\sin 2\omega t \tag{2-40}$$

由式（2-40）可见，p 是一个幅值为 UI，并以 2ω 的角频率随时间而变化的交变量，其波形如图 2-28（d）所示。

将电压 u 和电流 i 每周期的变化过程分成四个 $\frac{1}{4}$ 周期：在第一和第三个 $\frac{1}{4}$ 周期，电容上的电压增大，电场增强，电容充电，电容从电源吸收能量，p 为正；在第二和第四个 $\frac{1}{4}$ 周期，电容上的电压减小，电场减弱，电容放电，将储存的能量归还给电源，p 为负。可以看出理想电容 C 在正弦交流电源作用下，不断地与电源进行能量交换，但却不消耗能量。

2）有功功率

瞬时功率 p 在一周期内的平均值即平均功率

$$P = \frac{1}{T} \int_0^T p\,\mathrm{d}t = \frac{1}{T} \int_0^T UI\sin 2\omega t\,\mathrm{d}t = 0 \tag{2-41}$$

电容本身并未消耗能量，但要和电源进行能量交换，是储能元件。

3）无功功率

为了反映能量交换的规模，用 u 与 i 的有效值乘积来衡量，称为电容的无功功率，用 Q_c 表示，并记作

$$Q_c = UI = I^2 X_c = \frac{U^2}{X_c} \tag{2-42}$$

其单位为乏或千乏（var 或 kvar）。

任务实施

1. 实训设备与器材

万用表、各种类型的电容器、电感器若干。

2. 任务内容和步骤

（1）分类观察所用电容器和电感器，对元件进行分类（各类元件选取 5 个）并读出标称值，把标称值填入表 2-5。

表 2-5　元件按功能进行分类统计

	标称值	漏电阻	是否良好		标称值	直流电阻	是否良好
电容器				电感器			

（2）元器件质量的检测。

①采用万用表进行电解电容正、负极性的判断及漏电阻值的测量，并将测量结果填写在表 2-5 中，判断其质量是否良好。

②将万用表置于 $R \times 1$ k 挡，红、黑表笔各接电感器的任一引出端，测出直流电阻值的大小，判断其质量是否良好，并填表 2-5。

1. 任务问答

(1) 读出图 2-29 中电容器的参数值。

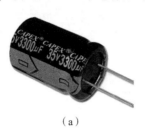  

（a） （b） （c）

图 2-29 电容器

_____

_____

(2) 如何用万用表判别一个电解电容的好坏？怎么从外观上怎么识别其引脚极性？

_____

_____

_____

(3) 如何用万用表测量电感线圈的好坏？

_____

_____

_____

_____

2. 检查评估

任务评价如表 2-6 所示。

表 2-6 任务评价

评价项目	评价内容	配分/分	得分/分
职业素养	是否遵守纪律，不旷课、不迟到、不早退	10	
	是否以严谨细致、节约能源、勇于探索的态度对待学习及工作	10	
	是否符合电工安全操作规程	20	
	是否在任务实施过程中造成万用表等器件的损坏	10	
专业能力	是否能准确识别电容和电感元件	10	
	是否能规范使用万用表测量电容、电感元件	15	
	是否能对检测结果进行准确判断	10	
	是否能掌握纯电阻、纯电容、纯电感元件正弦交流电路中电压与电流的关系	15	
总分			

（1）绘制本任务学习要点思维导图。

（2）在任务实施中出现了哪些错误？遇到了哪些问题？是否解决？如何解决？记录在表2-7中。

表2-7　错误/问题记录

出现错误	遇到问题

任务 2.3　计算电风扇电路功率

任务描述

请同学们根据图2-30所示的电风扇铭牌写出电风扇的额定电流、额定电压、输入总功率、额定电压×额定电流的数值。

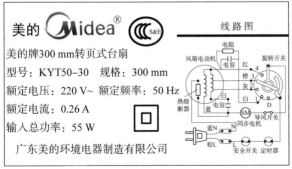

美的 Ⓜidea® Ⓒ S&E
线路图
美的牌300 mm转页式台扇
型号：KYT50-30　规格：300 mm
额定电压：220 V～　额定频率：50 Hz
额定电流：0.26 A
输入总功率：55 W
广东美的环境电器制造有限公司

请同学们根据电风扇铭牌写出：
额定电流 =
额定电压 =
输入总功率 =
额定电压×额定电流 =
功率为什么不相同呢？

图2-30　电风扇铭牌

电风扇的输入功率是电风扇可持续工作的最大功率，即在额定输入电压的前提下，实际所要消耗的电能量。

本次任务：请使用电工工具或仪表按规范操作检测电风扇电压、电流、功率并计算功率因数。

任务提交：检测结论、任务问答、学习要点思维导图、检查评估表。

学习导航

本任务参考学习学时：4（课内）+2（课外）。通过本任务学习，可以获得以下收获：

专业知识：

1. 能够掌握 RLC 串联电路的相量分析法。

2. 能够掌握单相交流电路中的功率的计算方法。

3. 能够掌握功率因数和功率因数提高的方法。

专业技能：

1. 能够计算用电设备的用电量。

2. 能够使用仪表正确规范检测用电设备的相关参数。

职业素养：

1. 养成严谨细致、节约能源、勇于探索的科学态度。

2. 养成严格按规范要求操作，使用电工仪表和安全工具等安全用电习惯和意识。

3. 能够团结合作，主动帮助同学、善于协调工作关系。

知识储备

2.3.1 RLC 串联电路

电阻、电感、电容元件的串联电路如图 2-31（a）所示。由于是串联电路，所以通过各元件的电流相同，设电流 $i=I_m \sin \omega t$。

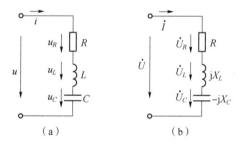

图 2-31 RLC 串联正弦交流电路

（a）RLC 串联电路；（b）电路相量形式

1. 电压电流关系

电阻元件上的电压 u_R 与电流 i 同向，则

$$u_R = iR = RI_m \sin \omega t = U_{Rm} \sin \omega t$$

电感元件的电压比电流超前 90°，则

$$u_L = iX_L = X_L I_m \sin (\omega t + 90°) = U_{Lm} \sin (\omega t + 90°)$$

电容元件上的电压比电流滞后 90°，则

$$u_C = iX_C = X_C I_m \sin (\omega t - 90°) = U_{Cm} \sin (\omega t - 90°)$$

根据 KVL 定律有

$$u = u_R + u_L + u_C$$

基尔霍夫定律是电路的基本定律，不仅适用于直流电路，而且适用于交流电路。在正弦交流电路中，所有电压、电流都是同频率的正弦量，它们的瞬时值和对应的相量都遵守基尔霍夫定律。

但是正弦交流电路中电压、电流有效值不符合基尔霍夫定律，因为有效值只能反映各量间的大小关系，不能反映相位关系。

转换成对应的相量形式，如图2-31（b）所示，表达式为

$$\dot{U} = \dot{U}_R + \dot{U}_L + \dot{U}_C = R\dot{I} + jX_L\dot{I} - jX_C\dot{I} = \dot{I}\left[R + j(X_L - X_C)\right] \tag{2-43}$$

令 $X = X_L - X_C$，称为电抗；$Z = R + j(X_L - X_C) = R + jX = |Z| \angle \varphi$，称为串联电路的复阻抗，单位为欧姆（$\Omega$）。

由此可知，R、L、C 串联电路总的复阻抗为

$$Z = \frac{\dot{U}}{\dot{I}} = R + j(X_L - X_C) = |Z|e^{j\varphi} = \frac{U}{I}\angle\varphi = \frac{U}{I}\angle\varphi_u - \varphi_i \tag{2-44}$$

复阻抗的模为

$$|Z| = \sqrt{R^2 + X^2} = \sqrt{R^2 + (X_L - X_C)^2} = \frac{U}{I} \tag{2-45}$$

它体现了电压 u 和电流 i 有效值之间的约束关系。

复阻抗的幅角为

$$\varphi = \arctan\frac{X}{R} = \arctan\frac{X_L - X_C}{R} = \varphi_u - \varphi_i \tag{2-46}$$

表示了电压 u 和电流 i 的相位关系。

由此可知，复阻抗的模 $|Z|$、实部 R、虚部电抗 X 三者构成一直角三角形，称为阻抗三角形，如图2-32（a）所示。

（1）若 $X_L > X_C$，则 $\varphi = \varphi_u - \varphi_i > 0$，此时电压超前电流 φ 角，电路呈电感性；

（当 $0° < \varphi < 90°$ 时，电路可视为电阻、电感负载；当 $\varphi = 90°$ 时，电路可视为纯电感负载）

（2）若 $X_L < X_C$，则 $\varphi = \varphi_u - \varphi_i < 0$，此时电压滞后电流 φ 角，电路呈电容性；

（当 $-90° < \varphi < 0°$ 时，电路可视为电阻、电容负载；当 $\varphi = -90°$ 时，电路可视为纯电容负载）

（3）若 $X_L = X_C$，则 $\varphi = \varphi_u - \varphi_i = 0$，此时电压和电流同相，电路呈电阻性。

可见，采用相量的复数运算法对 RLC 串联电路进行分析计算时，可同时确定电压和电流之间量值和相位上的关系及判断该电路的性质。

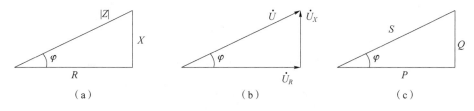

图2-32　阻抗、电压和功率三角形

（a）阻抗三角形；（b）电压三角形；（c）功率三角形

2. RLC 串联电路的相量图分析法

这种方法可更直观地展示各电路变量间大小和相位关系，但准确性较差。一般作图前先确定一个参考正弦量，对于串联电路定电流为参考正弦量为宜，对并联电路定电压为参考正弦量为宜。

对于图 2-31 所示的 RLC 电路，以电流 $\dot{I}$ 作为参考相量，电感上的电压 $\dot{U}_L = jX_L\dot{I}$，超前于 $\dot{I}$ 90°，其长度为 $U_L = X_L I$；电容上的电压 $\dot{U}_C = -jX_C\dot{I}$，落后于 $\dot{I}$ 90°，其长度为 $U_C = X_C I$；电阻上的电压 $\dot{U}_R = R\dot{I}$，与 $\dot{I}$ 同相，其长度为 $U_R = RI$。总电压 $\dot{U} = \dot{U}_R + \dot{U}_C + \dot{U}_L$，其相量图如图 2-33 所示。

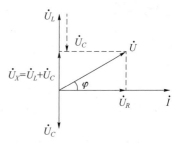

图 2-33　RLC 串联电路的相量图

从相量图可以看出，RLC 串联电路总电压相量 $\dot{U}$ 与串联电路各元件上电压相量 $\dot{U}_R$ 和 $\dot{U}_X = \dot{U}_L + \dot{U}_C$ 构成一直角三角形，称为电压三角形，如图 2-32（b）所示。利用此三角形可知

$$U = \sqrt{U_R^2 + U_X^2} = \sqrt{U_R^2 + (U_L - U_C)^2} = I\sqrt{R^2 + (X_L - X_C)^2} = I|Z| \tag{2-47}$$

这是电压和电流的量值关系；

$$\varphi = \arctan\frac{U_X}{U_R} = \arctan\frac{U_L - U_C}{U_R} = \arctan\frac{X_L - X_C}{R} \tag{2-48}$$

这是电压和电流的相位关系。

显然，电压三角形中电压和电流的相位差等于阻抗三角形中的阻抗角。

由此可见，RLC 串联电路的电压和电流的关系完全取决于电路各元件的参数。

3. 功率和能量

设电流 $i = I_m\sin\omega t$，且 u 比 i 超前 φ，则电压 $u = U_m\sin(\omega t + \varphi)$。

1）有功功率

有功功率又称平均功率，它是指电阻消耗的功率。平均功率定义有

$$P = \frac{1}{T}\int_0^T p\mathrm{d}t = \frac{1}{T}\int_0^T [UI\cos\varphi - UI\cos(2\omega t + \varphi)]\mathrm{d}t = UI\cos\varphi \tag{2-49}$$

由图 2-32（b）所示的电压三角形可知

$$U_R = RI = UI\cos\varphi$$

平均功率还可表示为

$$P = U_R I = I^2 R = UI\cos\varphi$$

2）无功功率

电路中电感和电容都要与电源之间进行能量交换，因此相应的无功功率为这两个元件共同作用形成的，考虑到 $\dot{U}_L$ 和 $\dot{U}_C$ 相位相反，则

$$Q = Q_L - Q_C = (U_L - U_C)I = (X_L - X_C)I^2 = UI\sin\varphi \tag{2-50}$$

3）视在功率

电压的有效值 U 和电流的有效值 I 的乘积称为视在功率，用 S 表示，即

$$S = UI = I^2|Z| = \frac{U^2}{|Z|} \tag{2-51}$$

视在功率单位是伏安（V·A）或千伏安（kV·A）。在通常情况下，规定电气设备使用时的额定电压 U_N 和额定电流 I_N，把 $S_N = U_N I_N$ 称为额定视在功率，又称为额定容量。

4）功率三角形

将电压三角形的各边乘以电流 I 即为功率三角形，如图 2-32（c）所示。

$$P = UI\cos\varphi \qquad Q = UI\sin\varphi$$

$$S = UI = \sqrt{P^2 + Q^2} \tag{2-52}$$

它与阻抗三角形、电压三角形是相似三角形。

5）功率因数

功率因数 $\cos\varphi$，其大小等于有功功率与视在功率的比值，在电工技术中，一般用 λ 表示，即

$$\lambda = \cos\varphi = \frac{P}{S} \tag{2-53}$$

2.3.2 功率因数的提高

1. 功率因数提高的意义

直流电路的功率等于电流与电压的乘积，但交流电路则不然。在计算交流电路的平均功率时还要考虑电压与电流间的相位差，即

$$P = UI\cos\varphi$$

式中，$\cos\varphi$ 是电路的功率因数。

在前面已讲过，电压与电流间的相位差或电路的功率因数决定于电路（负载）的参数。只有在电阻负载（例如白炽灯、电阻炉等）的情况下，电压和电流才同相，其功率因数为 1。对其他负载来说，其功率因数均介于 0~1。当电压与电流之间有相位差时，即功率因数不等于 1 时，电路中发生能量互换，出现无功功率 $Q = UI\sin\varphi$，这样就引起下面两个问题：

（1）发电设备的容量不能充分利用。提供电能的发电机是按照要求的额定电压和额定电流设计的，发电机长期正常运行时，电压和电流都不能超过额定值，否则会缩短其使用寿命，甚至损坏发电机。当其接入阻性负载时，理论上发电机能得到完全的利用，当接入感性或容性负载时，发电机将得不到充分的利用。例如，一台额定容量为 60 kW 的单相变压器，假定它在额定电压、额定电流下运行，当负载的功率因数为 0.9 时，它传输的有功功率为 54 kW，当负载的功率因数为 0.5 时，它传输的有功功率为 30 kW。显然功率因数越高，电源的利用效率越高。功率因数越低，发电机所发出的有功功率就越小，而无功功率却越大。无功功率越大，即电路中能量互换的规模越大，则发电机发出的能量就不能充分利用，其中有一部分即在发电机与负载之间进行互换。

（2）增加线路和发电机绕组的功率损耗。当发电机的电压 U 和输出的功率 P 一定时，电流 I 与功率因数成反比，而线路和发电机绕组上的功率损耗 ΔP 则与 $\cos\varphi$ 的平方成反比，即

$$\Delta P = rI^2 = \left(r\frac{P^2}{U^2}\right)\frac{1}{\cos^2\varphi} \tag{2-54}$$

式中，r 为发电机绕组和线路的电阻。因此功率因数越高，线路的功率损耗就越小。由上述可知，提高电网的功率因数对国民经济的发展有着极为重要的意义。

①提高电能利用效率。功率因数的提高，能使发电设备的容量得到充分利用，同时也能使电能得到大量节约。也就是说，在同样的发电设备的条件下能够多发电。功率因数不高，根本原因是感性负载的存在。感性负载的功率因数之所以小于 1，是由于负载本身需要一定的无功功率。

从技术经济观点出发，如何解决这个矛盾，也就是如何才能减少电源与负载之间能量的互换，而又使感性负载能取得所需的无功功率，这就是我们所提出的要提高功率因数的实际意义。

②减小线路损耗。在一定电压下向负载输送一定的有功功率时，负载功率因数越低，通过输电线路的电流就越大，输电线路的热能损耗就越大。因此，功率因数是电力经济中的一个重要指标。按照供用电规则，高压供电的工业企业的平均功率因数不低于 0.95，其他单位不低于 0.9。

③在实际中，提高功率因数还意味着提高用电质量，改善设备运行条件，有利于安全生产。

④提高功率因数可以节约电能，降低生产成本，减少企业的电费开支。

⑤提高企业用电设备的利用率，充分发挥企业的设备潜能。

2. 功率因数提高的方法

提高功率因数，常用的方法就是与感性负载并联电容器（设置在用户或变电所中），其电路图和相量图如图 2-34 所示。

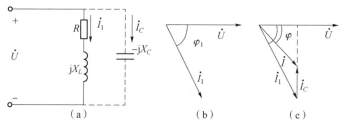

图 2-34 功率因数提高的相量图

（a）电路图；（b）提高功率因数之前的相量图；（c）提高功率因数之后的相量图

并联电容后，感性负载的电流 $I_1=\dfrac{U}{\sqrt{R^2+X_L^2}}$、功率因数 $\cos\varphi_1=\dfrac{R}{\sqrt{R^2+X_L^2}}$ 均未变化，这是因为所加电压和负载参数没有改变。但电压 u 和线路电流 i 之间的相位差 φ 变小了，即 $\cos\varphi$ 变大了。在感性负载上并联了电容器以后，减少了电源与负载之间的能量互换。这时感性负载所需的无功功率，大部分或全部都是就地供给（由电容器供给），也是说能量的互换现在主要或完全发生在感性负载与电容器之间，因而使发电机容量能得到充分利用。

由相量图可见，并联电容器以后线路电流也减小了（电流相量相加），因而减小了功率损耗。应该注意，并联电容器以后有功功率并未改变，因为电容器是不消耗电能的。那么应该并联多大的电容呢？

根据图 2-34（c）所示，I 为并联电容后的总电流，I_C 为并联电容后的电容支路电流，因此

$$I_C = I_1\sin\varphi_1 - I\sin\varphi = \frac{P}{U\cos\varphi_1}\sin\varphi_1 - \frac{P}{U\cos\varphi}\sin\varphi$$

$$= \frac{P}{U}(\tan\varphi_1 - \tan\varphi)$$

又因为

$$I_C = \frac{U}{X_C} = U\omega C$$

所以
$$U\omega C = \frac{P}{U}\,(\tan\varphi_1 - \tan\varphi)$$

因此功率因数从 $\cos\varphi_1$ 提高到 $\cos\varphi$ 所需并联电容的电容量为

$$C = \frac{P}{U^2\omega}(\tan\varphi_1 - \tan\varphi) \tag{2-55}$$

式中，P 为负载吸收的有功功率；U 为负载端电压有效值；φ_1、φ 为补偿前、后电路的功率因数角；ω 为电源的角频率。

2.3.3 谐振电路及其应用

谐振是指电压与电流参考方向一致的情况下，电路端电压与电流同相位的现象。在具有电感和电容元件的电路中，电路两端的电压与其中的电流一般是不同相的。如果调节电路的参数或电源的频率而使它们同相，这时电路中就发生谐振现象。研究谐振的目的就是要认识这种客观现象，并在生产上充分利用谐振的特征，同时又要预防它所产生的危害。按发生谐振的电路的不同，谐振现象可分为串联谐振和并联谐振。谐振状态下的各量加注下标"0"表示。

1. 串联谐振

1）谐振条件和谐振频率

如图 2-35（a）所示的 RLC 串联电路中，根据谐振的概念可知，谐振时该电路的复阻抗为 $Z = R + j(X_L - X_C)$，当复阻抗的虚部为零，即当 $X_L = X_C$ 时，

$$\omega L = \frac{1}{\omega C} \tag{2-56}$$

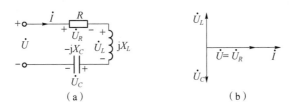

图 2-35　串联谐振电路和相量图

（a）RLC 串联电路；（b）相量图

这就是 RLC 串联电路的谐振条件。由式（2-56）可得谐振时的谐振角频率 ω_0 和谐振频率 f_0

$$\omega_0 = \frac{1}{\sqrt{LC}} \tag{2-57}$$

$$f_0 = \frac{1}{2\pi\sqrt{LC}} \tag{2-58}$$

由式（2-58）可知，谐振频率是由电路本身的参数 L 和 C 决定的，所以 ω_0 和 f_0 又称为固有角频率和固有频率。改变电路的频率，使之与电路的固有频率 f_0 相等，可使电路发生谐振；当电源频率不变时，调节 L 和 C 的大小，使固有频率 f_0 和电源频率 f 相等，也能产生串联谐振。

2）串联谐振电路的特点

（1）最小的纯阻性阻抗。

RLC 串联电路的阻抗为

$$|Z_0| = \sqrt{R^2+(X_L-X_C)^2} = R \tag{2-59}$$

（2）最大的谐振电流

$$I_0 = \frac{U}{|Z_0|} = \frac{U}{R} \tag{2-60}$$

（3）谐振时，因 $X_{L0}=X_{C0}$，使 $\dot{U}_{L0}=-\dot{U}_{C0}$，即电感和电容上的电压相量等值反相；电路的总电压等于电阻上的电压，即 $\dot{U}=\dot{U}_R$，如图 2-35（b）所示。

串联谐振时，电感（或电容）上的电压与电阻上的电压之比值，通常用 Q 表示，即

$$Q = \frac{U_{L0}}{U_R} = \frac{U_{C0}}{U_R} = \frac{\omega_0 L}{R} = \frac{1}{\omega_0 CR} = \frac{1}{R}\sqrt{\frac{L}{C}} \tag{2-61}$$

式中，Q 称为电路的品质因数。一般 Q 远远大于 1，在高频电路中可达几百。因此，串联谐振时，电感（或电容）上的电压远大于电路的总电压（或电阻上的电压），即

$$U_{L0} = U_{C0} = QU \tag{2-62}$$

故串联谐振又称电压谐振。串联谐振在无线电中应用十分广泛，如调谐选频电路，可以通过调节 C（或 L）的参数，使电路谐振于某一频率，使这一频率的信号被接收，其他信号被抑制。但电气工程上，一般要防止产生电压谐振，因为电压谐振时产生的高电压和大电流会损坏电气设备。

【例 2-5】 在 RLC 串联谐振电路中，$L=2$ mH，$C=5$ μF，品质因数 $Q=100$，交流电压的有效值为 $U=6$ V。试求：（1）f_0；（2）I_0；（3）U_{L0}、U_{C0}。

解：（1）

$$f_0 = \frac{1}{2\pi\sqrt{LC}} = \frac{1}{2\times 3.14\sqrt{2\times10^{-3}\times5\times10^{-6}}} \approx 1.59(\text{kHz})$$

（2）

$$Q = \frac{1}{R}\sqrt{\frac{L}{C}} = \frac{1}{R}\sqrt{\frac{2\times10^{-3}}{5\times10^{-6}}} = \frac{20}{R} = 100$$

所以

$$R = 0.2\ \Omega$$

故

$$I_0 = \frac{U}{R} = \frac{6}{0.2} = 30(\text{A})$$

（3）

$$U_{L0} = U_{C0} = QU = 100\times6 = 600(\text{V})$$

2. 并联谐振

发生在并联电路中的谐振称为并联谐振。

1）谐振条件和谐振频率

在实际工程电路中，最常见的、应用最广泛的是由电感线圈和电容器并联而成的谐振电路，如图 2-36 所示。电路的等效阻抗 Z 为

$$Z = \frac{(R+j\omega L)\dfrac{1}{j\omega C}}{(R+j\omega L)+\dfrac{1}{j\omega C}} = \frac{R+j\omega L}{1+j\omega RC-\omega^2 LC} \tag{2-63}$$

通常电感线圈的电阻很小，所以一般在谐振时 $\omega L \gg R$，则上式可表示为

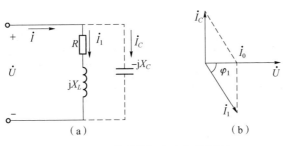

图 2-36　并联谐振电路和相量图

（a）并联谐振电路　（b）相量图

$$Z \approx \frac{j\omega L}{1+j\omega RC-\omega^2 LC}=\frac{1}{\dfrac{RC}{L}+j\left(\omega C-\dfrac{1}{\omega L}\right)} \tag{2-64}$$

谐振的条件是端口的电压与电流同相位，即复阻抗 Z 的虚部为零，由此可得并联谐振的条件与谐振的频率。

谐振的条件为

$$\omega_0 C=\frac{1}{\omega_0 L} \tag{2-65}$$

由此可得谐振频率（与串联谐振近似相等）

$$f_0 \approx \frac{1}{2\pi\sqrt{LC}} \tag{2-66}$$

2）并联谐振电路的特点

（1）阻抗达到最大值，电流为最小值；

$$|Z_0|=\frac{L}{RC} \tag{2-67}$$

在电源电压一定的情况下，电路的电流 I 在谐振时最小

$$I_0=\frac{U}{|Z_0|}=\frac{RC}{L}U \tag{2-68}$$

（2）电路对电流呈电阻性；

（3）谐振时，支路电流为总电流的 Q 倍，即 $I_L=I_C=QI$。Q 为品质因数，定义为

$$Q=\frac{1}{R}\sqrt{\frac{L}{C}} \tag{2-69}$$

因此，并联谐振又叫电流谐振。RLC 并联谐振电路在无线电技术中有着广泛的应用，是各种谐振器和滤波器的重要组成部分。

任务实施

1. 实训设备与器材

电工电子试验台、功率表、交流电压表、电流表、万用表，导线若干、电工工具一套、小型带挡位电风扇。

2. 任务内容和步骤

（1）将交流电压表、电流表及功率表接入电风扇电路。

（2）接通电风扇电路。分别将电风扇调至一、二、三挡，分别测量电风扇两端电压、电流及功率并记录数值，计算每小时耗电量，填入表2-8中。

表2-8　电风扇相关参数记录表

序号	电压	电流	功率	耗电量（每小时）
一挡				
二挡				
三挡				

检查评估 NEWST

1. 任务问答

（1）为什么需要提高交流电路中的功率因数？

_____

_____

（2）提高功率因数采用什么方法？

_____

_____

（3）电风扇不同挡位耗电量一样吗？为什么？

_____

_____

2. 检查评估

任务评价如表2-9所示。

表2-9　任务评价

评价项目	评价内容	配分/分	得分/分
职业素养	是否遵守纪律，不旷课、不迟到、不早退	10	
	是否以严谨细致、节约能源、勇于探索的态度对待学习及工作	10	
	是否符合电工安全操作规程	20	
	是否在任务实施过程中造成示波器、万用表等器件的损坏	10	
专业能力	是否能复述有功功率、无功功率、视在功率的物理意义及关系	10	
	是否能掌握功率因数提高的原因及方法	15	
	是否能掌握单相交流电路中功率的计算方法	10	
	是否能规范使用仪表测量用电设备电压、电流并会计算用电量	15	
总分			

（1）绘制本任务学习要点思维导图。

（2）在任务实施中出现了哪些错误？遇到了哪些问题？是否解决？如何解决？记录在表 2-10 中。

表 2-10 错误/问题记录

出现错误	遇到问题

【项目总结】

1. 大小和方向均随时间按正弦规律变化的电压、电流等，称为正弦交流电或正弦量。

2. 设正弦电流为 $i = I_m \sin(\omega t + \varphi_i)$，把最大值 I_m（有效值 I）、角频率 ω（频率 f）和初相位 φ_i 称为正弦量的三要素。

3. 正弦量可用波形图、三角形函数表达式和相量来表示，如表 2-11 所示。

表 2-11 正弦量的波形图、三角形函数表达式和相量表示

瞬时值表达式	$u = U_m \sin(\omega t + \varphi_u)$
波形图	
相量图	
相量式（极坐标形式）	$\dot{U} = U \angle \varphi_u$
瞬时值：小写字母 u、i、e；有效值：大写字母 U、I、E；最大值：大写字母+下标 m；复数、相量：大写字母上面+"."。	

4. 电阻、电感、电容是正弦交流电路的三个基本参数，其伏安关系的相量形式总结如表 2-12 所示（电压和电流取关联参考方向）。

表 2-12 电阻、电感、电容元件及串联电路

分类	有效值关系	相量形式	相量图
电阻元件	$I=\dfrac{U}{R}$	$\dot{I}=\dfrac{\dot{U}}{R}$	
电感元件	$I=\dfrac{U}{X_L},\ X_L=\omega L$	$\dot{I}=\dfrac{\dot{U}}{jX_L}$	
电容元件	$I=\dfrac{U}{X_C},\ X_C=\dfrac{1}{\omega C}$	$\dot{I}=-\dfrac{\dot{U}}{jX_C}$	
RLC 串联电路	$I=\dfrac{U}{\|Z\|}=\dfrac{U}{\sqrt{R^2+(X_L-X_C)^2}}$ $\varphi=\arctan\dfrac{X_L-X_C}{R}$	$\dot{I}=\dfrac{\dot{U}}{R+j(X_L-X_C)}$	$\dot{U}_X=\dot{U}_L+\dot{U}_C$

5. 功率因数 $\cos\varphi=\dfrac{P}{S}$，是电力系统的重要指标。提高功率因数能充分利用电源设备，减小线路上的功率和电压损耗。提高功率因数的方法是在电感性负载两端并联适当的电容。

【习题】

2.1 什么是正弦交流电的三要素，某交流电流为 $i=25\sqrt{2}\sin(314t+30°)$ A 分别指出三要素各是什么？

2.2 怎样从正弦交流电的三角函数表达式和波形图确定三要素，怎样从交流电的三要素确定交流电的三角函数表达式和波形图？

2.3 已知一正弦电动势的最大值为 311 V，频率是 50 Hz，初相位为 60°。试写出该正弦电动势瞬时值的表达式，画出波形图，并求 $t=0.1$ s 时的瞬时值。

2.4 5 A 的直流电流和最大值为 5 A 的交流电流分别通过阻值相等的两个电阻，问：在相同时间内，哪个电阻发热更多，为什么？

2.5 指出下列各式的正误。

（a）$i=6\angle30°$A；（b）$\dot{U}=40\sqrt{2}\sin(314t+40°)$ V；（c）$I=10\exp(j30°)$A；（d）$I=4\sin(314t+80°)$A；（e）$i=10\sin\pi t$A；（f）$\dot{I}=30e^{-j30°}$A；（g）$u=5\sin(\omega t-20°)=5e^{-j20°}$V。

2.6 某交流电流为 $i_1=8\sqrt{2}\sin(\omega t+60°)$ A，$i_2=6\sqrt{2}\sin(\omega t-30°)$ A，试用复数计算 $i=i_1+i_2$ 及

$i' = i_1 - i_2$，并画出相量图。

2.7 把一个 $R = 10\ \Omega$ 电阻元件接到 $f = 50$ Hz，电压有效值 $U = 10$ V 的交流电源上，求电阻中电流的瞬时表达式 i、相量式。

2.8 把一个 $L = 200$ mH 的电感元件接到 $u = 100\sqrt{2}\sin(314t + 45°)$ V 的电源上，求电感中的电流 i 的瞬时表达式、相量式。

2.9 流过 0.5 F 电容上的电流 $i_c = \sqrt{2}\sin(100t - 30°)$ A，求电容的端电压 u 的表达式、相量式。

2.10 指出下列各式的正误。

（1）$u_R = iR$；（2）$\dot{U} = IR$；（3）$u = L\dfrac{\mathrm{d}i}{\mathrm{d}t}$；（4）$\dot{I} = \dfrac{\dot{U}}{\mathrm{j}X_L}$；

（5）$P_L = 0$；（6）$\dot{U} = -\mathrm{j}\dfrac{1}{\omega C}\dot{I}$；（7）$X_c = \dfrac{u}{i}$；（8）$I = \omega CU$。

2.11 在 RC 串联电路中，电压与电流关系表达式正确的有哪些？

（1）$i = \dfrac{u}{|Z|}$；（2）$I = \dfrac{U}{R + X_c}$；（3）$I = \dfrac{U}{|Z|}$；（4）$I = \dfrac{\dot{U}}{R - \mathrm{j}X_c}$ （5）$\dot{I} = \dfrac{\dot{U}}{R - \mathrm{j}X_c}$。

2.12 题图 2-1（a）所示电路中，已知的电压表 V1、V3 的读数分别为 5 V、3 V，求 V2 表的读数是多少？题图 2-1（b）所示电路中，已知 $X_L = X_C = R$ 且 A1 表的读数为 3 A，求 A2、A3 表的读数为多少？

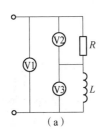 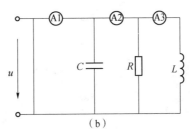

题图 2-1

2.13 已知无源二端口网络的电压和电流分别为 $\dot{U} = 30\angle 45°$V，$\dot{I} = -3\angle -165°$A，求该网络的复阻抗 Z、该网络的性质、平均功率 P、无功功率 Q、视在功率 S。

2.14 已知某感性负载的阻抗 $|Z| = 7.07\ \Omega$，$R = 5\ \Omega$，则其功率因数为多少？当接入 $u = 311\sin 314t$ V 的电源中消耗的有功功率是多少？

项目3 开关电源的分析与检测

项目描述

开关电源是一种高效率、高可靠性、小型化、轻型化的稳压电源，是电子设备的主流电源，广泛应用于生活、生产、军事等各个领域。各种计算机设备（台式电脑、笔记本电脑等）、彩色电视机、电动车等家用电器设备都大量采用了开关电源。图3-1所示为生活中常见的开关电源，包括工业用开关电源、电动车充电器、手机充电器、台式电脑电源和笔记本电脑适配器。

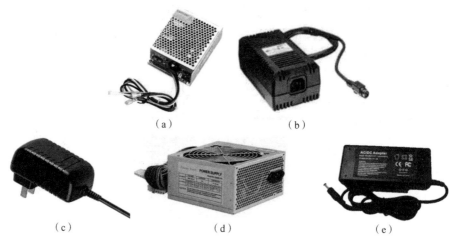

（a）　　　　　　　　　　　　　（b）

（c）　　　　　　　　（d）　　　　　　　　（e）

图3-1　各种开关电源

（a）工业用开关电源；（b）电动车充电器；（c）手机充电器；（d）台式电脑电源；（e）笔记本电脑适配器

开关电源的输入多半是交流电源（例如市电）或是直流电源，而输出多半是需要直流电源的设备，开关电源的作用就是进行两者之间电压及电流的转换。为实现转换，需要用到变压、整流、滤波、稳压等电路。本项目将完成开关电源的分析与检测。

项目流程

要想了解开关电源的原理和结构，必须先掌握磁场和磁路，然后再学习变压器的工作原理、结构、类型、检测等，此外还需要半导体、二极管、整流、滤波、稳压等相关知识，所以项目过程分三步走，具体如图3-2所示。

| Step1 认识和检测 变压器 | Step2 认识和检测 二极管 | Step3 分析和检测 开关电源中的整流电路 |

图3-2　项目流程图

任务 3.1　认识和检测变压器

任务描述

　　家庭的配电电压是 220 V，工厂车间的机床使用的电压是 380 V，地铁机车的电压是 750 V，手机充电器的输出电压是 5 V。不同的用户或用电设备对电压的需求是不一样的，那么如何对不同设备提供不同的电压呢？在生产生活中一般利用变压器进行变压。

　　在输电配电过程中，各种变压器发挥着极其重要的作用。变压器是电气化社会不可或缺的重要设备。我们使用的大多数电力电子设备具有不同的变压器应用要求。因此，了解各种变压器的工作原理、结构和类型非常重要。图 3-3 所示为电力变压器和手机充电器。

（a）　　　　　　　　　　　（b）

图 3-3　电力变压器和手机充电器

（a）电力变压器及其变压部分；（b）手机充电器及其变压器部分

　　本次任务：掌握磁路的基本知识和变压器的原理、类型等，并利用万用表检测变压器的好坏。

　　任务提交：任务问答、学习要点思维导图、检查评估表。

学习导航

　　本任务参考学习学时：4（课内）+2（课外）。通过本任务学习，可以获得以下收获：

　　专业知识：

　　1. 能够识别磁路中的基本物理量。

　　2. 能够知道变压器的结构，理解变压器的工作原理。

　　3. 能够阐明常用变压器的工作原理及应用。

专业技能：

1. 学会识别变压器的类型，正确读出变压器的参数。

2. 能够使用万用表正确规范检测变压器的好坏。

职业素养：

1. 激发学生的学习兴趣，培养学生严谨治学的态度。

2. 培养学生的协作意识、创新意识和进取意识。

本次任务：掌握变压器的原理、类型，并利用万用表检测变压器的好坏。

任务提交：检测结论、任务问答、学习要点思维导图、检查评估表。

认识磁路

3.1.1 认识磁路

1. 磁路的基本概念

磁路就是磁通的路径。磁路实质上是局限在一定路径内的磁场。工程上为了得到较强的磁场并有效地加以运用，常采用导磁性能良好的铁磁物质做成一定形状的铁芯，以便使磁场集中分布于由铁芯构成的闭合路径内，这种磁场通路才是要分析的磁路。很多电工设备，如变压器、电机和电工仪表等，在工作时都要有磁场参与作用。磁路分为纯铁芯的磁路 [图3-4（a）] 和有气隙的磁路 [图3-4（b）、（c）]，有分支磁路 [图3-4（a）] 和无分支磁路 [图3-4（b）、（c）]。

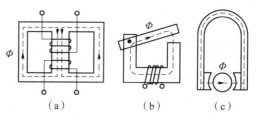

（a）　　　　　　（b）　　　　　　（c）

图3-4　几种常见电气设备的磁路

（a）变压器；（b）电磁铁；（c）磁电式电表

2. 磁路的基本物理量

表示磁场特性的主要物理量包括磁感应强度、磁通、磁场强度和磁导率。

1）磁感应强度

磁感应强度 B 是一个表示磁场内某点的磁场强弱和方向的矢量。其方向可用小磁针 N 极在磁场中某点的指向确定，磁针 N 极的指向就是磁场的方向。在磁场中某点放一个长度为 l，电流为 I 并与磁场方向垂直的导体，如果导体所受的电磁力为 F，则该点磁感应强度的量值为 $B = \dfrac{F}{lI}$。

在国际单位制中，磁感应强度的单位为 T（特斯拉）。如果磁场内各点的磁感应强度大小相等、方向相同，这样的磁场称为均匀磁场。

2）磁通

在均匀磁场中，若垂直于磁场方向的面积为 S，则通过该面积的磁通

$$\Phi = BS \text{ 或 } B = \frac{\Phi}{S} \tag{3-1}$$

式中，B 为磁感应强度，又称为磁通密度，在国际单位制中，磁通的单位是韦伯（Wb）。

3）磁场强度

磁场强度 H 是一个用来确定磁场与电流之间关系的矢量，满足安培环流定律：

$$\oint Hdl = \sum NI \tag{3-2}$$

式中，N 为线圈匝数；L 为磁路的平均长度。在国际单位制中，磁场强度的单位是 A/m（安每米）。

4）磁导率

处在磁场中的任何物质均会或多或少地影响磁场的强弱，影响的程度则与该物质的导磁性能有关。磁导率 μ 与磁场强度的乘积就等于磁感应强度，即

$$B = \mu H \tag{3-3}$$

磁导率 μ 的单位为 H/m（亨每米）。

通过实验可测出，真空的磁导率 $\mu_0 = 4\pi \times 10^{-7}$ H/m。

磁导率越大，表明介质的导磁能力越强。为便于比较各种介质的导磁性能，引入相对磁导率 μ_r。任意一种物质的磁导率 μ 与真空的磁导率 μ_0 的比值，称为该物质的相对磁导率 μ_r，即

$$\mu_r = \frac{\mu}{\mu_0} \tag{3-4}$$

非磁性材料中 $\mu \approx \mu_0$，即 $\mu_r \approx 1$，如铝、铜、纸、空气等。磁性材料中 $\mu \gg \mu_0$，即 $\mu_r \gg 1$，如铁、钢、镍、钴及其合金和铁氧体等材料。

3. 磁性材料的性质

磁性材料的相对磁导率很大，具有高导磁、磁饱和以及磁滞等磁性能，是制造电机、变压器和电气设备铁芯的主要材料。

1）高导磁性

磁性材料能够被磁化是由它的内部结构决定的，它的内部天然地分成许多小的磁化区域，称为磁畴。在没有外磁场作用时，磁畴排列杂乱无章，各磁畴的磁场力方向不同，磁性相互抵消，对外不显磁性，如图 3-5（a）所示。在外磁场作用下，磁畴就顺着外磁场方向转向，显示出磁性来。随着外磁场的增强，磁畴逐渐转到与外磁场相同的方向上，如图 3-5（b）所示。这样便产生了一个很强的与外磁场同方向的磁化磁场，使磁性材料内的磁感应强度大大增强，所以磁性材料具有高导磁性。非磁性材料的内部没有磁畴结构，在外磁场作用下不会产生磁化，故磁导率低。

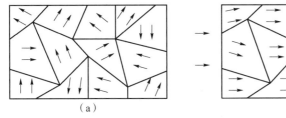

图 3-5　铁磁材料的磁化

（a）磁化前；（b）磁化后

2）磁饱和性

铁磁材料的磁饱和性体现在因磁化所产生的磁感应强度不会随外磁场的增强而无限的增强。当外磁场（或励磁电流）增大到一定值时，其内部所有的磁畴已基本上转向与外磁场一致的方向。因而，当外部磁场再增大时，其磁化磁感应强度不再继续增加。B 与 H 不成正比，两者关系的曲线称为磁化曲线，如图 3-6 所示。在 H 比较小时，B 差不多与 H 成正比增加；当 H 增加

到一定值后，**B** 的增加缓慢下来，到 a 点之后，随着 **H** 的继续增加，**B** 却增加得很少，此即为磁饱和现象。

3）磁滞性

磁滞性表现在铁磁材料在交变磁场中反复磁化时，磁感应强度的变化滞后于磁场强度的变化。当铁磁材料被磁化，磁场强度 **H** 由零增加到某值后，如果再减少 **H**，此时 **B** 并不沿着原来的曲线返回，而是沿着位于其上部的另一条曲线减弱，如图 3-7 所示。磁感应强度 **B** 的变化滞后于磁场强度 **H** 的变化，这种现象称为磁滞现象。如图 3-7 所示的回线表现了铁磁材料的磁滞性，故称为磁滞回线。

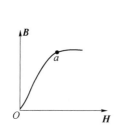

图 3-6　磁性材料的磁化曲线

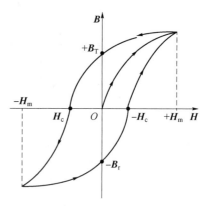

图 3-7　磁滞回线

4. 磁路欧姆定律

图 3-8 所示为绕有线圈的铁芯，当线圈中通入电流 I 时，在铁芯中就会有磁通 Φ 通过。实验可知，铁芯中的磁通 Φ 与通过线圈的电流 I、线圈匝数 N、磁路的截面积 S 以及磁导率 μ 成正比，与磁路的长度 l 成反比，即

$$\Phi = \frac{INS\mu}{l} = \frac{IN}{\dfrac{l}{\mu S}} = \frac{F}{R_{\mathrm{m}}} \tag{3-5}$$

式中，$F = IN$ 称为磁通势，由此而产生磁通；$R_{\mathrm{m}} = \dfrac{l}{\mu S}$ 称为磁阻，是表示磁路对磁通具有阻碍作用的物理量。式（3-5）可以与电路中的欧姆定律 $\left(I = \dfrac{U}{R} \right)$ 对应，因而称为磁路欧姆定律。

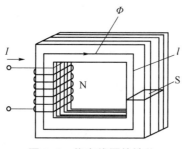

图 3-8　绕有线圈的铁芯

【例 3-1】　有一环行铁芯线圈，其内径为 10 cm，外径为 15 cm，铁芯材料为铸铁。磁路中

含有一空气隙，其长度等于 0.2 cm。设线圈中通有 1 A 的电流，如要得到 0.9 T 的磁感应强度，试求线圈匝数。

解：磁路的平均长度为

$$l = \left(\frac{10+15}{2}\right)\pi \approx 39.2 \,(\text{cm})$$

从磁化曲线查出，当 $B = 0.9$ T 时，$H_1 = 500$ A/m，所以铸钢的磁压降为

$$H_1 l_1 = 500 \times (39.2 - 0.2) \times 10^{-2} = 195 \,(\text{A})$$

空气隙中的磁场强度为

$$H_0 = \frac{B_0}{\mu_0} = \frac{0.9}{4\pi \times 10^{-7}} = 7.2 \times 10^5 \,(\text{A/m})$$

所以

$$H_0 l_0 = 7.2 \times 10^5 \times 0.2 \times 10^{-2} = 1\,440 \,(\text{A})$$

总磁动势为

$$NI = \sum (Hl) = H_1 l_1 + H_0 l_0 = 195 + 1\,440 = 1\,635 \,(\text{A})$$

线圈匝数为

$$N = \frac{NI}{I} = \frac{1\,635}{1} = 1\,635$$

可见，当磁路中含有空气隙时，由于其磁阻较大，磁通势差不多都用在空气隙上面了。

3.1.2　认识变压器

1. 变压器的用途与分类

认识变压器

变压器是利用电磁感应的原理制成的，是用来变换交流电压、电流而传输交流电能的一种静止的电气设备。

变压器广泛应用于电力传输、电气控制、电气检测等方面，主要用于电压变换、电流变换、阻抗变换、隔离、稳压（磁饱和变压器）等。

变压器的形式、品种、规格十分繁多。变压器按电源的相数可分为单相变压器、三相变压器和多相变压器；按用途可分为电力变压器、试验变压器、仪用变压器及特殊用途的变压器等；按绕组数目可分为单绕组（自耦）变压器、双绕组变压器、三绕组变压器和多绕组变压器；按铁芯结构可分为壳式变压器和芯式变压器；按冷却方式分为干式变压器、油浸变压器和充气式冷却变压器。

2. 变压器的结构和工作原理

1）单相变压器的基本结构

单相变压器的基本结构如图 3-9 所示。它由闭合铁芯和一次、二次绕组等组成。铁芯是变压器的磁路部分，为了减少磁滞和涡流引起的能量损耗，变压器的铁芯一般用 0.35 mm 或 0.5 mm 厚的硅钢片叠压而成，叠装之前，硅钢片上还需涂一层绝缘漆。

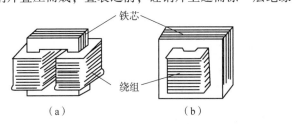
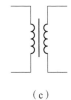

铁芯

绕组

（a）　　　　　（b）　　　　　（c）

图 3-9　单相变压器的基本结构

（a）单相心式；（b）单相壳式；（c）单相变压器符号

绕组是变压器的电路部分，绕组通常用绝缘的铜线或铝线绕制，其中与电源相连的绕组称为一次绕组（又称原边或初级绕组）；与负载相连的绕组称为二次绕组（又称副边或次级绕组）。

2）变压器的工作原理

（1）电压变换（变压器的空载运行）。

图 3-10 所示为一台单相变压器的空载运行原理图。它有两个绕组，为了分析方便，将一次绕组和二次绕组分别画在两边，其中一次绕组的匝数为 N_1，二次组的匝数为 N_2。

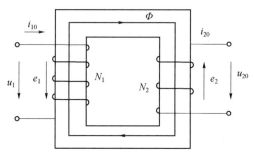

图 3-10　变压器空载运行原理图

若变压器一次绕组接交流电压 u_1，而副绕组开路（$i_{20}=0$），称为变压器的空载运行。这时一次绕组通过的电流为空载电流 i_{10}，图中各电量的正方向按照关联方向标定，电流 i_{10} 在磁路中变化，产生交变主磁通 Φ，引起一次、二次绕组中产生感应电动势 e_1 和 e_2。

由于一次绕组的电阻和漏磁通较小，可忽略不计，于是有

$$u_1 \approx -e_1$$

设主磁通 $\Phi = \Phi_m \sin \omega t$，根据法拉第电磁感应定律，则

$$e_1 = -N_1 \frac{\mathrm{d}\Phi}{\mathrm{d}t} = -N_1 \frac{\mathrm{d}(\Phi_m \sin \omega t)}{\mathrm{d}t} = -N_1 \omega \Phi_m \cos \omega t = 2\pi f N_1 \Phi_m \sin(\omega t - 90°)$$

则感应电动势 e_1 的有效值为

$$E_1 = \frac{E_{m1}}{\sqrt{2}} = \frac{2\pi f N_1 \Phi_m}{\sqrt{2}} = 4.44 f N_1 \Phi_m$$

同理二次绕组

$$E_2 = 4.44 f N_2 \Phi_m \tag{3-6}$$

如果忽略一次绕组中的阻抗不计，则

$$U_1 \approx E_1 \quad U_{20} \approx E_2$$

即

$$\left. \begin{array}{l} U_1 = 4.44 f N_1 \Phi_m \\ U_{20} = 4.44 f N_2 \Phi_m \end{array} \right\} \tag{3-7}$$

由式（3-6）可以看出，只要电源电压不变，铁芯中的主要磁通最大值 Φ_m 也不变。

由式（3-7）可得

$$\frac{U_1}{U_{20}} = \frac{N_1}{N_2} = k \tag{3-8}$$

式中，$k = \dfrac{N_1}{N_2}$，称为变压器的变比，也是一次绕组与二次绕组之间的匝数比，可见变压器有电压

变换作用。

【例3-2】 变压器一次绕组的匝数为400匝，电源电压为5 000 V，频率为50 Hz，求铁芯中的最大磁通 Φ_{m}。

解：根据公式得

$$\Phi_{\mathrm{m}} = \frac{U_1}{4.44 f_1 N_1} = \frac{5\ 000}{4.44 \times 50 \times 400} = 0.563(\mathrm{Wb})$$

（2）电流变换（变压器的有载运行）。

如果变压器的二次绕组接上负载，则在感应电动势的作用下，二次绕组将产生电流 $i_2 \neq 0$，这种情况称为变压器的有载运行，如图3-11所示，图中电量的正方向亦为关联方向。

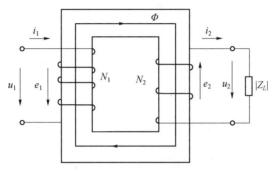

图3-11 变压器的有载运行

由于二次绕组有电流通过，一次绕组的电流由空载电流 i_0 变为负载时的电流 i_1。但当外加电压 U_1 一定，不论空载或有载，铁芯中的主磁通 Φ_{m} 不变 $\left(\Phi_{\mathrm{m}} = \dfrac{U_1}{4.44 f N_1}\right)$，即 $N_1 I_1 \approx N_2 I_2$。

所以

$$I_1 = \frac{N_2}{N_1} I_2 = \frac{1}{k} I_2 \tag{3-9}$$

即变压器有电流变换作用。

（3）阻抗变换。

变压器不仅有变换电压和变换电流的作用，它还具有阻抗变换作用。如图3-12（a）所示，在变压器的二次侧接上负载阻抗 $|Z_L|$，则在一次侧看进去，可用一个阻抗 $|Z'_L|$ 来等效，如图3-12（b）所示，即把变压器和负载一起看作电源的负载。其等效的条件是：电压、电流及功率不变。

$$\frac{U_2}{I_2} = |Z_L|, \qquad \frac{U_1}{I_1} = |Z'_L|$$

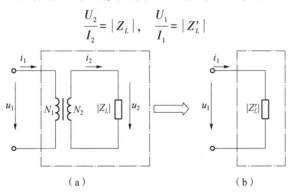

（a）　　　　　　　　　　（b）

图3-12 变压器的等效电路

（a）变压器的阻抗变换作用；（b）用阻抗 Z'_L 来等效

两式相比，得

$$\frac{|Z'_L|}{|Z_L|} = \frac{U_1}{U_2} \cdot \frac{I_2}{I_1}$$

根据式（3-7）和式（3-8）得

$$|Z'_L| = k^2 |Z_L| \tag{3-10}$$

匝数不同，变换后的阻抗不同。可以采用适当的匝数比，使变换后的阻抗等于电源的内阻，称为阻抗匹配。这时，负载上可获得最大功率。

【例3-3】 某变压器一次绕组匝数 $N_1 = 200$ 匝，二次绕组匝数 $N_2 = 10$ 匝，原接阻抗为 8 Ω 的扬声器。现要改接成 2 Ω 的扬声器，试问变压器二次绕组匝数该如何改变？

解：原变比为

$$k = \frac{N_1}{N_2} = \frac{200}{10} = 20$$

折算到变压器一次侧的阻抗为 $\quad |Z'_L| = k^2 |Z_L| = 20^2 \times 8 = 3\ 200(\Omega)$

改接成 2 Ω 后为

$$|Z'_L| = \left(\frac{N_1}{N'_2}\right)^2 \times 2$$

代入数据后得

$$N'_2 = \sqrt{\frac{N_1^2}{|Z'_L|} \times 2} = \sqrt{\frac{200^2}{3\ 200} \times 2} = 5$$

3. 变压器的铭牌

如图 3-13 所示，每台变压器都有一块铭牌，上面标记着变压器的型号与各种额定数值，只有理解铭牌上各种数据的意义，才能更好地维护和检修变压器。

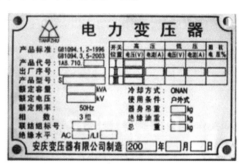

图 3-13　变压器铭牌

1）型号和含义
型号表示变压器的结构特点、额定容量和高压侧的电压等级等。

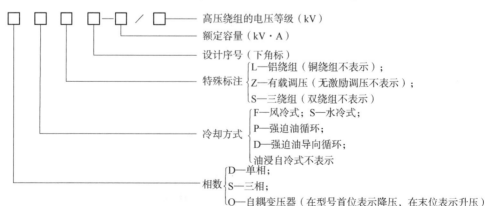

例如：SL9-800/10为三相铝绕组油浸式电力变压器，设计序号为9，额定容量为800 kV·A，高压绕组电压等级为10。

2）额定电压（U_{1N}/U_{2N}）

一次侧绕组的额定电压 U_{1N} 是指变压器额定运行时，一次侧绕组所加的电压。二次侧额定电压 U_{2N} 为变压器空载情况下，当一次侧加上额定电压时，二次侧测量的空载电压值。在三相变压器中，额定电压是线电压，单位是 V 或 kV。

3）额定电流（I_{1N}/I_{2N}）

额定电流是变压器绕组允许长期连续通过的工作的电流，是指在某环境温度、某种冷却条件下允许的满载电流值。当环境温度、冷却条件改变时，额定电流也应变化。如干式变压器加风扇散热后，电流可提高50%。在三相变压器中，额定电流指的是线电流，单位是 A。

4）额定容量（S_N）

额定容量又称视在功率，表示变压器在额定条件下的最大输出功率，一样也受到环境和冷却条件的影响。额定容量的单位是 V·A 或 kV·A。

单相变压器额定容量：

$$S_N = U_{2N}I_{2N}$$

三相变压器额定容量：

$$S_N = \sqrt{3}\,U_{2N}I_{2N}$$

5）额定频率（f_N）

我国规定额定频率为50 Hz，有些国家规定的额定频率为60 Hz。

6）温升（T）

温升是变压器在额定工作条件下，内部绕组允许的最高温度与环境的温度差，它取决于所用绝缘材料的等级。

7）其他数据

其他数据还有变压器的相数、连接组、接线图、短路电压百分值、变压器的运行及冷却方式等。为了考虑运输和吊心，还标有变压器的总重、油重和器身的质量等。

 职业素养

新冠肺炎疫情期间，武汉1 100名、湖北1万余名供电员工奋战在抗疫一线。火神山医院共装设14 600 kV·A变压器，满负荷运行，1天可保障医院最多用电35万度。如果和普通居民家的用电容量相比较，医院用电相当于约4 000户居民。这么大的安装调试工作量是工程技术人员在短短几天内完成的，这需要工程技术人员具备扎实的专业知识和精湛的操作技能。作为新时代的大学生我们要树立求真务实、开拓进取和敬业奉献的职业精神。

3.1.3 特殊变压器及其应用

1. 自耦变压器

自耦变压器的结构特点是二次绕组是一次绕组的一部分，如图3-14所示，而且一次、二次绕组不但有磁的耦合，还有电的联系，上述变压、变流和变阻抗关系都适用于它。

$$k_z = \frac{U_1}{U_2} = \frac{N_1}{N_2} = \frac{I_2}{I_1} \tag{3-11}$$

式中，U_1、I_1 为一次绕组的电压和电流有效值；U_2、I_2 为二次绕组的电压和电流有效值；k_z 为自耦变压器的变比。

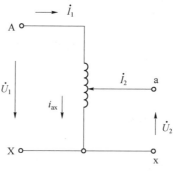

图 3-14　自耦变压器

　　实验室中常用的调压器就是一种可改变二次绕组匝数的特殊自耦变压器，它可以均匀地改变输出电压。图 3-15 所示为单相自耦调压器的外形和原理电路图。除了单相自耦调压器之外，还有三相自耦调压器。

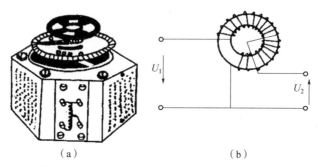

（a）　　　　　　　　　　　　　　（b）

图 3-15　单相自耦调压器的外形和原理电路图
（a）外形；（b）原理电路图

　　使用自耦调压器时应注意：

　　（1）输入端应接交流电源，输出端接负载，不能接错，否则，有可能将变压器烧坏；使用完毕后，手柄应退回零位。

　　（2）由于高、低压侧电路有电的联系，如果高压侧有电气故障，会影响低压侧，所以高、低压侧应为同一绝缘等级。

　　（3）安全操作规程中规定，自耦变压器不能作为安全变压器使用。这是因为自耦变压器的高、低压侧电路有电的联系，万一接错线路，就可能引发触电事故。

　　2. 电压互感器

　　电压互感器是一个单相双绕组变压器，如图 3-16 所示。它的一次侧绕组匝数较多，二次侧绕组匝数相对较少，类似于一台降压变压器，主要用于测量高电压。其一次侧与被测电路并联，二次侧与交流电压表并联。电压互感器一次、二次侧的电压关系为

$$U_1 = \frac{N_1}{N_2} U_2 = k_u U_2 \tag{3-12}$$

式中，k_u 为变压比。电压互感器二次侧的额定电压一般为 100 V。

　　使用电压互感器时应注意：（1）二次侧绕组不允许短路，否则会烧毁互感器；（2）二次绕组一端与铁芯必须可靠接地。

3. 电流互感器

如图 3-17 所示，电流互感器是一个单相双绕组变压器，它的一次侧匝数很少而二次侧匝数相对较多，类似于一台升压变压器，主要用于测量大电流。其一次侧与被测电路串联，二次侧与交流电流表串联。电流互感器一次、二次侧的电流关系为

$$I_1 = \frac{N_2}{N_1} I_2 = k_i I_2 \tag{3-13}$$

式中，k_i 为变流比。电流互感器二次侧的额定电流一般为 5 A。

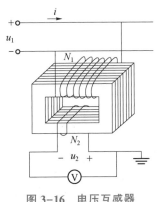

图 3-16　电压互感器

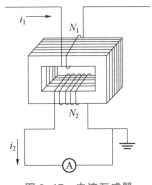

图 3-17　电流互感器

使用电流互感器时应注意：（1）二次侧绕组不能开路，否则会产生高压，严重时烧毁互感器；（2）二次绕组一端与铁芯必须可靠接地。

3.1.4　变压器的维护和检修

1. 变压器运行中的日常维护

当电力系统发生短路故障或天气突然发生变化时，应对变压器及其附属设备进行重点检查，检查过程中，要遵守"看""闻""听""摸""测"五字准则，仔细检查。

看、闻：变压器内部故障及各部件过热将引起一系列的气味、颜色的变化，通过观察故障发生时的颜色及闻气味，由外向内认真检查变压器的每一处。

听：正常运行时，由于交流电通过变压器绕组，在铁芯里产生周期性的交变磁通，引起电工钢片的磁致伸缩，铁芯的接缝与叠层之间的磁力作用及绕组的导线间的电磁力作用引起振动，发出"嗡嗡"响声。如果产生不均匀响声或其他响声，都属不正常现象。不同的声响预示着不同的故障现象。

摸：变压器的很多故障都伴随着急剧的温升，对运行中的变压器，应经常检查各部分有无发热迹象。

测：依据声音、颜色及其他现象对变压器事故的判断，只能作为现场的初步判断，因为变压器的内部故障不仅是单一方面的直观反映，它涉及诸多因素，有时甚至出现假象。因此必须进行测量并做综合分析，才能准确可靠地找出故障原因及判明事故性质，提出较完备的处理办法。

2. 检查项目

（1）电力系统发生短路或变压器事故后的检查。检查变压器有无爆裂、移位、变形、焦味、闪络及喷油等现象，油温是否正常，电气连接部分有无发热、熔断，瓷质外绝缘有无破裂，接地线有无烧断。

（2）大风、雷雨、冰雹后的检查。检查变压器的引线摆动情况及有无断股，引线和变压器上有无搭挂落物，瓷套管有无放电闪络痕迹及破裂现象。

（3）浓雾、小雨、下雪时的检查。检查瓷套管有无沿表面放电闪络，各引线接头发热部位在小雨中或落雪后应无水蒸气上升或落雪融化现象，导电部分应无冰柱。若有水蒸气上升或落雪融化，应用红外线测温仪进一步测量接头实际温度。若有冰柱，应及时清除。

（4）气温骤变时的检查。气温骤冷或骤热时，应检查油枕油位和瓷套管油位是否正常，油温和温升是否正常，各侧连接引线有无变形、断股或接头发热和发红等现象。

任务实施

1. 实训设备与器材

变压器、万用表等。

2. 任务内容和步骤

（1）变压器的外观检查。

通过观察变压器的外观来简单检查一下是否有异常现象，比如说线圈引线断开、脱焊，绝缘材料是否有烧焦痕迹，铁芯紧固螺杆是否有松动，硅钢片有没有腐蚀，绕组线圈有没有外露等。

（2）电阻测量法检测变压器。

通过外观检查如果没有发现明显的异常，可以使用万用表检测变压器绕组阻值的方法来判断变压器是否损坏。检测变压器绕组阻值主要包括对一次侧、二次侧绕组自身阻值的检测、绕组与绕组之间绝缘电阻的检测、绕组与铁芯或外壳之间绝缘电阻的检测三个方面，在检测变压器绕组阻值之前，应首先区分待测变压器的绕组引脚。可根据电路图形符号或标识信息确认变压器绕组的结构，从而找出一次侧绕组引脚和二次侧绕组引脚，如图 3-18 所示。

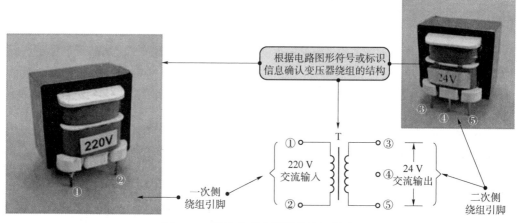

图 3-18　区分待测变压器的绕组引脚

①检测变压器绕组自身阻值。如图 3-19（a）所示，将万用表的量程旋钮调至欧姆挡，红、黑表笔分别搭在待测变压器的一次侧绕组两引脚上或二次侧绕组两引脚上，观察万用表显示屏，在正常情况下应有一固定值。若实测阻值为无穷大，则说明所测绕组存在断路现象。

②检测变压器绕组与绕组之间的阻值。如图 3-19（b）所示。将万用表的量程旋钮调至欧姆挡，红、黑表笔分别搭在待测变压器的一次侧、二次侧绕组任意两引脚上，观察万用表显示屏，在正常情况下应为无穷大。若绕组之间有一定的阻值或阻值很小，则说明所测变压器绕组之间存在短路现象。

③检测变压器绕组与铁芯之间的阻值。如图 3-19（c）所示。将万用表的量程旋钮调至欧姆挡，红、黑表笔分别搭在待测变压器的一次侧绕组引脚和铁芯上，观察万用表显示屏，在正常情况下应为无穷大。若绕组与铁芯之间有一定的阻值或阻值很小，则说明所测变压器绕组与铁芯之间存在短路现象。

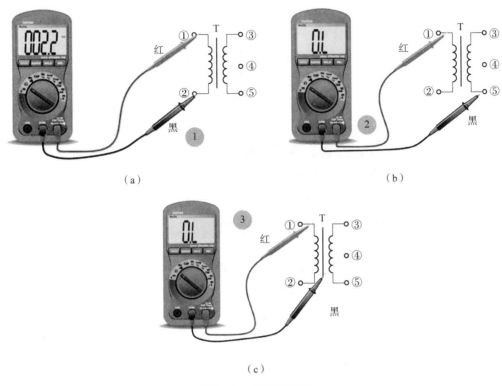

（a）

（b）

（c）

图 3-19　检测变压器

（a）检测变压器绕组自身阻值；（b）检测变压器绕组与绕组之间的阻值；（c）检测变压器绕组与铁芯之间的阻值

检查评估 NEW!

1. 任务问答

（1）找出变压器的一次侧绕组引脚和二次侧绕组引脚，并画出其结构图，标出各引脚。

（2）如何用万用表检测变压器绕组自身的好坏？

（3）用电阻测量法检测变压器是否损坏有哪些步骤？

_____

_____

_____

2. 检查评估

任务评价如表3-1所示。

表3-1　任务评价

评价项目	评价内容	配分/分	得分/分
职业素养	是否遵守纪律，不旷课、不迟到、不早退	10	
	是否以严谨细致、节约能源、勇于探索的态度对待学习及工作	10	
	是否符合电工安全操作规程	20	
	是否在任务实施过程中造成万用表等器件的损坏	10	
专业能力	是否能准确识别变压器的各引脚	10	
	是否能规范使用万用表测量变压器的各阻值	15	
	是否能对检测结果进行准确判断	10	
	是否能掌握检测变压器好坏的方法，并得出正确结论	15	
总分			

小结反思

（1）绘制本任务学习要点思维导图。

（2）在任务实施中出现了哪些错误？遇到了哪些问题？是否解决？如何解决？记录在表3-2中。

表3-2　错误/问题记录

出现错误	遇到问题

任务3.2 认识和检测二极管

 任务描述

　　二极管是用半导体材料（硅、锗等）制成的一种常见的电子元器件，大多数电子产品中都会用到二极管，也是开关电源中使用频率较高的元件。二极管的种类非常多，如开关电源上用的续流二极管、稳压管、发光二极管、静电保护用的贴片二极管、大电流二极管、汽车发电机用二极管等，如图3-20所示。

　　二极管可应用在整流电路、检波电路、稳压电路、各种调制电路等，正是因为有二极管这些电子元件的使用，才构成了现在丰富多彩的电子信息世界，对于二极管，应该牢牢地掌握它的作用原理及主要电路，为以后的电子技术学习打下良好的基础。

（a）　　　　　　　　（b）　　　　　　　　（c）

（d）　　　　　　　　（e）　　　　　　　　（f）

图3-20 直流稳压电源结构框图
（a）普通二极管；（b）贴片二极管；（c）大电流二极管；（d）发光二极管；
（e）数码管；（f）汽车发电机用二极管

　　本次任务： 请使用电工工具或仪表按规范操作选用并检测二极管。

　　任务提交： 检测结论、任务问答、学习要点思维导图、检查评估表。

学习导航

　　本任务参考学习学时：4（课内）+2（课外）。通过本任务学习，可以获得以下收获：

专业知识：

1. 了解半导体的基本知识，理解PN结的单向导电性。

2. 能够知晓二极管的伏安特性和主要参数。

3. 能够区分普通二极管与特殊二极管。

专业技能：

1. 能够使用模拟万用表正确规范检测二极管的正负极性和好坏。

2. 能够使用数字万用表正确规范检测二极管的正负极性。

职业素养：

1. 养成严谨细致、节约能源、勇于探索的科学态度。

2. 养成严格按规范要求操作，使用电工仪表和安全工具等安全用电习惯和意识。

3. 能够团结合作，主动帮助同学、善于协调工作关系。

 知识储备

认识半导体和 PN 结

3.2.1 认识半导体

自然界中的物质根据导电性能可以分为导体、绝缘体和半导体。

导体，如铁、铝、铜等金属导体，其原子的最外层电子数较少，最外层电子很容易摆脱原子核束缚，成为自由电子，这些能自由移动的电子在外加电场的作用下定向移动，就形成了电流。导体导电就是因为导体中有可以自由移动的带电粒子（也称载流子）。

绝缘体，如惰性气体，其原子的最外层有 8 个电子（氦是 2 个电子），处于稳定结构，化学性质稳定，一般不与其他物质发生化学反应。

半导体，如常用的 Si（硅）、Ge（锗）四价元素，其原子的最外层有 4 个电子，这 4 个电子受原子核的束缚力介于导体和绝缘体之间。

半导体具有以下独特的导电特性：

（1）热敏性。半导体的电阻值随温度的升高而减小，利用这一特性可制成温度敏感元件，如热敏电阻等。

（2）光敏性。半导体电阻值受光的照射而减小，利用这一特性可制成各种光敏元件，如光敏电阻、光敏二极管、光敏三极管等。

（3）杂敏性。在本征半导体中加入微量的杂质（如磷），其阻抗就会大大下降，利用这一特性可制造出各种不同用途的半导体器件（如二极管、三极管和晶闸管等）。

1. 本征半导体

纯净的不含杂质的晶体结构的半导体，称为本征半导体，如硅、锗单晶体。

在纯净的晶体中，每个原子和周围的 4 个原子共用最外层电子，以达到最外层 8 个电子的稳定结构。共用的电子被束缚在共价键中。图 3-21 所示为 Si 晶体的共价键结构。在一定的光照或温升下，由于热运动，具有足够能量的电子挣脱共价键的束缚成为自由电子，同时在共价键中留下一个空的位子，称为空穴，如图 3-22 所示。在本征半导体中，在一定光照或温升下产生自由电子和空穴对的现象，称为本征激发。光照越强，温度越高，热运动加剧，自由电子和空穴对数量就越多，导电能力越强。半导体参与导电的载流子有两种：带负电的自由电子和带正电的空穴。

自由电子在运动过程中由于能量的衰减可能被空穴捕获，自由电子与空穴成对消失的现象，称为复合。在本征半导体中，自由电子和空穴不断地成对出现又不断地成对消失，并在一定的外界条件下达到动态平衡。

虽然本征半导体中自由电子和空穴成对出现，但是由于数量很少，所以导电能力差。

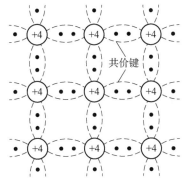

图 3-21　Si 晶体的共价键结构

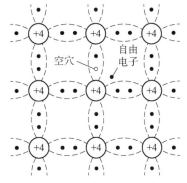

图 3-22　自由电子和空穴

2. 杂质半导体

在本征半导体中掺入微量的杂质元素，可以增加载流子的数量，增强半导体的导电能力。掺入杂质的本征半导体称为杂质半导体。杂质半导体主要有 N 型和 P 型两种。

1）N 型半导体

如图 3-23 所示，在本征半导体中掺入微量的五价元素（如磷），磷（P）原子在与相邻的 4 个硅原子组成共价键时多余一个电子，多余的这个电子在共价键外面，较容易摆脱原子核的束缚变成自由电子，这种自由电子形成时，并没有共价键内空穴的形成。在这种半导体中，自由电子的数量大，空穴被复合掉的概率大，所以在相同的外界条件下，这种半导体中的自由电子的数量远大于本征半导体，但是空穴的数量小于本征半导体。这种以自由电子导电为主的杂质半导体，称为电子型半导体，简称 N 型半导体。在 N 型半导体中，自由电子是多数载流子（简称多子），空穴是少数载流子（简称少子）。N 型半导体的结构简图如图 3-24 所示。

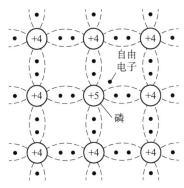

图 3-23　多余一个电子

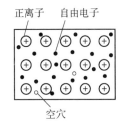

图 3-24　N 型半导体的结构简图

2）P 型半导体

如图 3-25 所示，在本征半导体中掺入微量的三价元素（如硼），硼（B）原子在与相邻的 4 个硅原子组成共价键时少一个电子，容易形成空穴，空穴形成时，并没有自由电子的形成。在这种半导体中，空穴的数量大，自由电子被复合掉的概率大，所以在相同的外界条件下，这种半导体中的空穴的数量远大于本征半导体，但是自由电子的数量小于本征半导体。这种以空穴导电为主的杂质半导体，称为空穴型半导体，简称 P 型半导体。在 P 型半导体中，空穴是多子，自由电子是少子。P 型半导体的结构简图如图 3-26 所示。

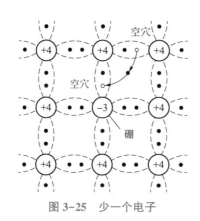

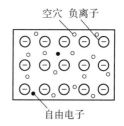

图 3-25　少一个电子　　　　　图 3-26　P 型半导体的结构简图

3.2.2　PN 结

在同一块半导体晶片上，采取一定的掺杂工艺，将其两边分别形成 P 型半导体和 N 型半导体，在它们的交界处形成 PN 结。

1. PN 结的形成

1）扩散运动

载流子因浓度差而产生的运动称为扩散运动。如图 3-27（a）所示，P 区里的多数载流子空穴向 N 区扩散，N 区里的多数载流子自由电子向 P 区扩散。空穴和自由电子在 P 区和 N 区的交界处复合，使 P 区一边只有带负电的杂质离子，N 区一边只有带正电的杂质离子，这样在交界处形成了一个没有载流子，只有正负杂质离子的空间电荷区。空间电荷区里的正负离子形成一个内电场，其方向由 N 区指向 P 区，它会阻碍多数载流子的扩散运动。

2）漂移运动

载流子在电场力作用下的运动称为漂移运动。内电场促进少数载流子的漂移运动：使 P 区里的少数载流子向 N 区运动，N 区里的空穴向 P 区运动，如图 3-27（b）所示。

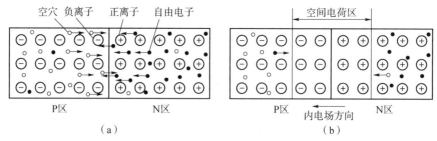

图 3-27　PN 结的形成

（a）多子的扩散运动；（b）少子的漂移运动

当扩散运动和漂移运动达到动态平衡时，空间电荷区的宽度就基本稳定下来了，这个空间电荷区就是 PN 结。因为空间电荷区里缺少载流子，所以空间电荷区也称为耗尽层。

2. PN 结的单向导电性

1）PN 结加正向电压导通

给 PN 结外加正向电压（也称正向偏置）时，即 P 区接外加电源的正极，N 区接负极，外电场与内电场方向相反，当外加电场大于内电场时，可以克服内电场的阻力，使多数载流子向着

PN 结运动，PN 变窄，多数载流子越过 PN 结到达对方区域，PN 结里有大量载流子定向运动，从而形成了导通电流，如图 3-28 所示。

2）PN 结加反向电压截止

给 PN 结外加反向电压（也称反向偏置）时，即 N 区接外加电源的正极，P 区接负极，外电场与内电场方向相同，使多数载流子向着背离 PN 结的方向运动，PN 变宽，使少数载流子向着 PN 结运动。但是因为少数载流子很少，形成的反向电流也很小，在实际应用时一般忽略不计，可近似认为 PN 结加反向电压时截止，如图 3-29 所示。

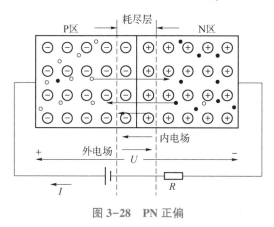

图 3-28　PN 正偏

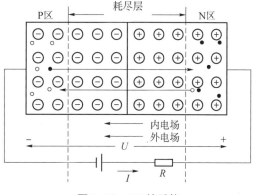

图 3-29　PN 结反偏

3.2.3　二极管的结构及基本特性

1. 二极管的结构

二极管主要由一个 PN 结、两个电极引线以及封装的管壳组成。按材料可分为硅二极管和锗二极管。按用途可分为整流二极管、稳压二极管、发光二极管和光电二极管等。按结构可分为点接触型二极管、面接触型二极管和平面型二极管，如图 3-30 所示。

二极管和特殊二极管

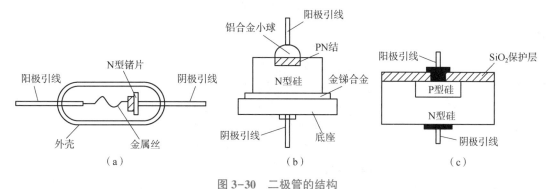

图 3-30　二极管的结构

（a）点接触型；（b）面接触型；（c）平面型

点接触型二极管的 PN 结面积小，不允许通过较大电流，但由于结电容小，高频性能好，适用于高频和小功率工作，一般常用于检波或脉冲电路中。

面接触型二极管的 PN 结面积大，允许通过较大的电流，但由于结电容大，工作频率较低，一般用于整流电路中。

平面型二极管 PN 结面积可大可小，小的一般用于脉冲数字电路中，大的一般用于大功率整流电路中。

二极管的图形符号和文字符号如图 3-31 所示。二极管有两个电极：由 P 区引出的电极称为阳极，由 N 区引出的电极称为阴极。图形符号里的三角形可以看作箭头，表示电流的方向。

2. 二极管的伏安特性

二极管由 PN 结制成，那么二极管也具有单向导电性。二极管的端电压与其电流的关系称为伏安特性。二极管的伏安特性曲线如图 3-32 所示，图中 U_{on} 为二极管的开启电压，$U_{(BR)}$ 为二极管的击穿电压，I_S 为反向饱和电流。

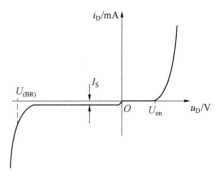

图 3-31　二极管的图形符号和文字符号　　　图 3-32　二极管的伏安特性曲线

1）正向特性

给二极管加正向电压时，当正向电压很小，不足以克服 PN 结内电场的阻碍作用，正向电流几乎为零，二极管不导通。当外加正向电压大于一定数值时，电流快速增大，这个一定数值的电压称为二极管的开启电压。使二极管完全导通时的电压称为导通电压。开启电压和导通电压的大小跟二极管的材料有关，一般硅管的开启电压约为 0.5 V，导通电压为 0.6~0.8 V；锗管的开启电压约为 0.2 V，导通电压为 0.2~0.3 V。

2）反向特性

给二极管加反向电压时，当电压值不超过一定数值时，由少数载流子的漂移运动形成的反向电流很小。当反向电压超过一定数值时，反向电流急剧增大，二极管失去单向导电性，这种现象称为反向击穿，此时的电压称为反向击穿电压。

击穿的类型主要有齐纳击穿和雪崩击穿。反向电压较大时，使共价键中的电子摆脱共价键的束缚，产生大量的自由电子-空穴对，使电流急剧增大，这种击穿称为齐纳击穿。当反向电压增加到较大数值时，外加电场使自由电子漂移速度加快，从而与共价键中的电子相撞，把电子撞出共价键，产生新的自由电子-空穴对。新产生的自由电子-空穴对被电场加速后又撞出其他电子，载流子雪崩式地增加，使电流急剧增加，这种击穿称为雪崩击穿。

如果二极管没有因击穿而引起过热，在去掉外加反向电压后，它的单向导电性仍可恢复。如果因击穿而过热，引起 PN 的材料发生化学变化，那么 PN 会永久性损坏，二极管的性能再也不能恢复。所以无论哪种击穿，如果对击穿电流不加限制，都可能造成二极管永久性损坏。

3. 二极管的主要参数

在工程上实际应用时，通常需要根据二极管的参数选择二极管的型号。

1）最大整流电流 I_{OM}

最大整流电流是指二极管长期连续工作时，允许通过的最大正向平均电流。因为电流通过管子时会引起管子发热、温度上升，如果温度超过容许限度，就会使管子因过热而损坏。所以在规定散热条件下，在使用二极管的过程中不要超过二极管最大整流电流值。

2）最高反向工作电压 U_{RM}

为了保证二极管在使用过程中不被击穿的安全工作而规定了最高反向工作电压值。通常最高反向工作电压是反向击穿电压的一半。

3）最大反向电流 I_{RM}

在规定的反向电压和室温下，二极管未被击穿时的反向电流，其值越小，说明管子的单向导电性能越好。

3.2.4　特殊二极管

1. 稳压二极管

稳压二极管也称齐纳二极管，是一种特殊的面接触型二极管，它和普通二极管一样也有一个 PN 结。稳压管的伏安特性与二极管相似，其差别是稳压管的反向击穿性曲线比普通二极管较陡，且工作在击穿区，即曲线的 AB 段，如图 3-33（a）所示。稳压二极管的符号及常见外形如图 3-33（b）、（c）所示。

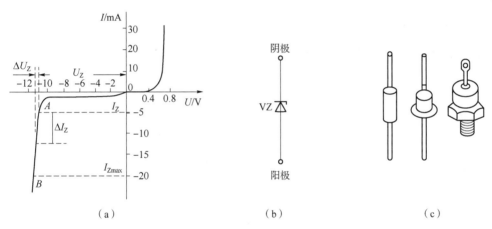

图 3-33　稳压二极管的伏安特性曲线、符号与常见外形
（a）伏安特性曲线；（b）符号；（c）常见外形

当稳压二极管的外加反向电压大于一定值时被击穿，反向击穿后在一定的电流范围内电压基本不变，可以利用它的这一特性实现稳定电压的作用。若稳压管的电流太小则不稳压，若稳压管的电流太大则会因功耗过大而损坏，因而稳压管电路中必需有限制稳压管电流的限流电阻。

2. 发光二极管

发光二极管（简称 LED）与普通二极管一样也是由一个 PN 结组成的，也具有单向导电性，工作在正向偏置状态，导通时能发光，是一种把电能转换成光能的半导体器件。发光二极管的 PN 结通常用砷化镓、磷化镓等制成，可发出红、黄、蓝等颜色的光，通常在电路及仪器中作为指示灯，或组成文字或数字显示。发光二极管的外形与符号如图 3-34 所示。

发光二极管的特点：

（1）工作电压比较低。

（2）工作电流比较小。

（3）能够利用电流的强弱来控制发光强度。

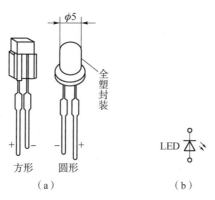

图 3-34 发光二极管的外形与符号

(a) 外形；(b) 符号

(4) 具有良好的抗冲击和抗振效果，以及较长的使用寿命。

(5) 容易与集成电路配合使用。

任务实施

1. 实训设备与器材

电工电子试验台、万用表、示波器。

2. 任务内容和步骤

(1) 通过标志识别二极管的极性。

二极管在识别上较为简单，有的在壳体上印有二极管的图形符号，竖线一侧为二极管的负极，另一侧为二极管的正极 [图 3-35 (a)]；功率较小的二极管在外壳上印有色环标记，有色环的一端为负极，另一端为二极管的正极 [图 3-35 (b)]；如果是发光二极管，则可以通过观察二极管引脚长短来识别二极管的正负极，长引脚为正，短引脚为负 [图 3-35 (c)]；大功率二极管，有螺纹的一端为负极，另一端为正极 [图 3-35 (d)]。

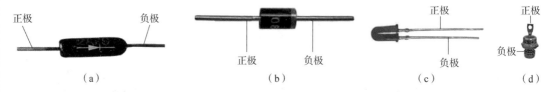

图 3-35 通过标志识别二极管的极性

(a) 壳体上印有二极管的图形符号；(b) 色环标记；(c) 发光二极管引脚长短；(d) 大功率二极管

(2) 用模拟万用表检测判断二极管。

二极管可用万用表进行管脚识别和检测。万用表置于 "$R \times 1\ k$" 挡，两表笔分别接到二极管的两端，如果测得的电阻值较小，则为二极管的正向电阻，这时与黑表笔（即表内电池正极）相连的是二极管正极，与红表笔（即表内电池负极）相连的是二极管负极，如图 3-36 (a) 所示。

如果测得的电阻值很大，则为二极管的反向电阻，这时与黑表笔相连的是二极管负极，与红表笔相连的是二极管正极，如图 3-36 (b) 所示。二极管的正、反向电阻应相差很大，且反向电阻接近于无穷大。如果某二极管正、反向电阻均为无穷大，说明该二极管内部断路损坏；如果正、反向电阻均为 0，说明该二极管已被击穿短路；如果正、反向电阻相差不大，说明该二极管质量太差，不宜使用。

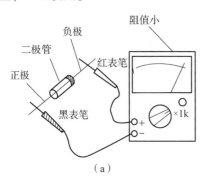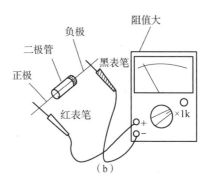

图 3-36　用模拟万用表检测判断二极管

(a) 阻值小；(b) 阻值大

由于锗二极管和硅二极管的正向管压降不同，因此可以用测量二极管正向电阻的方法来区分。如果正向电阻小于 1 kΩ，则为锗二极管。

（3）用数字式万用表检测判断二极管。

调整量程旋钮，将数字万用表的挡位设置在"二极管"挡。红、黑表笔任意搭在二极管的两引脚上，观察测量结果。若实测二极管的正向导通电压为 0.2~0.3 V，则说明该二极管为锗二极管；若实测数据在 0.6~0.7 V，则说明所测二极管为硅二极管。

如图 3-37 所示，将万用表的黑表笔搭在二极管的负极上，红表笔搭在正极上。由显示屏显示的测量结果可知，二极管的正向导通电压为_____ V。根据当前实测结果，可判别当前待测二极管为_____（硅/锗）二极管。

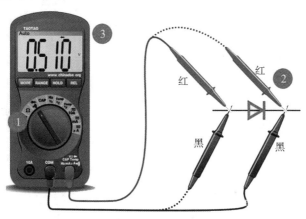

图 3-37　用数字万用表检测判断二极管

检查评估 NEW!

1. 任务问答

（1）什么是 PN 结的单向导电性？

_____

_____

_____

（2）二极管的主要参数有哪些？

_____

_____

_____

（3）如何判别二极管的正负极性？

_____

_____

_____

2. 检查评估

任务评价如表 3-3 所示。

表 3-3　任务评价

评价项目	评价内容	配分/分	得分/分
职业素养	是否遵守纪律，不旷课、不迟到、不早退	10	
	是否以严谨细致、节约能源、勇于探索的态度对待学习及工作	10	
	是否符合电工安全操作规程	20	
	是否在任务实施过程中造成示波器、万用表等器件的损坏	10	
专业能力	是否能通过外观判断二极管的正负极性	10	
	是否能规范使用模拟万用表检测二极管	15	
	是否能规范使用数字万用表检测二极管	10	
	是否能对检测结果做出准确判断，并形成报告	15	
总分			

小结反思

（1）绘制本任务学习要点思维导图。

（2）在任务实施中出现了哪些错误？遇到了哪些问题？是否解决？如何解决？记录在表 3-4 中。

表 3-4　错误/问题记录

出现错误	遇到问题

任务 3.3　分析和检测开关电源中的整流电路

任务描述

开关电源的输入大多是交流电源（如市电 220 V）或是直流电源，而输出则是直流，所以开关电源的作用就是进行两者之间电压及电流的转换，这就需要通过变压、整流、滤波、稳压等电路将交流电转换成稳定的直流电，如图 3-38 所示。本任务主要介绍整流、滤波、稳压电路的基础知识。通过本任务相关知识的学习，会分析、设计简单的开关电源电路，并进行检测。

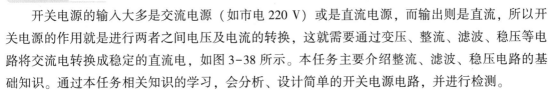
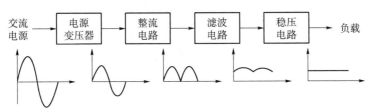

图 3-38　交流电转换成直流电的步骤框图

本次任务：使用示波器等电工工具或仪表规范检测开关电源电路的各段电压波形。

任务提交：检测结论、任务问答、学习要点思维导图、检查评估表。

学习导航

本任务参考学习学时：4（课内）+2（课外）。通过本任务学习，可以获得以下收获：

专业知识：

1. 掌握单相桥式整流电路的组成及工作原理。

2. 了解滤波电路的作用和特点。

3. 了解稳压电路的工作原理。

专业技能：

1. 能够对开关电源电路进行分解和分析。

2. 能够使用示波器检测开关电源电路的各段电压波形。

职业素养：

1. 养成严谨细致、节约能源、勇于探索的科学态度。

2. 养成严格按规范要求操作，使用电工仪表和安全工具等安全用电习惯和意识。

3. 能够团结合作，主动帮助同学、善于协调工作关系。

知识储备

图 3-39 所示为 30 V 输出电压整流器的基本电路结构，主要包括降压电路、桥式整流电路和滤波电路。如果交流电源频率 $f = 50$ Hz，负载电阻 $R_L = 1.2$ kΩ，那如何选择合适的整流二极管和电容呢？

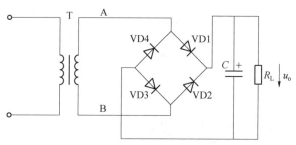

图 3-39 二极管整流器电路图

3.3.1 单相桥式整流电路

1. 电路组成

如图 3-40 所示，单相桥式整流电路由变压器、四个二极管和负载电阻组成。其中四个二极管接成电桥形式。

二极管整流器
电路设计

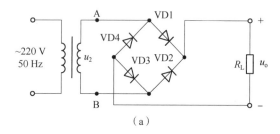

（a）

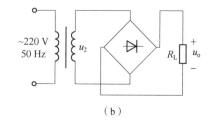

（b）

图 3-40 单相桥式整流电路
（a）习惯画法；（b）简化画法

2. 工作原理

u_2 的正半周，A 点电位大于 B 点电位，VD1 和 VD3 正向导通，VD2 和 VD4 反向截止，电流的通路是 A→VD1→R_L→VD3→B，$u_o = u_2$。

u_2 的负半周，A 点电位小于 B 点电位，VD1 和 VD3 反向截止，VD2 和 VD4 正向导通，电流的通路是 B→VD2→R_L→VD4→A，$u_o = -u_2$。

图 3-41 所示为单相桥式整流电路各部分电压和电流的波形图。

3. 电路参数

如图 3-41 所示，在一个周期内，每个二极管只导通半个周期，而负载电阻 R_L 均有电流流过且方向相同，负载电阻 R_L 上得到的是单方向全波脉动直流电压，其平均值为

$$U_o = \frac{1}{\pi} \int_0^\pi \sqrt{2} U_2 \sin \omega t \mathrm{d}\omega t = \frac{2\sqrt{2} U_2}{\pi} \approx 0.9 U_2 \quad (3\text{-}14)$$

负载 R_L 上流过的电流平均值为

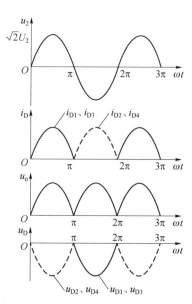

图 3-41 单相桥式整流电路各部分
电压和电流的波形图

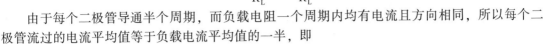

$$I_{\text{o}} = \frac{U_{\text{o}}}{R_{\text{L}}} = 0.9 \frac{U_2}{R_{\text{L}}} \qquad (3-15)$$

由于每个二极管导通半个周期,而负载电阻一个周期内均有电流且方向相同,所以每个二极管流过的电流平均值等于负载电流平均值的一半,即

$$I_{\text{D}} = \frac{1}{2} I_{\text{o}} = 0.45 \frac{U_2}{R_{\text{L}}} \qquad (3-16)$$

二极管截止时承受的最高反向电压 U_{DRM} 是变压器二次侧交流电压 u_2 的最大值 $U_{2\text{m}}$。

$$U_{\text{DRM}} = U_{2\text{m}} = \sqrt{2} U_2 \qquad (3-17)$$

4. 二极管的选取

为保证二极管安全工作,选择二极管时,二极管参数最大整流电流 I_{OM} 应大于实际电路中流过二极管的电流平均值 I_{o},二极管参数最高反向工作电压 U_{RM} 应比实际电路中二极管承受的最高反向电压 U_{DRM} 大一倍左右。

考虑到电网电压允许波动范围为 ±10%,二极管的主要参数应满足:

最大整流电流

$$I_{\text{OM}} > 1.1 \times 0.45 \frac{U_2}{R_{\text{L}}}$$

最高反向工作电压

$$U_{\text{RM}} \approx 2 \times 1.1 \sqrt{2} U_2$$

3.3.2　滤波电路

整流电路虽可把交流电转换为直流电,但输出电压都含有较大的脉动成分,这远不能满足需要。在大多数电子设备中都需要接滤波器,以改善输出电压的脉动程度,使输出电压更加平滑。

滤波电路的主要元件是电容和电感,可构成电容、电感和复式滤波电路等,其中以电容滤波电路最常用。

1. 电路组成

如图 3-42 (a) 所示,单相桥式整流电容滤波电路由变压器、四个二极管、电容和负载电阻组成,其中四个二极管接成电桥形式。

2. 工作原理

设电容 C 上无初始储能,变压器副边无损耗,二极管导通电压为零。

(1) 当 u_2 的正半周到来时,二极管 VD1 和 VD3 正向导通,VD2 和 VD4 反向截止。变压器副边电压 u_2 通过二极管 VD1 和 VD3 一路给电容器 C 充电,另一路给负载提供电流,此时电容器 C 相当于并联在 u_2 上,所以输出波形同 u_2 一起上升,输出电压 u_{o} 的波形如图 3-42 (b) 中 0~t_1 段;当 u_2 开始下降,$u_2 < u_C$,二极管 VD1 和 VD3 截止。此时,电容 C 以指数规律向负载 R_{L} 放电,维持负载中的电流,一直持续到 u_2 的负半周到来,输出电压 u_{o} 的波形如图 3-42 (b) 中 t_1~t_2 段。

(2) 当 u_2 的负半周到来时,二极管 VD1 和 VD3 截止,负半周初期 u_2 的绝对值小于 u_C,因此,二极管 VD2 和 VD4 也截止,电容器 C 继续放电,维持负载 R_{L} 中的电流,输出电压 u_{o} 的波形如图 3-42 (b) 中 t_2~t_3 段。随着 u_2 绝对值的增大,当 $|u_2| > u_C$ 时,二极管 VD2 和 VD4 导通,变压器副边电压 u_2 通过二极管 VD2 和 VD4 一路给电容器 C 充电,另一路给负载提供电流,电容器两端电压 u_C 上升,输出电压 u_{o} 的波形如图 3-42 (b) 中 t_3~t_4 段。当 $|u_2| < u_C$ 时,二极管 VD2 和 VD4 截止,电容 C 又以指数规律向负载 R_{L} 放电,重复上述过程,得到如图 3-42 (b) 所示的波形图。

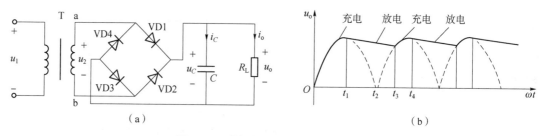

图 3-42　单相桥式整流电容滤波电路

(a) 电路图；(b) 波形图

3. 电路参数

电容滤波电路输出电压的平均值 U_o 的大小与电容 C 和负载电阻 R_L 的大小有关，即与电容放电的时间常数 $R_L C$ 有关。空载（$R_L = \infty$）忽略二极管正向压降的情况下，$U_o = \sqrt{2} U_2$。随着负载值的减小（R_L 减小，输出电流平均值 I_o 增大，功率增大）放电时间 τ 减小。电容器按指数规律放电加快，输出电压平均值 U_o 减小。负载上直流电压平均值 U_o 为

$$U_o \approx 1.2 U_2 \tag{3-18}$$

采用电容滤波时，输出电压的脉动程度与电容器的放电时间常数 $R_L C$ 有关系，$R_L C$ 越大，脉动就越小。为了得到比较平滑的输出电压，一般要求滤波电容器的电容量

$$C \geqslant (3 \sim 5) \frac{T}{2 R_L} \tag{3-19}$$

由以上分析可知，如果交流电源频率 $f = 50$ Hz，负载电阻 $R_L = 1.2$ kΩ，30 V 输出电压整流器，选择整流二极管：

流过二极管的电流平均值为

$$I_D = \frac{1}{2} I_o = \frac{1}{2} \frac{U_o}{R_L} = \frac{1}{2} \times \frac{30}{1.2} = 12.5 \,(\text{mA})$$

变压器二次侧电压的有效值为

$$U_2 = \frac{U_o}{1.2} = \frac{30}{1.2} = 25 \,(\text{V})$$

二极管所承受的最高反向电压为　　$U_{DRM} = \sqrt{2} U_2 = \sqrt{2} \times 25 = 35 \,(\text{V})$

查手册，可选用二极管 2CP11，最大整流电流 100 mA，最大反向工作电压 50 V。

选择滤波电容：

由式（3-19），取 $C \geqslant \dfrac{5T}{2 R_L}$，其中 $T = 0.02$ s，故滤波电容的容量为

$$C \geqslant \frac{5T}{2 R_L} = \frac{5 \times 0.02}{2 \times 1\,200} \approx 42 \,(\mu\text{F})$$

可选取容量为 47 μF，耐压为 50 V 的电解电容器。

3.3.3　稳压电路

整流滤波后所得的直流电压虽然比较平滑，但是当电网电压波动或负载变动时，输出的直流电压也跟着变动。实际工作中，电网电压的波动及负载的变动是客观存在的，因此，负载两端的电压是不稳定的。稳压电路的作用就是向负载提供稳定的直流电压。

稳压电路

1. 并联型稳压电路

稳压管工作在反向击穿区时，即使流过稳压管的电流有较大的变化，其两端的电压却基本保持不变，利用这一特点将稳压管与负载电阻并联，并使其工作在反向击穿区，就能在一定的条件下保证负载上的电压基本不变，从而起到稳定电压的作用。

图 3-43 所示为并联型直流稳压电路。其中稳压管反向并联在负载电阻 R_L 两端，电阻 R 起限流和分压作用。稳压电路的输入电压 U_i 来自整流滤波电路的输出电压。

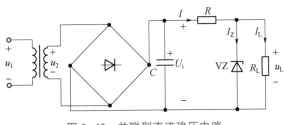

图 3-43　并联型直流稳压电路

并联型稳压电路的工作原理如下：

$$I = I_Z + I_L \qquad U_i = U_R + U_L$$

当交流电网波动使电压上升时，则

$$U_i \uparrow \rightarrow U_L \uparrow \rightarrow U_Z \uparrow \rightarrow I_Z \uparrow \rightarrow I \uparrow \rightarrow U_R \uparrow \rightarrow U_L \downarrow$$

当负载 R_L 变动使 R_L 减小时，则

$$I_L \uparrow \rightarrow I \uparrow \rightarrow U_R \uparrow \rightarrow U_L \downarrow \rightarrow U_Z \downarrow \rightarrow I_Z \downarrow \rightarrow I \downarrow \rightarrow U_R \downarrow \rightarrow U_L \uparrow$$

总之，无论是电网波动还是负载变动，负载两端电压经稳压管自动调整后都能维持稳定。

并联型稳压电路结构简单，在负载电流变动较小时，稳压效果较好。但其输出电压只能等于稳压管稳定电压，允许电流变化的幅度也受到稳压管稳定电流的限制。因此这种电路只适用于功率较小和负载电流变化不大的场合。

2. 串联型稳压电路（线性稳压电源）

硅稳压管稳压电路虽然很简单，但由于最大稳定电流的限制，负载电流不能太大。另外，输出电压不可调整，稳定性也不够理想。若要获得稳定性高且连续可调的输出直流电压，可以采用由三极管或集成运算放大器所组成的串联型直流稳压电路，如图 3-44 所示。串联型稳压电路是一个反馈调节系统，包括调整电路、比较放大、基准电压、采样单元四部分。

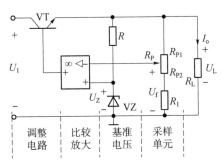

图 3-44　串联型直流稳压电路

采得电压 U_f 后送到反相输入端。U_z 作为调整和比较的基准电压，将比较放大后的电压加到 VT 基极来控制 U_B，通过 U_B 控制 U_{CE}，自动调整 U_L。

串联型稳压电路的工作原理如下：

当由于电源电压或负载电阻的变化使输出电压 U_L 升高时，有如下稳压过程：

$$U_L \uparrow \rightarrow U_f \uparrow \rightarrow (U_Z - U_f) \downarrow \rightarrow U_B \downarrow \rightarrow I_B \downarrow \rightarrow U_{CE} \uparrow \rightarrow U_L \downarrow$$

同理，当由于电源电压或负载电阻的变化使输出电压 U_L 降低时，调整过程相反，U_{CE} 将减小使 U_L 保持基本不变。

任务实施

1. 实训设备与器材

电工电子试验台、万用表、示波器。

2. 任务内容和步骤

（1）分析开关电源中的整流电路。

图 3-45 所示为开关电源电路，请通过前面所学的知识，分析下面电路图中包含了哪些典型电路，在图中标出，并填入表 3-5 中。

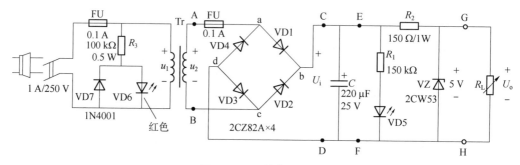

图 3-45　开关电源电路

表 3-5　开关电源电路分析表

电路段	AB 段	CD 段	EF 段	GH 段
典型电路名称				

（2）使用示波器观测各部分电路的波形。

正确连接开关电源的电路，调整示波器相关旋钮，使之显示清晰、波形稳定。然后分别在 AB 端、CD 端、EF 端、GH 端检测各两端间的波形，并将测量的波形结果填入表 3-6 中。

表 3-6　示波器观测信号记录表

端间	AB 端	CD 端	EF 端	GH 端
波形				

检查评估 NEW!!

1. 任务问答

（1）请用两种画法画出单相桥式整流电路？

（2）请利用波形图自行分析滤波电路的工作原理？

2. 检查评估

任务评价如表 3-7 所示。

表 3-7　任务评价

评价项目	评价内容	配分/分	得分/分
职业素养	是否遵守纪律，不旷课、不迟到、不早退	10	
	是否以严谨细致、节约能源、勇于探索的态度对待学习及工作	10	
	是否符合电工安全操作规程	20	
	是否在任务实施过程中造成示波器、万用表等器件的损坏	10	
专业能力	是否能画出单相桥式整流电路，并能分析开关电源电路	10	
	是否能规范使用示波器检测出开关电源的各端电压波形	15	
	是否能对检测结果进行准确判断	10	
	是否能准确画出各波形，并形成报告	15	
总分			

小结反思

（1）绘制本任务学习要点思维导图。

（2）在任务实施中出现了哪些错误？遇到了哪些问题？是否解决？如何解决？记录在表 3-8 中。

表 3-8　错误/问题记录

出现错误	遇到问题

【项目总结】

1. 磁路是磁通集中通过的路径。由于磁性物质具有高导磁性，所以很多电气设备均用铁磁材料构成磁路。

2. 磁路欧姆定律表示为

$$\Phi = \frac{F}{R_m} = \frac{IN}{\dfrac{l}{\mu S}}$$

3. 变压器是利用电磁感应原理制成的一种静止的电气设备，由铁芯和绕组组成，它利用电磁感应定律来实现能量的传递。单相变压器的作用是变换电压、变换电流和变换阻抗。变换公式分别为

$$\frac{U_1}{U_2} \approx \frac{E_1}{E_2} = \frac{N_1}{N_2} = k 、\quad \frac{I_1}{I_2} \approx \frac{N_2}{N_1} = \frac{1}{k} 、\quad |Z'_L| = k^2 |Z_L|$$

4. 变压器铭牌是工作人员使用变压器的依据，因此需要掌握各额定值的含义。其中额定容量又称视在功率，表示变压器在额定条件下的最大输出功率。

单相变压器额定容量：$S_N = U_{2N} I_{2N}$，三相变压器额定容量：$S_N = \sqrt{3} U_{2N} I_{2N}$。

5. 对于特殊用途的变压器，一定要按规定的方法和参数使用，特别对于自耦变压器，由于它的一次、二次侧之间有直接的电联系，使用时应小心。一次侧、二次侧不可接错，否则很容易造成电源被短路或烧坏变压器。如将接地端误接到相线时，有触电的危险。

6. 电流互感器的二次侧不可以开路，电压互感器的二次侧不可以短路。

7. 半导体中包含两种载流子、自由电子和空穴。

8. PN 结单向导电性：正偏导通，反偏截止。

9. 二极管的单向导电特性：正向电阻小（理想为 0），反向电阻大（∞）。

10. 二极管的主要参数：最大整流电流 I_{OM}、最高反向工作电压 U_{RM}、最大反向电流 I_{RM}。

11. 单相桥式整流电路的电路参数计算公式：

$$U_o = 0.9 U_2, \quad I_D = \frac{1}{2} I_o, \quad U_{DRM} = \sqrt{2} U_2$$

12. 电容滤波整流电路：

$$R_L C \geq (3 \sim 5) \frac{T}{2}$$

【习题】

3.1 在由铁磁材料和空气隙组成的磁路中，铁磁材料的平均长度远远大于空气隙的平均长度，你认为是铁磁材料上的磁动势大还是空气隙上的磁动势大？为什么？

3.2 一台变压器的绕组误接到数值为额定电压的直流电源上，它能否变压？会产生什么后果？

3.3 有一线圈，其匝数 $N = 1\,000$，绕在由铸钢制成的闭合铁芯上，铁芯的截面积 $S_{Fe} = 20\ \text{cm}^2$，铁芯的平均长度 $l_{Fe} = 50\ \text{cm}$。如要在铁芯中产生磁通 $\Phi = 0.002\ \text{Wb}$，试问线圈中应通入多大直流电流？

3.4 有一空载变压器，一次侧加额定电压 220 V，并测得一次绕组电阻为 $R_1 = 10\ \Omega$，问一次侧电流为多少？

3.5　有一单相照明变压器，容量为 10 kV·A，电压为 3 300/220 V。欲在二次侧接上 60 W、220 V 的白炽灯，若要变压器在额定负载下运行，这种电灯可接多少个？并求一次、二次侧电流。

3.6　一台变压器一次绕组 $N_1 = 360$ 匝，电压 $U_1 = 220$ V，二次绕组有两组绕组，其电压分别为 $U_{12} = 55$ V，$U_{22} = 18$ V。求二次绕组两组绕组的匝数。

3.7　变压器的额定频率为 50 Hz，用于 25 Hz 的交流电路中，能否正常工作？

3.8　已知一台自耦变压器的额定容量为 15 kV·A，$U_{1N} = 220$ V，$N_1 = 880$ 匝，$U_{2N} = 200$ V，试求（1）应在线圈的何处抽出一线端？（2）满载时 I_1 和 I_2 各为多少？

3.9　一台电力变压器的电压变化率 $\Delta U = 3\%$，变压器在额定负载下的输出电压 $U_2 = 220$ V，求此变压器二次绕组的额定电压。

3.10　为什么半导体器件的温度稳定性差？影响温度稳定性的主要因素是多子还是少子？

3.11　已知电路如题图 3-1 所示，VD 为理想二极管，试分析：

（1）二极管导通还是截止？（2）试计算 U_{AO}。

3.12　如题图 3-2 所示电路，二极管均为理想二极管，请判断它们是否导通，并求出 u_o。

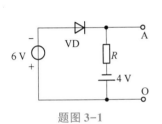
题图 3-1

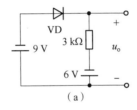
（a）

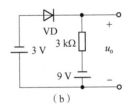
（b）

题图 3-2

3.13　如题图 3-3 所示电路，$u_i = 10\sin \omega t$ V，$E = 6$ V，二极管正向导通电压忽略不计，试画出输出电压 u_o 的波形。

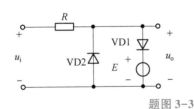
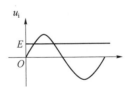
题图 3-3

3.14　电路如题图 3-4 所示，电源 u_i 为正弦波，试画出 u_o 的电压波形。设二极管是理性二极管。

3.15　如题图 3-5 所示电路，变压器二次侧电压有效值为 $2U_2$。

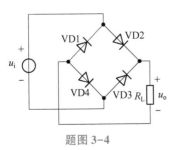
题图 3-4

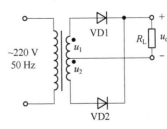
题图 3-5

（1）试画出 u_2、u_{D1}、u_o 的波形；

（2）试求输出电压平均值 U_o 和输出电流平均值 I_L 的表达式；

（3）试求二极管的平均电流 I_D 和所承受的最高反向电压 U_{DRM} 的表达式。

3.16 有两只稳压管，它们的稳定电压分别为 6 V 和 9 V，正向导通电压为 0.7 V，试分析，它们共能组成几种输出电压不同的稳压电路？

3.17 如题图 3-6 所示电路，所有稳压管均为硅管，且稳定电压 $U_Z = 8$ V，设 $u_i = 20\sin \omega t$ V，试画出 u_{o1} 和 u_{o2} 的波形。

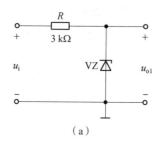
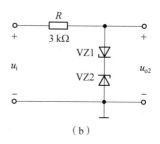

（a）　　　　　　　　　　（b）

题图 3-6

项目 4　三相异步电动机的连接与检测

项目描述

实现电能与机械能相互转换的电工设备总称为电机。电机是利用电磁感应原理实现电能与机械能的相互转换。把机械能转换成电能的设备称为发电机，而把电能转换成机械能的设备称为电动机，如图 4-1 所示。

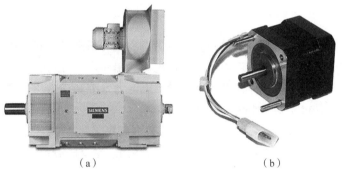

（a）　　　　　　　　　　　　　（b）

图 4-1　各种电机

（a）发电机；（b）电动机

在生产中主要用的是交流电动机，特别是异步电动机。异步电动机包括三相异步电动机和单相异步电动机，它结构简单，制造、使用和维护简便，成本低廉，运行可靠，有较高的运行效率和较好的工作特性，从空载到满载范围内接近恒速运行，能满足大多数工农业生产机械的传动要求，因此在工农业生产及日常生活中得以广泛应用。在各种电气传动系统中，有 90% 左右采用异步电动机驱动，在电力网总负载中，异步电动机占 60% 左右。三相异步电动机被广泛用来驱动各种金属切削机床、起重机、中小型鼓风机、水泵及纺织机械等，如图 4-2 所示。根据检验规范及标准完成三相异步电动机的连接与检测。

图 4-2　三相异步电动机

学习笔记

项目流程

要想完成三相异步电动机的连接与检测，必须了解三相异步电动机所用的三相交流电源、三相异步电动机的结构及其控制方法。所以项目过程分三步走，具体如图4-3所示。

图4-3　项目流程图

任务4.1　认识三相交流电路

任务描述

1891年世界上第一台三相交流发电机在德国劳芬发电厂投运，并建成了第一条从劳芬到法兰克福的三相交流输电线路。由于三相电路输送电力比单相电路经济，三相交流电机的运行性能和效率也远较单相交流电机为优，因此目前世界上电力系统和动力用电都几乎无例外地采用三相制。三相异步电动机需要三相交流电源进行供电。

本次任务：请使用电工工具或仪表按规范操作检测三相交流电。

任务提交：检测结论、任务问答、学习要点思维导图、检查评估表。

学习导航

本任务参考学习学时：4（课内）+2（课外）。通过本任务学习，可以获得以下收获：

专业知识：

1. 能够知晓三相交流电的产生。

2. 能够识别和分析三相电源、三相负载的星形和三角形连接。

3. 能够掌握三相功率的计算方法。

专业技能：

1. 能够使用万用表正确规范检测三相交流电路的相电压和线电压。

2. 能够使用万用表正确规范检测三相交流电路的相电流和线电流。

职业素养：

1. 养成认真务实、踏实肯干的工作态度。

2. 养成严格按照电业安全工作规程进行操作，遵守各项工艺规程的意识。

3. 能够具有安全生产意识，重视环境保护，并能解决一般性专业问题。

知识储备

4.1.1　三相交流电的产生

三相交流电是由三相交流发电机产生的，图4-4（a）所示为三相交流发

三相交流电的产生及
三相电源的连接

电机的示意图。三相交流发电机的主要组成部分是定子和转子。定子是固定的，定子铁芯的内圆周表面冲有槽，用以放置三相定子绕组。每个绕组的两边放置在相应的定子铁芯的槽内，但要求绕组之间彼此相隔120°。转子是转动的，转子铁芯上绕有励磁绕组，用直流励磁。当发电机转子旋转时，在三相绕组的两端产生幅值相等、频率相同、相位依次相差120°的正弦交流电，这一组正弦交流电叫作对称三相正弦电。电压的参考方向规定为由绕组的始端（U1、V1、W1）指向末端（U2、V2、W2），如图4-4（b）所示。

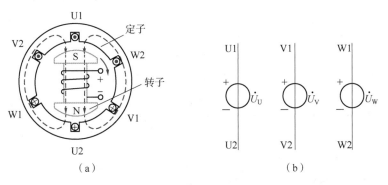

图4-4　三相交流发电机原理图
（a）三相交流发电机的示意图；（b）三相绕组示意图

以U相电压为参考量，它们的解析式为

$$u_U = U_m \sin \omega t$$

$$u_V = U_m \sin (\omega t - 120°)$$

$$u_W = U_m \sin (\omega t + 120°)$$

对应的相量为

$$\dot{U}_U = U \angle 0°$$

$$\dot{U}_V = U \angle -120°$$

$$\dot{U}_W = U \angle -240° = U \angle 120°$$

它们的波形图和相量图如图4-5所示。通过三相电源的波形图、相量图分析得到，在任何瞬时对称三相电源的电压之和为零，即

$$u_U + u_V + u_W = 0$$

$$\dot{U}_U + \dot{U}_V + \dot{U}_W = 0$$

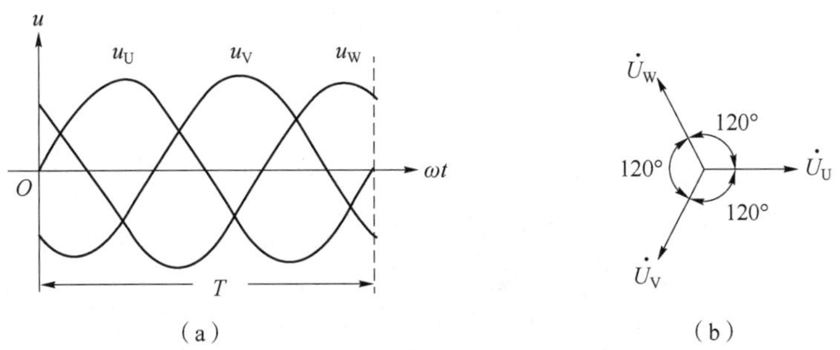

图4-5　对称三相电源的电压波形图和相量图
（a）波形图；（b）相量图

4.1.2 三相电源的连接

三相电源的三相绕组一般都按两种方式连接起来供电，一种方式是星形（Y）连接，另一种方式是三角形（△）连接。

1. 三相电源的星形连接

把发电机三相绕组的末端 U2、V2、W2 连接在一起，分别从始端 U1、V1、W1 引出三根导线，这种连接方式称为电源的星形连接方式，如图 4-6（a）所示。U2、V2、W2 的连接点 N 称为中性点，始端 U1、V1、W1 引出的三根线称为相线或端线（俗称火线），用 L1、L2、L3 表示，颜色分别为黄、绿、红；从中性点引出的导线称为中性线或零线，颜色为蓝色。若三相电路中有中性线，则称为三相四线制，若无中性线，则称为三相三线制。

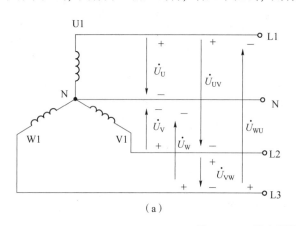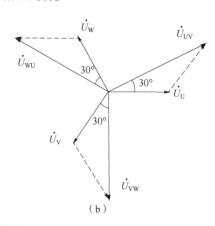

图 4-6 三相电源的星形连接

（a）电源的星形连接；（b）星形电源线电压和相电压的相量关系

在三相电路中，每一相电压源两端的电压称为相电压，用 $\dot{U}_U$、$\dot{U}_V$、$\dot{U}_W$ 表示；相线之间的电压称为线电压，用 $\dot{U}_{UV}$、$\dot{U}_{VW}$、$\dot{U}_{WU}$ 表示。

当三相交流电源采用星形连接时，其线电压与相电压的关系为

$$\dot{U}_{UV} = \dot{U}_U - \dot{U}_V, \quad \dot{U}_{VW} = \dot{U}_V - \dot{U}_W, \quad \dot{U}_{WU} = \dot{U}_W - \dot{U}_U$$

当相电压对称时，从相量图 4-6（b）可得线电压与相电压的关系为

$$\dot{U}_{UV} = \sqrt{3}\dot{U}_U \angle 30°, \quad \dot{U}_{VW} = \sqrt{3}\dot{U}_V \angle 30°, \quad \dot{U}_{WU} = \sqrt{3}\dot{U}_W \angle 30°$$

即三相交流电源做星形连接时，线电压也是对称的。线电压 U_L 是相电压 U_P 的 $\sqrt{3}$ 倍，线电压超前对应相电压 30°。在低压供电系统中，相电压为 220 V，线电压为 380 V。

2. 三相电源的三角形连接

三角形连接是将三绕组首末端依次相连，形成闭合回路，从三个连接点引出三根相线。当三相电源做三角形连接时，只能是三相三线制，而且线电压就等于相电压，即分别表示为

$$\dot{U}_{UV} = \dot{U}_U, \quad \dot{U}_{VW} = \dot{U}_V, \quad \dot{U}_{WU} = \dot{U}_W$$

其连接如图 4-7 所示，电源做三角形连接时，提供给负载一种规格的电压。

当对称三相电源连接时，只要连接正确，电源内部无环流，

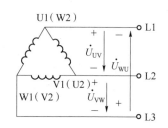

图 4-7 三相电源的三角形连接

但是，如果某一相的始端与末端接反，则会在回路中引起电流，造成事故。

4.1.3 三相负载的连接

三相负载，即三相电路的负载，由相互连接的三个负载组成，其中每个负载称为一相负载。在三相电路中，负载有两种情况：一种是单相负载，例如电灯、日光灯等照明负载，但是多个单相负载通过适当的连接，可以组成三相负载；另一种是三相负载，如电动机，它是需要接入三相电源才能工作，它的三相绕组中的每一相绕组也是单相负载，所以也存在如何将三个单相绕组连接起来接入电网的问题。三相交流电路中，负载的连接方式有两种，即星形连接和三角形连接。

三相负载的连接

1. 三相负载的星形连接

负载丫形连接的三相四线制电路如图 4-8 所示，其中流过相线的电流为线电流，如 $\dot{I}_1$、$\dot{I}_2$、$\dot{I}_3$，有效值用 I_L 表示；流过每一相负载的电流为相电流，如 $\dot{I}_A$、$\dot{I}_B$、$\dot{I}_C$，有效值用 I_P 表示，参考方向选择从电源流向负载，从图 4-8 可以看出，负载相电流等于线电流。流过中性线的电流为中性线电流，参考方向选择由负载中性点流向电源中性点。

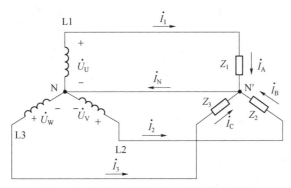

图 4-8　负载丫形连接的三相四线制电路

若每相负载的复阻抗都相同，则称为对称负载。三相电路中若电源对称，负载也对称，则电路称为对称三相电路。

在三相四线制中，因为有中性线存在，负载的工作情况与单相交流电路相同。若忽略连接导线上的阻抗，则负载相电压等于对应电源的相电压，不论负载对称与否，负载端的电压总是对称的，这是三相四线制电路的一个重要特点。因此，在三相四线制供电系统中，可以将各种单相负载如照明、家用电器接入其中任意一相使用。

负载各相电流为

$$\dot{I}_1 = \frac{\dot{U}_U}{Z_1}, \quad \dot{I}_2 = \frac{\dot{U}_V}{Z_2}, \quad \dot{I}_3 = \frac{\dot{U}_W}{Z_3}$$

则中性线电流为

$$\dot{I}_N = \dot{I}_1 + \dot{I}_2 + \dot{I}_3 \tag{4-1}$$

注意：如果电源相电压对称，负载也对称，负载端相电流也是一组对称的正弦量。此时，中性线电流为零，中性线没有电流通过，把中性线去掉，对电路没有影响，电源和负载构成三相三线制电路。

对于三相不对称负载，中性线电流不为零，则中性线绝不能断开。中性线的作用是保证负载的相电压对称，使各相负载成为相互独立的工作回路，所以中性线上不允许安装开关或熔断器。

2. 三相负载的三角形连接

三相负载的三角形连接，就是将三相负载首尾连接，再将三个连接点与三根电源相线相连。如图4-9（a）所示。负载三角形连接时，各相负载两端电压为电源线电压，即 $\dot{U}_P = \dot{U}_L$。

设线电流为 $\dot{I}_1$、$\dot{I}_2$、$\dot{I}_3$，相电流为 $\dot{I}_{12}$、$\dot{I}_{23}$、$\dot{I}_{31}$，则

$$\dot{I}_1 = \dot{I}_{12} - \dot{I}_{31}, \quad \dot{I}_2 = \dot{I}_{23} - \dot{I}_{12}, \quad \dot{I}_3 = \dot{I}_{31} - \dot{I}_{23}$$

通过分析相量图4-9（b）得线电流与相电流的关系为

$$\dot{I}_1 = \sqrt{3}\dot{I}_{12}\angle{-30°}, \quad \dot{I}_2 = \sqrt{3}\dot{I}_{23}\angle{-30°}, \quad \dot{I}_3 = \sqrt{3}\dot{I}_{31}\angle{-30°}$$

即对称三相负载做三角形连接时，线电流 I_L 是相电流 I_P 的 $\sqrt{3}$ 倍，线电流滞后对应相电流 $30°$。线电压 U_L 等于相电压 U_P。

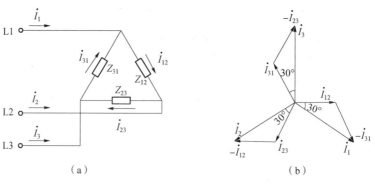

图4-9　三相负载的三角形连接

（a）负载的三角形连接；（b）负载三角形连接线电流和相电流相量关系

4.1.4　三相电路的功率

三相电路总的有功功率等于各相有功功率之和，即

$$P = P_U + P_V + P_W = U_U I_U \cos\varphi_U + U_V I_V \cos\varphi_V + U_W I_W \cos\varphi_W$$

式中，U_U、U_V、U_W 分别为负载各相电压有效值；I_U、I_V、I_W 分别为各相电流有效值；φ_U、φ_V、φ_W 为各相负载的阻抗角。

在对称三相电路中，无论负载接成星形还是三角形，总有功功率均为

$$P = 3U_P I_P \cos\varphi = \sqrt{3} U_L I_L \cos\varphi \tag{4-2}$$

三相电路总的无功功率也等于三相无功功率之和，在对称三相电路中，三相无功功率为

$$Q = 3U_P I_P \sin\varphi = \sqrt{3} U_L I_L \sin\varphi \tag{4-3}$$

三相视在功率为

$$S = \sqrt{P^2 + Q^2} \tag{4-4}$$

一般情况下，三相负载的视在功率不等于各相视在功率之和，只有在负载对称时，三相视在功率才等于各相视在功率之和，对称三相负载的视在功率为

$$S = 3U_P I_P = \sqrt{3} U_L I_L \tag{4-5}$$

三相电路的功率及安全用电

4.1.5　安全用电

1. 安全用电的意义

在使用电能的过程中，如果不注意用电安全，可能造成人身触电伤亡事故或电气设备的损

114 ▌电工电子技术

坏，甚至影响到电力系统的安全运行，造成大面积的停电事故。因此，在使用电能的同时，必须注意安全用电，以保证人身、设备、电力系统三方面的安全，防止事故的发生。

2. 安全用电的措施

"安全第一，预防为主"是安全用电的基本方针。采取各种安全措施，通常从以下几方面着手：

（1）建立各种安全操作规程和安全管理制度，宣传和普及安全用电的基本知识。

（2）电气设备采用保护接地和保护接零。电气设备的保护接地和保护接零是为了防止人体触及绝缘损坏的电气设备所引起的触电事故而采取的有效措施。

①保护接地。将电气设备不带电的金属外壳或构架，通过接地装置与大地连接起来，称为保护接地，如图 4-10 所示。

保护接地适用于中性点不接地的低压配电网中。但通常在低压电网中，单相接地电流并不是一个很大的电流值，一般不会引起断路器迅速跳闸，所以设备外壳继续带电，保护接地只是通过接地体的小阻值与人体阻值形成并联电路，减少流过人体的电流，所以保护接地只能有效地降低触电伤害而不能完全避免触电伤害。

②保护接零。将电气设备不带电的金属外壳或构架与电网的零线连接起来，称为保护接零，如图 4-11 所示。

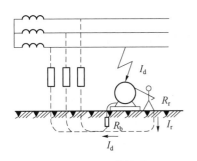

图 4-10 保护接地

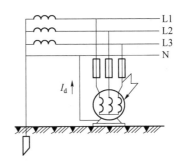

图 4-11 保护接零

保护接零适用于三相四线制低压配电网，其 N 线既是零线，又是保护线，所以只适合用在三相负载平衡的电路中。当三相负载严重不平衡时，N 线将有较大电流流过，就会产生压降，形成电位漂移，接到零线的其他设备外壳也会带电，所以可将保护线与零线分开单独敷设，形成三相五线制中性点接地低压配电网，也就是 TN-S 系统，如图 4-12 所示。

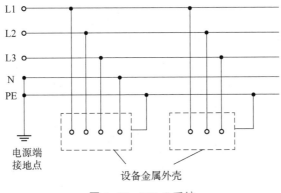

图 4-12 TN-S 系统

（3）使用漏电保护装置。防止由电气设备漏电引起的触电事故和单相触电事故。

（4）对于一些特殊电气设备（如机床局部照明、携带式照明灯）以及在潮湿场所、矿井等危险环境，必须采用安全电压（36 V、24 V、12 V）供电。

 职业素养

我国低压供电线路的三相电线电压为 380 V，而相电压对地（中性线，也称零线）为 220 V。在使用用电设备时一定要弄清设备的额定电压，高于额定电压轻者会烧坏用电设备，重者甚至会发生事故。所以我们要增强安全用电防护知识，增强安全用电意识，严谨求实，培养扎实的科学知识和技能。

任务实施

1. 实训设备与器材

电工电子试验台、数字万用表。

2. 任务内容和步骤

（1）按如图 4-13 所示电路，进行电路安装。每相负载为交流照明灯泡，交流电源的相电压为 12 V，频率为 50 Hz。

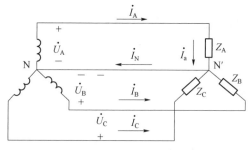

图 4-13 三相电路图

（2）测试每相的相电压及线电压，将测试数据填入表 4-1 中。

（3）测试每相的相电流及线电流，将测试数据填入表 4-1 中。

（4）测试中性线电流，将测试数据填入表 4-1 中。

表 4-1 测量电压、电流记录表

相电压/V		线电压/V		相电流/A		线电流/A	
U_A		U_{AB}		I_A		I_{AB}	
U_B		U_{BC}		I_B		I_{BC}	
U_C		U_{CA}		I_C		I_{CA}	
中性线电流							

（5）计算阻抗及三相功率，并将结果填入表4-2中。

表4-2　计算结果

阻抗/Ω		视在功率/（V·A）		有功功率/W		无功功率/var	
Z_A		S_A		P_A		Q_A	
Z_B		S_B		P_B		Q_B	

检查评估 NEWST

1. 任务问答

（1）三相正弦交流电是如何产生的？

_____

_____

_____

（2）三相对称负载的两种连接方式的特点是什么？

_____

_____

_____

（3）写出三相电路三种功率的计算公式。

_____

_____

_____

_____

2. 检查评估

任务评价如表4-3所示。

表4-3　任务评价

评价项目	评价内容	配分/分	得分/分
职业素养	是否遵守纪律，不旷课、不迟到、不早退	10	
	是否以严谨细致、节约能源、勇于探索的态度对待学习及工作	10	
	是否符合电工安全操作规程	20	
	是否在任务实施过程中造成数字万用表等器件的损坏	10	
专业能力	是否能复述三相负载两种连接方式的特点	10	
	是否能规范使用万用表测量线电压、相电压、线电流和相电流	15	
	是否能对检测结果进行准确判断	10	
	是否能正确计算电路的阻抗和功率	15	
总分			

小结反思

（1）绘制本任务学习要点思维导图。

（2）在任务实施中出现了哪些错误？遇到了哪些问题？是否解决？如何解决？记录在表4-4中。

表4-4 错误/问题记录

出现错误	遇到问题记录

任务4.2 选择、检测三相交流异步电动机

任务描述

许多生产设备的运动都需要三相异步电动机的驱动，三相异步电动机的内部结构如图4-14所示。那么三相异步电动机的内部结构是怎样的呢？如何工作呢？通过本任务相关知识的学习，掌握三相异步电动机的结构及工作原理，并能对三相异步电动机进行选择和简单的检测。

图4-14 三相异步电动机

本次任务：请识别并使用电工工具或仪表按规范操作测量三相异步电动机的绝缘电阻，以及判定三相绕组的首、末端。

任务提交：检测结论、任务问答、学习要点思维导图、检查评估表。

学习导航

本任务参考学习学时：4（课内）+2（课外）。通过本任务学习，可以获得以下收获：

专业知识：

1. 能够知晓三相异步电动机的结构及工作原理。

2. 能够识别三相异步电动机的铭牌和技术数据。

3. 能够掌握三相异步电动机的选择方法。

专业技能：

1. 能够使用兆欧表正确规范检测三相异步电动机的绝缘电阻。

2. 能够使用万用表判定三相绕组的首、末端。

职业素养：

1. 养成认真务实、踏实肯干的工作态度。

2. 养成严格按照电业安全工作规程进行操作，遵守各项工艺规程的意识。

3. 能够具有安全生产意识，重视环境保护，并能解决一般性专业问题。

知识储备

4.2.1 三相异步电动机的结构

三相异步电动机的结构和工作原理

三相异步电动机主要由定子和转子两部分组成，这两部分之间由气隙隔开。根据转子结构的不同，三相异步电动机分为笼型和绕线型两种。图 4-15 所示为三相笼型异步电动机的结构。

图 4-15 三相笼型异步电动机的结构

1. 定子

定子是三相异步电动机静止不动的部分，主要包括定子铁芯、定子绕组和机座，用以建立旋转磁场。定子铁芯是电动机磁路的一部分，它由 0.5 mm 厚、两面涂有绝缘漆的硅钢片叠压而成。在其内圆冲有均匀分布的槽，如图 4-16 所示，槽内嵌放三相定子绕组。定子绕组是电动机的电路部分，它用铜线缠绕而成，均匀分布在定子铁芯内槽中。机座是电动机的支架，一般用铸铁或铸钢制成。

2. 转子

转子是电动机的旋转部分，主要由转子铁芯、转子绕组和转轴三部分组成。

转子铁芯也是由 0.5 mm 厚、两面涂有绝缘漆的硅钢片叠压而成，在其外圆冲有均匀分布的槽，如图 4-17 所示，槽内嵌放转子绕组，转子铁芯装在转轴上。

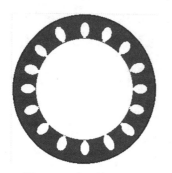
图 4-16　定子铁芯冲片

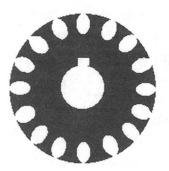
图 4-17　转子铁芯冲片

转子绕组是转子的电路部分，用以产生转子电动势和转矩，转子绕组有笼型和绕线型两种。根据转子绕组的结构形式，异步电动机分为笼型异步电动机和绕线型异步电动机两种。

1）笼型转子

笼型转子绕组是在转子铁芯每个槽内插入等长的裸铜导条。两端分别用铜制短路环焊接成一个整体，形成一个闭合的多相对称回路，对于大型电动机采用铜条绕组，如图 4-18（a）所示；而在中小型异步电动机笼型转子槽内，常采用铸铝绕组，将导条、端环同时一次浇注成型，如图 4-18（b）所示。

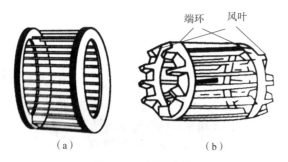
（a）　　　　　　　　（b）
图 4-18　笼型转子
（a）铜条绕组；（b）铸铝绕组

2）绕线型转子

绕线型转子绕组的结构与定子绕组相似，在转子铁芯每个槽内嵌放三相绕组，通常为 Y 形连接，绕组的三个端线接到装在轴上一端的三个滑环上，再通过一套电刷引出，以便与外电路相连。一般绕线型异步电动机在转子回路中串联电阻，以改变电动机的启动和调速性能。三个电阻的另一端也接成星形。绕线型转子及其串联电阻接线如图 4-19 所示。

转轴由中碳钢制成，其两端由轴承支撑，用来输出转矩。

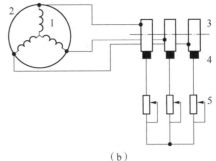

（a） （b）

图4-19　绕线型转子及其串联电阻接线

（a）绕线型转子；（b）串联电阻接线

1—转子绕组；2—转子铁芯；3—滑环；4—电刷；5—变阻器

4.2.2　三相异步电动机的工作原理

1. 旋转磁场

1）旋转磁场的产生

在三相异步电动机的定子上安放着结构完全相同、在空间位置各相差120°电角度的三相对称绕组U1-U2、V1-V2、W1-W2，如图4-20（a）所示。将定子绕组接成星形，向这三相绕组通入对称的三相交流电i_U、i_V、i_W，如图4-20（b）所示。

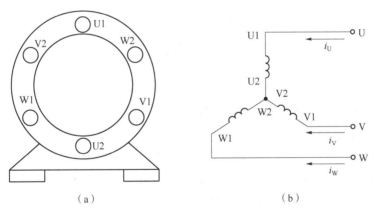

（a） （b）

图4-20　对称三相定子绕组

（a）三相对称绕组；（b）接成星形并通三相交流电

对称的三相交流电流波形如图4-21所示。由于电流随时间而变，所以电流流过线圈产生的磁场分布情况也随时间而变，现研究几个瞬间旋转磁场的产生。假定电流从绕组的首端流入、末端流出时电流的瞬时值为正值，反之，电流从绕组的末端流入、首端流出时电流的瞬时值为负值，流入用"×"表示，流出用"·"表示。

当$\omega t = 0°$时，由图4-21可看出，$i_U = 0$，U相没有电流流过，i_V为负，表示电流由末端流向首端（即V2端为⊗，V1端为⊙），i_W为正，表示电流由首端流入（即W1端为⊗，W2端为⊙）。这时三相电流所产生的合成磁场方向由"右手螺旋定则"判定，如图4-22（a）所示。

当$\omega t = 120°$时，由图4-21得：i_U为正，$i_V = 0$，i_W为负，用同样的方式可判得三相合成磁场顺时针方向旋转了120°，如图4-22（b）所示。

当$\omega t = 240°$时，i_U为负，i_V为正，$i_W = 0$，合成磁场又顺时针方向旋转了120°，如图4-22（c）所示。

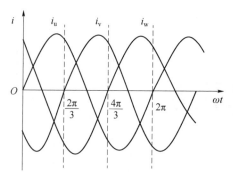

图 4-21　对称的三相交流电流波形

当 $\omega t = 360°$ 时，又转回到 $\omega t = 0°$ 的情况，如图 4-22（d）所示。

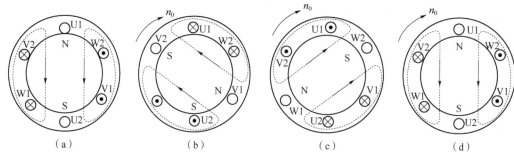

图 4-22　三相两极旋转磁场

（a）$\omega t = 0°$；（b）$\omega t = 120°$；（c）$\omega t = 240°$；（d）$\omega t = 360°$

可见，电流变化了一个周期，合成磁场也从起始位置顺时针旋转一周。从上面的分析可以看出，在对称三相绕组中通入对称三相交流电形成的是旋转磁场。

2）旋转磁场的旋转方向

由图 4-21 可以看出，通入电流出现最大值的顺序是 U→V→W。若将 i_U 接 U 相绕组，将 i_V 接 V 相绕组，将 i_W 接 W 相绕组，则旋转磁场旋转方向也为 U→V→W，正好和电流出现最大值的顺序相同，即旋转磁场由电流超前相转向电流滞后相。

若任意调换电动机两相绕组所接交流电源的相序，如 i_U 接 U 相绕组，将 i_V 接 W 相绕组，将 i_W 接 V 相绕组，三相绕组出现电流最大值的顺序是 U→W→V。用图解法分析可知合成磁场的旋转方向也为 U→W→V。

可见，旋转磁场的转向取决于通入定子绕组中的三相交流电的相序。旋转磁场总是由电流超前相转向电流滞后相。只要任意调换电动机两相绕组所接交流电源的相序，即可改变旋转磁场的转向。

3）旋转磁场的旋转速度

旋转磁场的转速称为同步转速 n_1（r/min），它与电网的频率 f_1（Hz）及电动机的磁极对数 p 有关，即

$$n_1 = \frac{60f_1}{p} \tag{4-6}$$

2. 三相异步电动机的工作原理

1）工作原理

图 4-23 所示为三相异步电动机的工作原理。当向定子对称三相绕组 U1-U2、V1-V2、W1-W2 通入对称的三相交流电时，就产生一个以同步转速 n_1 沿顺时针方向旋转的磁场。图 4-23 所示为某一个时刻的定子旋转磁场的方向。转子导体开始是静止的，故转子与旋转磁场之间有相对运动，转子导体将切割旋转磁场而产生感应电动势，感应电动势的方向用右手定则判断。用右手定则时注意：右手定则指的是磁场静止不动，而导体在做切割磁力线的运动。这里是磁场在旋转，转子导体静止，因此使用右手定则时，可以假定磁场不动而导体按逆时针方向旋转切割磁力线。因转子绕组自身闭合，转子绕组内便有感应电流。转子导体的电流在旋转磁场中要受到电磁力的作用，电磁力的方向可用左手定则判断。电磁力对转轴形成电磁转矩，由图 4-23 可以看出，电磁转矩将拖着转子顺着旋转磁场的方向旋转。

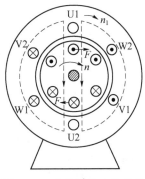

图 4-23　三相异步电动机的工作原理

电动机的旋转方向与旋转磁场的转向相同，而旋转磁场的转向又取决于电动机三相电流的相序。因此，要改变电动机的转向，只要改变电流的相序，即任意对调电动机的两根电源线，便可使电动机反转。

异步电动机的转速 n 恒小于同步转速 n_1，只有这样，转子绕组才能切割旋转磁场而产生感应电动势和感应电流，进一步形成电磁转矩使电动机旋转。如果 $n = n_1$，转子绕组和旋转磁场之间无相对运动，转子绕组就不产生感应电动势和感应电流。可见，$n < n_1$ 是异步电动机工作的必要条件。由于电动机转速 n 与同步转速 n_1 不同，故称为异步电动机。又由于异步电动机的转子绕组并不直接与电源相接，而是依靠电磁感应原理来产生感应电动势和感应电流，从而产生电磁转矩使电动机旋转的，因此又称为感应电动机。

2）异步电动机的转差率

同步转速 n_1 与电动机转速 n 之差（$n_1 - n$）与同步转速 n_1 的比值称为转差率 s。

$$s = \frac{n_1 - n}{n_1} \tag{4-7}$$

转差率 s 是异步电动机的重要参数。当异步电动机转速在 $0 \sim n_1$ 范围内变化时，其转差率 s 在 $0 \sim 1$ 变化；当电动机启动瞬间（转子尚未转动）时，$n = 0$，此时 $s = 1$；当电动机空载运行时，转速 n 很高，$n \approx n_1$，此时 $s \approx 0$。

异步电动机负载越大，转速就越慢，其转差率也越大；反之电动机负载越小，转速就越高，其转差率也越小。故转差率直接反映转速的高低或电动机负载的大小，电动机在额定工作状态下运行时，转差率的值很小，在 $0.01 \sim 0.06$，即异步电动机的额定转速很接近同步转速。

4.2.3　三相异步电动机的铭牌数据

1. 型号

为了便于各部门业务联系和简化技术文件，对产品名称、规格等的叙述而引用的一种代号，由汉语拼音字母、国际通用符号和阿拉伯数字 3 部分组成，如：

三相异步电动机的铭牌数据及选择

$$Y180L-6$$

Y—产品代号：三相异步电动机。

180L-6—规格代号中心高 180 mm，长机座 6 极（磁极对数）。

（S—短机座；M—中机座；L—长机座）

Y2 系列的三相异步电动机是在原 Y 系列的基础上更新设计的一般用途的基本系列电动机，其造型新颖、性能优良、运行可靠，已达到国外同类品的水平，其型号与 Y 系列类同，如：

$$Y2-200M-2$$

Y—三相异步电动机；

2—第二次设计；

200—机座中心高 200 mm；

M—机座长度代号，中机座；

2—磁极对数。

2. 额定功率 P_N

电动机在额定状况下运行时，转子轴上输出的机械功率值，单位为 kW。

3. 额定电压 U_N

电动机在额定运行情况下，三相定子绕组应接的线电压值，单位为 V。

4. 额定电流 I_N

电动机在额定运行情况下，三相定子绕组的线电流值，单位为 A。

三相异步电动机额定功率、电流、电压之间的关系为

$$P_N = \sqrt{3}\, U_N I_N \cos\varphi\,\eta \qquad (4-8)$$

对 380 V 低压异步电动机，其 $\cos\varphi$ 和 η 的乘积约为 0.8，代入式（4-8）得

$$I_N \approx 2P_N \qquad (4-9)$$

式中，P_N 的单位为 kW；I_N 的单位为 A。

由式（4-9）可估算额定电流值。

5. 额定转速 n_N

额定运行时电动机的转速，单位为 r/min。

6. 额定频率 f_N

我国电网频率为 50 Hz，故国内异步电动机的频率均为 50 Hz。

7. 接法

电动机定子三相绕组有 Y 形连接和 △ 形连接两种。如图 4-24 所示，Y 系列电动机功率在 4 kW 及以上均为三角形连接。

将定子三相绕组（U、V、W）6 个出线端引至机座上的接线盒内与 6 个接线柱相连，根据设计要求可接成星形或三角形。接线盒内的接线如图 4-24 所示。在接线盒内，三个绕组 6 个接线柱排成上下两排，并规定下排的 3 个接线柱自左至右排列的编号为 U1、V1、W1，上排自左至右的编号为 W2、U2、V2。不论是制造和维修，都按这个序号排列。

8. 温升及绝缘等级

温升是指电动机运行时，绕组温度允许高出周围环境温度的数值。允许高出数值的大小由该电动机绕组所用绝缘材料的耐热程度决定，绝缘材料的耐热程度称为绝缘等级。不同绝缘材料的最高允许温升是不同的。中小电动机常用的绝缘材料分为 5 个等级，如表 4-5 所示，其中最

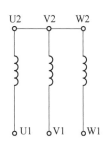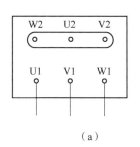

（a）

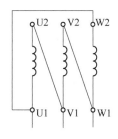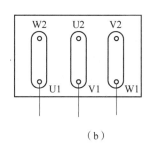

（b）

图 4-24　接线盒内的接线图

（a）星形连接；（b）三角形连接

高允许温度值是按环境温度 40 ℃ 计算出来的。

表 4-5　绝缘材料温升限值

绝缘材料等级	A	E	B	F	H
最高允许温度/℃	105	120	130	155	180

9. 工作方式

为了适应不同的负载需要，按负载持续时间的不同，国家标准把电动机分成了 3 种工作方式：连续工作制、短时工作制和断续周期工作制。除上述铭牌数据外，还可由产品目录或电工手册中查得一些其他的技术数据。

【例 4-1】　根据表 4-6，试求 Y-225M-6 型异步电动机的额定转差率、额定转矩、启动电流、启动转矩、最大转矩和输入功率。

表 4-6　三相异步电动机的技术数据

型号	额定功率/kW	额定电压/V	满载时				启动电流/额定电流	启动转矩/额定转矩	最大转矩/额定转矩
			定子电流/A	转速/(r·min⁻¹)	效率/%	功率因数			
Y-225M-6	30	380	59.3	980	91.5	0.84	7	2	2.1

解：由型号知　　　　　　　　　　　　$p=3$

同步转速　　　　　　$n_1 = \dfrac{60f_1}{p} = \dfrac{60 \times 50}{3} = 1\,000\,(\text{r/min})$

额定转差率　　　　　$s_N = \dfrac{n_1 - n_N}{n_1} = \dfrac{1\,000 - 980}{1\,000} = 0.02$

额定转矩 $\qquad T_N = 9\ 550 \times \dfrac{P_N}{n_N} = 9\ 550 \times \dfrac{30}{980} \approx 292.3\,(N \cdot m)$

启动电流 $\qquad I_{st} = 7I_N = 7 \times 59.3 = 415.1\,(A)$

启动转矩 $\qquad T_{st} = 2T_N = 2 \times 292.3 = 584.6\,(N \cdot m)$

最大转矩 $\qquad T_m = 2.1T_N = 2.1 \times 292.3 = 613.8\,(N \cdot m)$

输入功率 $\qquad P_i = \dfrac{P_N}{\eta} = \dfrac{30}{0.915} \approx 32.8\,(kW)$

4.2.4 三相异步电动机的选择

1. 功率的选择

应根据负载的情况选择合适的电动机功率，选大了虽然能保证正常运行，但是不经济，电动机的效率和功率因数都不高；选小了就不能保证电动机和生产机械的正常运行，不能充分发挥生产机械的效能，并使电动机由于过载而过早地损坏。

（1）连续运行电动机功率的选择。对连续运行的电动机，先算出生产机械的功率，所选电动机的额定功率等于或稍大于生产机械的功率即可。

（2）短时运行电动机功率的选择。如果没有合适的专为短时运行设计的电动机，可选用连续运行的电动机。由于发热惯性，在短时运行时可以容许过载。工作时间越短，则过载可以越大，但电动机的过载是受到限制的。通常根据过载系数 λ 来选择短时运行电动机的功率。电动机的额定功率可以是生产机械所要求的功率的 $1/\lambda$。

2. 种类和形式的选择

1）种类的选择

选择电动机的种类是从交流或直流、机械特性、调速与启动性能、维护及价格等方面来考虑的。

（1）交、直流电动机的选择。如没有特殊要求，一般都应采用交流电动机。

（2）笼型与绕线型的选择。三相笼型异步电动机结构简单、坚固耐用、工作可靠、价格低廉、维护方便，但调速困难、功率因数较低、启动性能较差。因此在要求机械特性较硬而无特殊调速要求的一般生产机械的拖动时，应尽可能采用笼型异步电动机。只有在不方便采用笼型异步电动机时才采用绕线型异步电动机。

2）结构形式的选择

电动机常制成以下几种结构形式：

（1）开启式。在构造上无特殊防护装置，用于干燥无灰尘的场所，通风要非常良好。

（2）防护式。在机壳或端盖下面有通风罩，以防止铁屑等杂物掉入。也有将外壳做成挡板状，以防止在一定角度内有雨水、水滴溅入其中。

（3）封闭式。它的外壳严密封闭，靠自身风扇或外部风扇冷却，并在外壳带有散热片。在灰尘多、潮湿或含有酸性气体的场所，可采用此形式。

（4）防爆式。整个电机严密封闭，用于有爆炸性气体的场所。

3）电压和转速的选择

（1）电压的选择。电动机电压等级的选择，要根据电动机类型、功率以及使用地点的电源电压来决定。Y系列笼型异步电动机的额定电压只有 380 V 一个等级。只有大功率异步电动机才采用 3 000 V 和 6 000 V 电压。

（2）转速的选择。电动机的额定转速是根据生产机械的要求而选定的，但通常转速不低于 500 r/min，因为当功率一定时，电动机的转速越低，则其尺寸越大，价格越贵，且效率也越低。

因此，不如购买一台高速电动机再另配减速器更合算。异步电动机通常采用四个磁极的，即同步转速 $n_1 = 1\ 500\ \text{r/min}$。

任务实施

1. 实训设备与器材

三相异步电动机一台、兆欧表、万用表。

2. 任务内容和步骤

（1）测量三相异步电动机的绝缘电阻。

在使用电气设备时，其绝缘程度的好坏对设备的正常运行和人身安全有密切关系。绝缘程度的好坏可以用绝缘电阻的高低来衡量，由于设备受热、受潮等原因，会使绝缘电阻降低，甚至可能造成设备外壳带电和出现短路事故。所以在使用期间应定期做绝缘电阻的检查。如果一台电动机长期没有使用，使用前则必须做绝缘电阻的检查。

绝缘电阻的检查不能用普通的欧姆表（如万用表的电阻挡）进行，而应用兆欧表（也称摇表）进行测量。兆欧表是专门用于测量高电阻，即绝缘电阻的仪表，如图4-25所示。

接地端钮E　　线路端钮L　　屏蔽端钮G

图4-25　ZC25型兆欧表外形图

使用兆欧表时，要注意以下几个问题：

①应按电气设备的电压等级选择兆欧表的规格，测量额定电压不高于500 V（如额定电压380 V的电动机）的绕组的绝缘电阻时，则应选用500 V兆欧表，而测定额定电压高于500 V的绕组的绝缘电阻时，则应选用1 000 V的兆欧表。

②测量绝缘电阻前，必须切断电动机的电源，并对兆欧表自检。自检的方法是先将兆欧表两端线开路，缓慢摇动兆欧表手柄，表针应指到"∞"处，再把兆欧表两端线迅速短接一下，表针应指到零处。如果不是这样，说明兆欧表自身有故障，必须检查修理，方能使用。

③测量绝缘电阻时，将兆欧表端钮L、E分别接到待测绝缘电阻两端，如测量绕组对地（或对电动机外壳）的绝缘电阻时，则应将E接地（或电动机外壳），L接绕组的一端。

④兆欧表要平放，转动手柄的转速要均匀（120 r/min），应摇转一分钟后读取数值。

如图4-26所示，利用兆欧表检测三相异步电动机的绝缘电阻值，并把结果填入表4-7中。

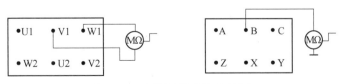

图4-26　测量绝缘电阻连接图

表 4-7　测量绝缘电阻记录表

测量位置	U-V	V-W	W-U	U-壳	V-壳	W-壳
$R_{\mathrm{J}}/\mathrm{M}\Omega$						
是否合格						

（2）定子绕组首、末端的判别。

三相异步电动机三相定子绕组的六个出线端有三个首端和三个末端，一般，首端标以 U1、V1、W1，末端标以 U2、V2、W2。判别其首、末端（即同名端）的方法如下：

用万用表欧姆挡从六个出线端确定哪一对引出线是属于同一相的，分别找出三相绕组，并标以符号如 U1、U2；V1、V2；W1、W3。将其中的任意两相绕组串联，如图 4-27 所示，端钮分布如图 4-28 所示。然后在相串联两相绕组出线端施以单相低电压 $U=80\sim100\,\mathrm{V}$，测出第三相绕组的电压，将测试数据填入表 4-8 中。

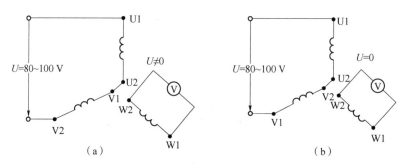

（a）　　　　　　　　　　（b）

图 4-27　判别定子绕组首、末端的连接图

图 4-28　端钮分布

表 4-8　测量电压记录表

同相绕组端钮号	U 相	1.4	V 相	2.5	W 相	3.6
短接的端钮号	"1" 与 "5"				"1" 与 "3"	
输入电源的端钮号	"2" 与 "4"				"4" 与 "6"	
输入电源的电压值/V	100				100	
感应电压值/V	U_{36}			U_{25}		

检查评估 NEWS

1. 任务问答

（1）三相异步电动机的结构包括哪些部分？

_____

_____

（2）三相异步电动机的工作原理是什么？

_____

_____

（3）三相异步电动机的额定电压和接线方式有什么关系？

_____

_____

2. 检查评估

任务评价如表4-9所示。

表4-9 任务评价

评价项目	评价内容	配分/分	得分/分
职业素养	是否遵守纪律，不旷课、不迟到、不早退	10	
	是否以严谨细致、节约能源、勇于探索的态度对待学习及工作	10	
	是否符合电工安全操作规程	20	
	是否在任务实施过程中造成数字万用表等器件的损坏	10	
专业能力	是否能复述三相异步电动机的工作原理	10	
	是否能规范使用兆欧表测量绝缘电阻	15	
	是否能对检测结果进行准确判断	10	
	是否正确判别定子绕组的首、末端	15	
总分			

小结反思

（1）绘制本任务学习要点思维导图。

学习笔记

（2）在任务实施中出现了哪些错误？遇到了哪些问题？是否解决？如何解决？记录在表 4-10 中。

表 4-10　错误/问题记录

出现错误	遇到问题

任务 4.3　连接、检测三相异步电动机正反转控制电路

任务描述

　　三相异步电动机被广泛用来驱动各种金属切削机床、起重机、中小型鼓风机、水泵及纺织机械等。在这些设备的工作过程中，需要控制某些运动部件在一定的行程范围内自动往复循环，这就需要由电动机的正反转来实现。通过本任务的学习，掌握常用低压电器的有关知识及电动机启动、调速和制动的方法，并通过低压电器实现三相异步电动机的正反转控制。

　　本次任务：请规范使用常用低压电器实现三相异步电动机的正反转。

　　任务提交：检测结论、任务问答、学习要点思维导图、检查评估表。

学习导航

　　本任务参考学习学时：6（课内）+2（课外）。通过本任务学习，可以获得以下收获：

专业知识：

1. 能够识别常用低压电器符号，知晓其工作原理。

2. 能够掌握三相异步电动机的启动、调速及制动的控制方法。

3. 能够掌握三相异步电动机的正反转控制原理。

专业技能：

1. 能够设计三相异步电动机的正反转控制线路。

2. 能够进行三相异步电动机正反转控制的实物接线并检测。

职业素养：

1. 养成认真务实、踏实肯干的工作态度。

2. 养成严格按照电业安全工作规程进行操作，遵守各项工艺规程的意识。

3. 能够具有安全生产意识，重视环境保护，并能解决一般性专业问题。

知识储备

4.3.1　认识常用低压电器

　　低压电器通常是指额定电压等级在交流 1 200 V 及以下、直流 1 500 V 及以下电路中的电器。低压电器种类繁多、功能各异、用途广泛，工作原理各不相同。

认识常用低压电器

1. 手动电器

1) 刀开关

刀开关又叫闸刀开关，一般用于不频繁操作的低压电路中，用作接通和切断电源，有时也用来控制小容量电动机的直接启动与停机。刀开关由闸刀（动触点）、静插座（静触点）、手柄和绝缘底板等组成，如图4-29（a）所示。刀开关的电路符号如图4-29（b）所示。

刀开关的种类很多。按极数（刀片数）分为单极、双极和三极；按结构分为平板式和条架式；按操作方式分为直接手柄操作式、杠杆操作机构式和电动操作机构式；按转换方向分为单投和双投等。

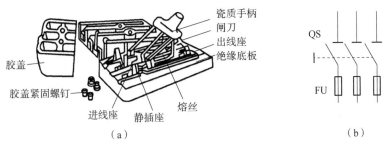

图4-29　刀开关的结构及电路符号
(a) 结构；(b) 符号

刀开关一般与熔断器串联使用，以便在短路或过负荷时熔断器熔断而自动切断电路。刀开关的额定电压通常为250 V和500 V，额定电流在1 500 A以下。考虑到电动机较大的启动电流，刀闸的额定电流值应如下选择：3~5倍异步电动机额定电流。

2) 按钮

按钮常用于接通、断开控制电路，其结构如图4-30所示，其电路符号如图4-31所示。按钮上的触点分为常开触点和常闭触点，由于按钮的结构特点，按钮只起发出"接通"和"断开"信号的作用。

常闭按钮：如图4-30（a）所示，外力未作用时（手未按下），触点是闭合的，当按下按钮帽时，触点被断开；松开后，触点在复位弹簧作用下恢复闭合。常闭按钮在控制电路中常用作停止按钮。其触点称为常闭触点。

常开按钮：如图4-30（b）所示，外力未作用时（手未按下），触点是断开的，当按下按钮帽时，触点被接通；松开后，触点在复位弹簧作用下返回原位而断开。常开按钮在控制电路中常用作启动按钮。其触点称为常开触点。

复合按钮：如图4-30（c）所示，外力未作用时（手未按下），常闭触点是闭合的，常开触点是断开的；当按下按钮帽时，先断开常闭触点，后接通常开触点；松开后，触点在复位弹簧作用下全部复位。复合按钮在控制电路中常用于电气联锁。

2. 自动电器

1) 熔断器

熔断器主要做短路或过载保护用，串联在被保护的线路中。线路正常工作时如同一根导线，起通路作用；当线路短路或过载时熔断器熔断，起到保护线路上其他电气设备的作用。

熔断器的结构有管式、磁插式、螺旋式等几种。图4-32（a）所示为螺旋式熔断器的结构。其核心部分熔体（熔丝或熔片）是用电阻率较高的易熔合金制成，如铅锡合金；或者是用截面积较小的导体制成。熔断器的电路符号如图4-32（b）所示。

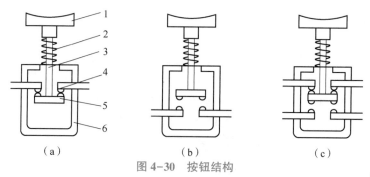

图 4-30　按钮结构

（a）常闭按钮；（b）常开按钮；（c）复合按钮

1—按钮帽；2—复位弹簧；3—支柱连杆；4—静触点；5—桥式动触点；6—外壳

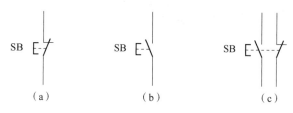

图 4-31　按钮电路符号

（a）常闭按钮；（b）常开按钮；（c）复合按钮

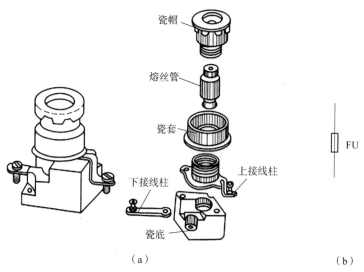

图 4-32　螺旋式熔断器的结构及电路符号

（a）结构；（b）符号

2）交流接触器

接触器是一种自动开关，与主令电器配合使用，可以实现远距离频繁地接通或分断负载电路，是电力拖动中主要的控制电器之一，它分为直流和交流两类。图 4-33 所示为交流接触器，主要由电磁铁和触头两部分组成。它是利用电磁铁的吸引力而动作的。

根据用途不同，接触器的触头分主触头和辅助触头两种。辅助触头通过的电流较小，常接在电动机的控制电路中；主触头能通过较大电流，常接在电动机的主电路中。如 CJ10-20 型交流接触器有三个常开主触头和四个辅助触头（两个常开、两个常闭）。

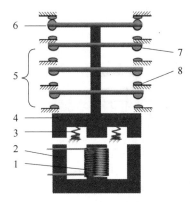

图 4-33 交流接触器

1—线圈；2—静铁芯；3—反作用力弹簧；4—衔铁；5—主触头；6—辅助触头；7—动触点；8—静触点

当主触头断开时，其间产生电弧，会烧坏触头，并使电路分断时间拉长，因此，必须采取灭弧措施。通常交流接触器的触头都做成桥式结构，它有两个断点，以降低触头断开时加在断点上的电压，使电弧容易熄灭，同时各相间装有绝缘隔板，可防止短路。在电流较大的接触器中还专门设有灭弧装置。接触器的电路符号如图 4-34 所示。

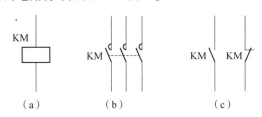

图 4-34 接触器的电路符号

（a）线圈；（b）主触头；（c）辅助常开和常闭触头

工作原理：当给线圈通入交流电流时，静铁芯会产生电磁吸力，衔铁克服弹簧的反作用力，与静铁芯吸合，使主触头闭合，常闭辅助触头断开，常开辅助触头闭合；当线圈失电时，吸力消失，衔铁在弹簧的作用下，与静铁芯分离，使触点恢复原状态，即主触头、常开辅助触头断开，常闭辅助触头闭合。应注意常闭触点与常开触点动作时是有时间间隔的，线圈得电时，常闭触点先断开，常开触点再闭合；线圈失电时，常开触点先断开，常闭触点再闭合。

在选用接触器时，应注意它的额定电流、线圈电压及触头数量等。CJ10 系列接触器的主触头额定电流有 5 A、10 A、20 A、40 A、75 A、120 A 等多种。

3）中间继电器

中间继电器是电磁式继电器。其结构示意图如图 4-35（a）所示，其结构主要由电磁机构和触头系统组成。电磁机构有线圈、静铁芯、动铁芯。触头系统包括静触点和动触点。触点数量较多（一般 4 对常开、4 对常闭，没有主辅之分），触点容量较大（5~10 A），动作灵敏。其电路符号如图 4-35（b）所示。

工作原理：线圈通电，动铁芯在电磁力作用下动作吸合，带动动触点动作，使常闭触点分开，常开触点闭合；线圈断电，动铁芯在弹簧作用下带动动触点复位。继电器的工作原理是当某一输入量（如电压、电流、温度、速度、压力等）达到预定数值时，使它动作，以改变控制电路的工作状态，从而实现既定的控制或保护的目的。在此过程中，中间继电器主要起了传递信号的作用。

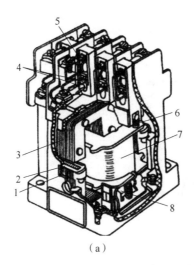
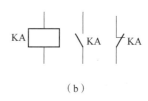

图 4-35　中间继电器结构及电路符号

（a）结构；（b）电路符号

1—静铁芯；2—短路环；3—动铁芯；4—常开触点；5—常闭触点；6—反作用弹簧；7—线圈；8—缓冲弹簧

4）热继电器

热继电器是利用电流的热效应而动作的自动保护电器，与接触器配合使用，实现电路的过载保护、缺相保护。

热继电器是利用电流的热效应而动作的，如图 4-36 所示，热元件是一段阻值较小的电阻丝，缠绕在双金属片上。双金属片是将两种线膨胀系数不同的金属片由机械碾压形成的，由于两种金属片的线膨胀系数不同，受热时使得向膨胀系数小的一侧弯曲。使用热继电器时，热元件串联在电路中，当电路正常工作，热元件也会发热，但热量不足以使金属片弯曲幅度过大；当电路发生过载或缺相时，流过热元件的电流变大，热量增加，双金属片弯曲幅度变大，通过推动导板和传动机构使触点动作，实现保护功能。电源切除后，电路无电流，双金属片逐渐冷却复位。热继电器的触点复位有手动和自动两种形式，通过调节螺钉可实现互相切换。

由于热惯性，热继电器不能做短路保护，因为发生短路事故时，要求电路立即断开，而热继电器是不能立即动作的。但是这个热惯性又是合乎要求的，比如在电动机启动或短时过载时，由于热惯性热继电器不会动作，这可避免电动机的不必要停车。如果要热继电器复位，则按下复位按钮即可。

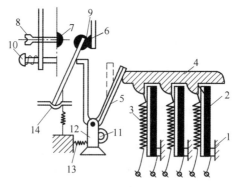

图 4-36　热继电器结构示意图

1—双金属片固定支点；2—双金属片；3—热元件；4—导板；5—补偿双金属片；6—常闭触点；7—常开触点；8—复位螺钉；9—动触点；10—复位按钮；11—调节旋钮；12—支撑；13—压簧；14—推杆

常用的热继电器有 JR0、JR10 及 JR16 等系列。热继电器的主要技术数据是整定电流。所谓整定电流，就是热元件通过的电流超过此值的 20% 时，热继电器应当在 20 min 内动作。JR0-40 型的整定电流从 0.6~40 A 有 9 种规格。选用热继电器时，应使其整定电流与电动机的额定电流基本一致。

4.3.2 三相异步电动机的启动控制

三相异步电动机的启动、调速和制动控制

电动机接上电源，转速由零开始增大，直至稳定转速的过程，称为启动过程。对电动机启动的要求：启动电流小、启动转矩大、启动时间短。

在笼型异步电动机刚接上电源，转子尚未旋转的瞬间，定子旋转磁场对静止的转子相对速度最大，于是转子绕组感应电动势和电流也最大，则定子的感应电流也最大，往往可达额定电流的 5~7 倍。由分析可知，启动瞬间转子电流虽大，但转子的功率因数 $\cos \varphi$ 很低，此时转子电流的有功分量却不大，因此启动转矩不大，笼型异步电动机的启动性能较差。

笼型异步电动机的启动方法有直接启动（全压启动）和降压启动两种。

1. 直接启动

把电动机三相定子绕组直接加上额定电压的启动，称为直接启动，如图 4-37 所示。此方法启动最简单、投资少、启动时间短、启动可靠，但启动电流大。是否可采用直接启动，取决于电源的容量及启动频繁的程度。

直接启动一般只用于小容量电动机（如 7.5 kW 以下电动机）。对较大容量的电动机，电源容量又较大，若电动机启动电流倍数 K_I、电动机容量和电源容量满足经验公式

$$K_I \leqslant \frac{1}{4}\left(3+\frac{电源容量}{电动机容量}\right) \tag{4-10}$$

则电动机可以直接启动，否则应采用降压启动。

2. 降压启动

降压启动的主要目的是限制启动电流。问题是，在限制启动电流的同时，启动转矩也受限制。因此，它只适用于在轻载或空载情况下启动。最常用的启动方法有 Y-△ 换接启动和自耦变压器启动。

Y-△ 换接启动只适用于定子绕组为 △ 形连接，且每相绕组都有两个引出端子的三相笼型异步电动机。Y-△ 换接启动接线如图 4-38 所示。

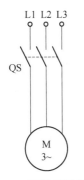

图 4-37 直接启动线路

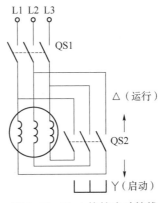

图 4-38 Y-△ 换接启动接线

Y-△换接的降压原理：电动机正常运行时（△形连接），加在每相绕组的电压是线电压，而启动时为Y形连接，则加在每相绕组的电压是相电压，它为额定电压的$1/\sqrt{3}$，故为降压启动。启动完毕后把定子三相绕组又换接（恢复）成△形连接。

启动前，先将 QS2 合向"启动"位置，定子绕组接成 Y 形连接，然后合上电源开关 QS1 进行启动。待转速上升到一定值后，迅速将 QS2 投向"运行"位置，恢复定子三相绕组为△形连接，使电动机的每相绕组在全压下运行。

由三相交流电路知识可推导出：Y 形连接启动时的启动电流为△形连接直接启动时的 1/3，其启动转矩也为后者的 1/3，即

$$\begin{cases} I_{\text{Y}} = \dfrac{1}{3} I_{\triangle} \\ T_{\text{Y}} = \dfrac{1}{3} T_{\triangle} \end{cases} \tag{4-11}$$

Y-△换接启动设备简单、成本低廉、操作方便、动作可靠、使用寿命长。目前，4~100 kW 笼型异步电动机都设计成 380 V 的△形连接，因此，此启动方法得以广泛应用。

对容量较大或正常运行时接成 Y 形连接而不能采用△形连接的笼型电动机，常采用自耦变压器启动，其接线如图 4-39 所示。它利用自耦变压器降压原理启动。启动前先将 QS2 合向"启动"侧，然后合上电源开关 QS1，这时自耦变压器的一次绕组加全电压，抽头的二次绕组电压加在电动机定子绕组上，电动机便在低电压下启动。待转速上升至一定值，迅速将 QS2 切换到"运行"侧，切除自耦变压器，电动机就在全电压下运行。

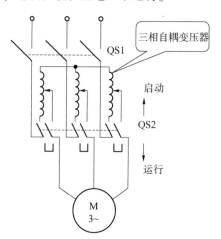

图 4-39 自耦变压器启动接线图

用这种方法启动，电网供给的启动电流 I'_{st} 是直接启动时的 $\dfrac{1}{k^2}$（k 为自耦变压器的变比），启动转矩 T'_{st} 也为直接启动时的 $\dfrac{1}{k^2}$。

$$\begin{cases} I'_{\text{st}} = \dfrac{1}{k^2} I_{\text{st}} \\ T'_{\text{st}} = \dfrac{1}{k^2} T_{\text{st}} \end{cases} \tag{4-12}$$

自耦变压器设有三个抽头，QJ2 型三个抽头比，即 $\frac{1}{k}$ 分别为 55%、64%、73%；QJ3 型三个抽头比分别为 40%、60%、80%，可以得到三种不同的电压，以便根据启动转矩的要求而灵活选用。

绕线型异步电动机的启动，只要在转子回路串联适当的电阻，如图 4-40 所示，就既可限制启动电流，又可增大启动转矩，克服了笼型异步电动机启动电流大而启动转矩小的缺点。在启动绕线型异步电动机的过程中，须逐级将启动电阻切除。除在转子回路串联电阻启动外，现在用得更多的是在转子回路接频敏变阻器启动，此变阻器在启动的过程中能自动减小阻值，以代替人工切除启动电阻。

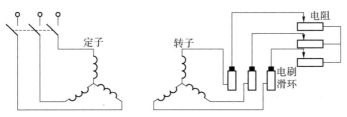

图 4-40　绕线型异步电动机转子绕组串联电阻启动

4.3.3　三相异步电动机的调速控制

为了提高生产效率或满足生产工艺的要求，许多生产机械在工作过程中都需要调速，由

$$n = (1-s)n_1 = (1-s)\frac{60f}{p} \tag{4-13}$$

可知，三相异步电动机的调速方法有变极（p）调速、变频（f）调速和变转差率（s）调速。

1. 变极调速

由式（4-13）可知，当电源频率 f 一定时，转速 n 近似与磁极对数成反比，磁极对数增加一倍，转速近似减小一半。可见，改变磁极对数就可以调节电动机转速。

由式（4-13）还可知，变极实际上是改变定子旋转磁场的同步转速。由式（4-6）可知，同步转速是有级的，故变极调速也是有级的（即不能平滑调速）。

定子绕组的变极是通过改变定子绕组线圈端部的连接方式来实现的，它只适用于笼型异步电动机，因为笼型转子的磁极对数能自动地保持与定子磁极对数相等。所谓改变定子绕组端部的连接方式，实际上就是把每相绕组中的半相绕组改变电流方向（半相绕组反接）来实现变极，如图 4-41 所示。把 U 相绕组分成两半：线圈 U11、U21 和 U12、U22。图 4-41（a）所示为两线圈正向串联，得 $p=2$；图 4-41（b）所示为两线圈反向并联，得 $p=1$。

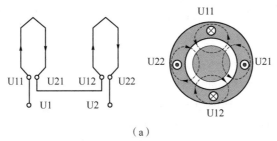

（a）

图 4-41　改变磁极对数的方法
（a）半相绕组串联

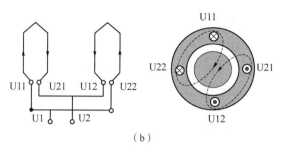

（b）

图 4-41　改变磁极对数的方法（续）

（b）半相绕组并联

2. 变频调速

变频调速是目前生产过程中使用最广泛的一种调速方式。图 4-42 所示为笼型三相异步电动机变频调速的原理。变频调速主要是通过由电子器件组成的变频器，把频率为 50 Hz 的三相交流电源变换成频率和电压均可调节的三相交流电源，再供给三相异步电动机，从而使电动机的速度得到调节。变频调速属于无级调速。

目前，市场上有各种型号的变频器产品，在选择使用时应注意按三相异步电动机的容量和磁极对数 p 来选择变频器，以免出现因变频器容量不够而被烧毁的现象。

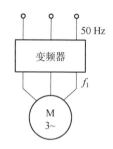

图 4-42　笼型三相异步电动机变频调速的原理

3. 变转差率调速

在绕线型异步电动机的转子回路中串联可调电阻，在恒转矩负载下，转子回路电阻增大，其转速 n 下降。这种调速方法的优点是有一定的调速范围，设备简单，但其能耗较大、效率较低。它广泛应用于起重设备。

除此之外，利用电磁滑差离合器来实现无级调速的一种新型交流调速电动机——电磁调速三相异步电动机现已较多应用。

由上可知，异步电动机的各种调速方法都不太理想，所以异步电动机常用于要求转速比较稳定或调速性能要求不高的场合。

4.3.4　三相异步电动机的制动控制

许多生产机械工作时，为提高生产效率和安全保障，往往需要快速停转或由高速运行迅速变为低速运行，这就需要对电动机进行制动。所谓制动就是要使电动机产生一个与旋转方向相反的电磁转矩（即制动转矩）。可见，电动机制动状态的特点是电磁转矩方向与转动方向相反。三相异步电动机常用的制动方法有能耗制动、反接制动和回馈制动。

1. 能耗制动

三相异步电动机能耗制动接线如图 4-43（a）所示。制动方法是在切断电源开关 QS1 的同时闭合开关 QS2，在定子两相绕组间通入直流电流。于是定子绕组产生一个恒定磁场，转子因惯性而继续旋转切割该恒定磁场，在转子绕组中产生感应电动势和电流。由图 4-43（b）可判得，转子的载流导体与恒定磁场相互作用产生电磁转矩，其方向与转子转向相反，起制动作用，因此转速迅速下降。当转速下降至零时，转子感应电动势和电流也降为零，制动过程结束。制动期间，运转部分所储藏的动能转变为电能消耗在转子回路的电阻上，故称为能耗制动。

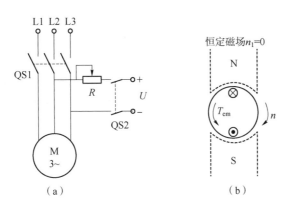

图 4-43　三相异步电动机的能耗制动
（a）接线图；（b）制动原理图

对笼型异步电动机，可调节直流电流的大小来控制制动转矩的大小，对绕线型异步电动机，还可采用转子回路串联电阻的方法来增大初始制动转矩。

能耗制动能量消耗小、制动平稳，广泛应用于要求平稳、准确停车的场合，也可用于起重机一类机械，用来限制重物的下降速度，使重物匀速下降。

2. 反接制动

三相异步电动机反接制动的接线如图 4-44（a）所示。制动时将电源开关 QS 由"运行"位置切换到"制动"位置，把它的任意两相电源接线对调。由于电压相序反了，所以定子旋转磁场的方向也反了，而转子由于惯性仍继续按原方向旋转，这时产生的转矩方向与电动机的旋转方向相反，如图 4-44（b）所示，称为制动转矩。

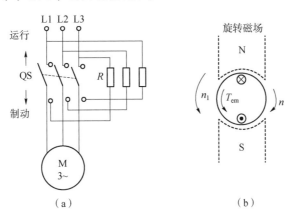

图 4-44　三相异步电动机的反接制动
（a）接线图；（b）制动原理图

若制动的目的仅为停车，则在转速接近零时，可利用某种控制电器将电源自动切除，否则电动机将会反转。

反接制动时，由于转子的转速相对于反转旋转磁场的转速更大，因此电流较大。为限制启动电流，较大容量的电动机通常在定子电路（笼型）或转子电路（绕线型）串联限流电阻。

这种方法制动比较简单，制动效果较好，在某些中型机床主轴的制动中常采用，但能耗较大。

3. 回馈制动

回馈制动发生在电动机转速 n 大于定子旋转磁场转速 n_1 的时候，如当起重机下放重物时，重物拖动转子，使转速 $n>n_1$。这时转子绕组切割定子旋转磁场方向，与原电动状态相反，则转子绕组感应电动势和电流方向也随之相反，电磁转矩方向也反了，即由与转向同向变为反向，成为制动转矩，如图 4-45 所示，使重物受到制动而匀速下降。实际上这台电动机已转为发电机运行状态，它将重物的势能转变为电能而回馈到电网，故称为回馈制动。

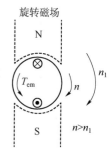

图 4-45　三相异步电动机的回馈制动

任务实施

1. 实训设备与器材

三相异步电动机、万能表、空气开关、交流接触器（KM1、KM2）、按钮（SB1、SB2、SB3）、端子排、导线若干、螺丝刀等。

2. 任务内容和步骤

（1）设计三相异步电动机正反转控制电路。

图 4-46 所示为接触器联锁正反转控制线路。

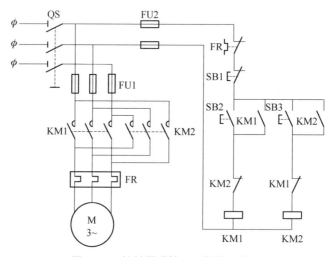

图 4-46　接触器联锁正反转控制线路

在主电路中，通过接触器 KM1 的主触点将三相电源顺序接入电动机的定子三相绕组，通过接触器 KM2 的主触点将三相电源逆序接入电动机的定子三相绕组。当接触器 KM1 的主触点闭合而 KM2 的主触点断开时，电动机正向运转。当接触器 KM2 的主触点闭合而 KM1 的主触点断开时，电动机反向运转。

动作过程如下：

①正向启动过程：按下启动按钮 SB2，接触器 KM1 的线圈通电，与 SB2 并联的 KM1 辅助常开触点闭合，以保证 KM1 的线圈持续通电，串联在电动机回路中的 KM1 主触点持续闭合，电动机连续正向运转。

②停止过程：按下停止按钮 SB1，接触器 KM1 的线圈断电，与 SB2 并联的 KM1 辅助触点断开，以保证 KM1 的线圈持续失电，串联在电动机回路中的 KM1 主触点持续断开，切断电动机定子电源，电动机停转。

③反转启动过程：按下启动按钮 SB3，接触器 KM2 线圈得电，与 SB3 并联的 KM2 的辅助常开触点闭合，以保证 KM2 线圈持续得电，串联在电动机回路中的 KM2 的主触点持续闭合，电动机连续反转运行。

KM1 线圈回路串入 KM2 的常闭辅助触点，KM2 线圈回路串入 KM1 的常闭触点。当正转接触器 KM1 线圈通电动作后，KM1 的辅助常闭触点断开了 KM2 线圈回路，若使 KM1 得电吸合，必须先使 KM2 断电释放，其辅助常闭触头复位，这就防止了 KM1、KM2 同时吸合造成相间短路，这一线路环节称为联锁环节。

 职业素养

在三相异步电动机正反转控制电路中，同一个电路可以实现电动机正转和反转两种不同的功能。我国优秀传统文化《礼记·杂记》中："张而不弛，文武弗能也；弛而不张，文武弗为也。一张一弛，文武之道也。"人白天干事，这是"张"；而晚上睡觉，需要"弛"。所以我们要树立正确的人生观，不能总是"张"，也不能总是"弛"，需要张弛有度、相互配合、各得其所。

（2）连接与检测三相异步电动机正反转控制电路，如图 4-47 所示。

①在连接控制实验线路前，应先熟悉各按钮开关、交流接触器、空气开关的结构形式、动作原理及接线方式和方法。

②在不通电的情况下，用万用表检查各触点的分、合情况是否良好。检查接触器时，特别需要检查接触器线圈电压与电源电压是否相符。

③将电气元件摆放均匀、整齐、紧凑、合理，并用螺栓进行安装，紧固各元件时应用力均匀，紧固程度适当。

④控制电路采用红色，按钮线采用红色，接地线采用绿黄双色线。布线时要符合电气原理图，先将主电路的导线配完后，再配控制回路的导线；布线时还应符合平直、整齐、紧贴敷设面、走线合理及接点不得松动。同一平面的导线应高低一致或前后一致，不能交叉。布线应横平竖直，变换走向应垂直。导线与接线端子或线桩连接时，应不压绝缘层、不反圈及不露铜过长。一个电气元件接线端子上的连接导线不得超过两根，每节接线端子板上的连接导线一般只允许连接一根。

⑤实验接线前应先检查电动机的外观有无异常。如条件许可，可用手转动电动机的转子，观察转子转动是否灵活，与定子的间隙是否有摩擦现象等。

⑥按三相异步电动机原理图检验控制板布线正确性，检验时应先自行认真仔细的检查，特别是二次接线，一般可采用万用表进行校线，以确认线路连接正确无误。

⑦接电源、电动机等控制板外部的导线，接完后让老师检查，检查后方可通电。

⑧在断开所有开关时，用试电笔检查控制线路的主板及进线端是否有电，后通电检验各触点是否带电，在都带电时才可以按下按钮。

⑨闭合空气开关 QS1，按下启动按钮 SB2，观察线路和电动机运行有无异常现象，并观察电动机控制电器的动作情况和电动机的旋转方向。

⑩按下停止按钮 SB1，接触器 KM1 线圈失电，KM1 自锁触头分断解除自锁，且 KM1 主触头分断，电动机 M 失电停转。

⑪按下反转启动按钮 SB3，同时观察电动机控制电器的动作情况和电动机的旋转方向的

改变。

⑫实验工作结束后，应先切断电动机的三相交流电源，然后拆除控制线路、主电路和有关实验电器，最后将各电气设备和实验物品按规定位置安放整齐。

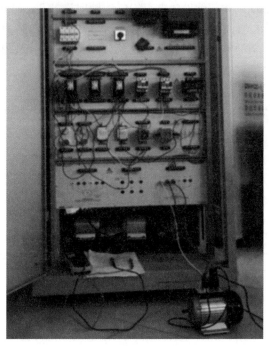

图 4-47　实物接线图

检查评估 NEWS

1. 任务问答

（1）什么是联锁和联锁触头？

_____

_____

（2）三相异步电动机接触器联锁的正反转控制线路的优点是什么？

_____

_____

（3）设计行程开关-接触器双重联锁的正反转控制线路。

2. 检查评估

任务评价如表 4-11 所示。

表 4-11　任务评价

评价项目	评价内容	配分/分	得分/分
职业素养	是否遵守纪律，不旷课、不迟到、不早退	10	
	是否以严谨细致、节约能源、勇于探索的态度对待学习及工作	10	
	是否符合电工安全操作规程	20	
	是否在任务实施过程中造成数字万用表等器件的损坏	10	
专业能力	是否能复述三相异步电动机正反转的工作原理	10	
	是否能规范使用各种检测工具检测电路	15	
	是否能对检测结果进行准确判断	10	
	是否能正确进行正反转控制的布线	15	
总分			

小结反思

（1）绘制本任务学习要点思维导图。

（2）在任务实施中出现了哪些错误？遇到了哪些问题？是否解决？如何解决？记录在表 4-12 中。

表 4-12　错误/问题记录

出现错误	遇到问题

【项目总结】

1. 由对称三相电源、对称三相负载、相等端线阻抗组成的三相电路称为对称三相电路。

2. 由于在日常生活中经常遇到三相负载不对称的情况，为了保证负载能正常工作，在低压配电系统中，通常采用三相四线制（3 根相线，1 根中性线，共 4 根输电线）。为了保证每相负载正常工作，中性线不能断开，所以中性线是不允许接入开关或熔断器的。

3. 对称三相电源连接的特点：

Y 形连接　　$U_L = \sqrt{3}\,U_P$；

△形连接　　$U_L = U_P$。

4. 对称三相负载连接的特点：

Y 形连接　　$U_L = \sqrt{3}\,U_P$，$I_L = I_P$；

△形连接　　$U_L = U_P$，$I_L = \sqrt{3}\,I_P$。

5. 在对称三相电路中，三相负载的总有功功率为

$$P = \sqrt{3}\,U_L I_L \cos\varphi$$

式中，φ 为相电压与相电流之间的相位差；$\cos\varphi$ 为每相负载的功率因数。

6. 三相异步电动机由定子和转子组成，这两部分之间由气隙隔开。按转子结构的不同，三相异步电动机分为笼型异步电动机和绕线型异步电动机两种。

7. 异步电动机又称感应电动机，它的转动原理是：电生磁——给三相定子绕组通入三相交流电流产生旋转磁场；（动）磁生电——旋转磁场切割转子绕组，在转子绕组感应电动势（电流）；电磁力（矩）——转子感应电流（有功分量）在旋转磁场作用下产生电磁力并形成转矩，驱动电动机旋转。

8. 转子转速 n 恒小于旋转磁场转速 n_1，即转差的存在是异步电动机旋转的必要条件。

9. 转子转向由三相电流相序决定，这就是异步电动机改变转向的原理。

10. 转差率定义

$$s = \frac{n_1 - n}{n_1}\ \text{或}\ n = (1-s)\,n_1$$

它实际上是反映转速快慢的一个物理量。正常运行时，$s = 0.01 \sim 0.06$，故异步电动机的转速 n 很接近旋转磁场转速 n_1，由此可根据磁极对数来估算异步电动机的转速。转差率是异步电动机的一个极为重要的参数。

11. 异步电动机启动电流大而启动转矩小。对稍大容量笼型异步电动机，为限制启动电流，常采用降压（Y-△换接，自耦变压器）启动。

12. 笼型异步电动机的调速有：变极调速，属有级调速；变频调速，属无级调速；绕线型异步电动机采用变转差率调速，即在转子回路串联可变电阻。

13. 异步电动机的能耗制动是在三相绕组脱离交流电源的瞬间，把直流电接入其中两相绕组，形成恒定磁场而产生制动转矩；反接制动是改变电流相序，形成反向旋转磁场产生制动转矩；回馈制动是借助外界因素，使电动机转速 n 大于旋转磁场转速 n_1，致使由电动状态变为发电状态而产生制动转矩。

14. 铭牌是电动机的运行依据，其中额定功率是指在额定运行时，电动机转子轴上输出的机械功率，它并非指电动机从电网取得的电功率。额定电压、额定电流均指线电压和线电流。

【习题】

4.1 一个三相四线制供电系统，电源频率 $f = 50$ Hz，相电压 $U_P = 220$ V，以 u_A 为参考正弦量，试写出线电压 u_{AB}、u_{BC}、u_{CA} 的三角函数表达式。

4.2 一个三相对称电源，其线电压 $U_L = 380$ V，负载是呈星形连接的三相对称电炉，设每相电阻为 $R = 220$ Ω，试求此电炉工作时的相电流 I_P，并计算此电炉的功率。

4.3 如题图 4-1 所示，有三个 100 Ω 的电阻，将它们连接成星形或三角形，分别接到线电压为 380 V 的对称三相电源上。试求线电压、相电压、线电流和相电流各是多少？

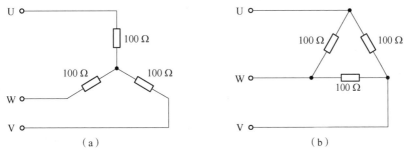

（a）　　　　　　　　　　　　（b）

题图 4-1

4.4 如题图 4-2 所示，电源电压对称，线电压 $U = 380$ V，负载为电灯组，每相电灯（额定电压 220 V）负载的电阻为 400 Ω。试计算：

（1）求负载相电压、相电流；

（2）如果 L1 相断开时，其他两相负载相电压、相电流；

（3）如果 L1 相短路时，其他两相负载相电压、相电流；

（4）如果中性线断开，当 L1 相断开或短路时其他两相负载相电压、相电流。

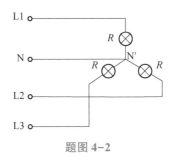

题图 4-2

4.5 如何使三相异步电动机反转？

4.6 三相异步电动机在一定负载转矩下运行，如电源电压降低，电动机的电磁转矩、电流和转速有何变化？

4.7 三相异步电动机在正常运行时，如转子被突然卡住而不能转动，有何危险，为什么？

4.8 增大绕线型异步电动机转子电阻，对启动电流、启动转矩和最大转矩有何影响？

4.9 试说明三相异步电动机在 $s = 0$、$0 < s < 1$、$s = 1$ 时处于什么运行状态？

4.10 三相异步电动机在电源电压一定时，若负载转矩增大，电动机的转子电流和定子电流将如何变化？

4.11 异步电动机在满载和空载启动时，其启动电流和启动转矩的大小是否一样，为什么？

4.12 额定电压为 380 V 的异步电动机，当采用能耗制动时若将定子绕组直接接在 380 V 直流电源上是否可以，为什么？

4.13 三相异步电动机在断了一根电源线后，不能启动，而在运行中断了一根电源线却能继续运转，为什么？

4.14 题表 4-1 所示为 Y160L-6 三相异步电动机的数据。求同步转速、额定转差率、额定电流、额定转矩、额定输入功率、最大转矩、启动转矩和启动电流。

题表 4-1 Y160L-6 三相异步电动机数据

额定功率/kW	额定电压/V	满载时			启动电流/额定电流	启动转矩/额定转矩	最大转矩/额定转矩
		转速/(r·min^{-1})	效率/%	功率因数			
11	380	970	87	0.78	6.5	2.0	2.0

4.15 接上题，试求：（1）用 Y-△换接启动时的启动电流和启动转矩；（2）当负载转矩为额定转矩的 50% 和 70% 时，电动机能否启动？

4.16 某三相异步电动机，$P_N = 10$ kW，$U_N = 380$ V，Y 连接，$n_N = 1\,460$ r/min，$\eta = 86.8\%$，$\cos \varphi = 0.88$，$\dfrac{T_{st}}{T_N} = 1.5$，$\dfrac{I_{st}}{I_N} = 6.5$，试求：（1）额定电流；（2）用自耦变压器启动，使电动机的启动转矩为额定转矩的 80%，试确定自耦变压器应选用的抽头（73%、64%、55%）；（3）电网供给的启动电流。

项目 5　报警电路的设计与检测

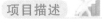
项目描述

随着社会的发展、科技的进步，汽车已成为人们出行的重要交通工具。如图 5-1 所示，汽车起动时，汽车蓄电池会为起动机供电；在发动机关闭时，汽车蓄电池还可以为车灯、收音机等设备供电。如果蓄电池电压过低，汽车会起动困难，甚至起动不了，所以平时一定要注意蓄电池的电压。蓄电池电压过低报警电路，可以在蓄电池电压过低时报警，提示人们及时充电。本项目要根据工艺标准完成蓄电池电压过低报警电路的设计与检测。

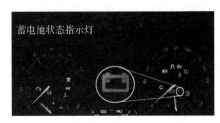

图 5-1　汽车蓄电池电压过低报警

项目流程

要想完成蓄电池电压过低报警电路的设计与检测，需要了解报警电路中的集成运算放大器以及运算放大器中的放大元件和放大电路。所以项目过程分三步走，具体如图 5-2 所示。

图 5-2　项目流程图

任务 5.1　晶体管的识别与检测

任务描述

在日常生活中，很多设备中会用到放大电路来放大信号，比如扩音机可以放大声音信号。放大电路中的核心元件就是具有放大作用的元件，常用的放大元件有晶体管和场效应管。本任务主要涉及晶体管的分析与检测。

本次任务：请使用电工工具或仪器仪表按规范操作检测晶体管。

任务提交：检测结论、任务问答、学习要点思维导图、检查评估表。

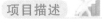

学习导航

本任务参考学习学时：4（课内）+2（课外）。通过本任务学习，可以获得以下收获：

专业知识：

1. 能够知晓晶体管的放大作用。
2. 能够认识晶体管的类型、主要参数。
3. 能够掌握晶体管的输入特性和输出特性。

专业技能：

1. 能够使用万用表正确规范检测晶体管的性能。
2. 能够使用万用表测量晶体管的电流放大倍数。

职业素养：

1. 养成独立分析、节约能源、思考创新的科学态度。
2. 养成规范操作、安全用电习惯和意识，遵守班级纪律。
3. 能够注重团结合作，互帮互助，按时完成各项学习和工作任务。

知识储备

5.1.1 晶体管的结构、符号及分类

晶体管有两种载流子参与导电，故称为双极型晶体管，简称晶体管。

1. 晶体管的结构与符号

图 5-3 所示为常见的晶体管。

图 5-3 常见的晶体管

采取不同的掺杂工艺，在同一块半导体晶片上制造出三个掺杂区域，形成两个 PN 结，并在三个区域引出三个电极，就构成了晶体管。晶体管主要有 NPN 型和 PNP 型两种结构类型，其结构示意图和符号如图 5-4 所示，每种类型的晶体管都有三个区域、三个电极、两个 PN 结。

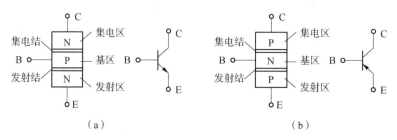

（a）   （b）

图 5-4 晶体管的结构示意图和符号
（a）NPN 型；（b）PNP 型

三个区域：发射区、基区、集电区。发射区的作用是"发射"载流子，特点是掺杂浓度高；基区传输载流子，特点是很薄且掺杂浓度低；集电区接收载流子，特点是面积大。发射区和集电区虽然同为 N 型或同为 P 型，但作用和特点不同，不可调换使用。

三个电极：从发射区引出的电极为发射极 E，从基区引出的电极为基极 B，从集电区引出的电极为集电极 C。

两个 PN 结：发射区与基区形成的 PN 结称为发射结，集电区与基区形成的 PN 称为集电结。

如图 5-4 所示，晶体管的符号中发射极上的箭头可以表示电流的方向，如 NPN 型晶体管发射区是 N 型，"发射"自由电子，自由电子的移动方向与电流方向相反，所以发射极的箭头向外；PNP 型晶体管发射区是 P 型，"发射"空穴，空穴的移动方向与电流方向相同，所以发射极的箭头向里。

发射极上的箭头还可以表示 PN 结在正向电压下的导通方向，从 P 区指向 N 区。

2. 晶体管的分类

按材料分为硅管、锗管。

按结构分为 NPN、PNP。

按使用频率分为低频管、高频管。

按功率分为小功率管、中功率管、大功率管。

按结构工艺分为合金管、平面管。

5.1.2 晶体管的电流放大作用

晶体管的内部结构特点是晶体管能够实现放大作用的内部条件，晶体管能够实现放大所需要的外部条件是：发射结正向偏置，集电结反向偏置。以 NPN 型晶体管为例，通过实验来了解晶体管放大原理和其中的电流分配情况，其实验电路如图 5-5 所示。通过调节 R_P 的阻值，控制晶体管基极电压，就能改变基极电流 I_B 的大小，I_B 的变化引起集电极电流 I_C 的变化。测试结果列于表 5-1 中。

晶体管的电流
放大作用

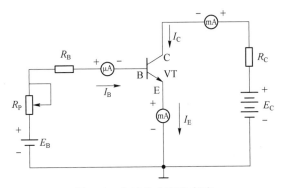

图 5-5　电流放大实验电路

表 5-1　测试结果

I_B/mA	0	0.01	0.02	0.03	0.04	0.05
I_C/mA	0.001	0.50	1.00	1.60	2.20	2.90
I_E/mA	0.001	0.51	1.02	1.63	2.24	2.95
I_C/I_B		50	50	53	55	58
$\Delta I_C/\Delta I_B$		50	60	60	70	

由实验测试结果可得出如下结论：

（1）$I_E = I_B + I_C$，其中 $I_E \approx I_C \gg I_B$，此结果满足基尔霍夫电流定律，即流进管子的电流等于流出管子的电流。

（2）$I_C / I_B = \text{const}$，比值称为直流电流放大系数：$\overline{\beta} = \dfrac{I_C}{I_B}$。

（3）$\Delta I_C / \Delta I_B = \text{const}$，比值称为交流电流放大系数：$\beta = \dfrac{\Delta I_C}{\Delta I_B}$。

虽然 $\overline{\beta}$ 和 β 含义不同，但是数值接近，可以认为 $\beta \approx \overline{\beta}$。

晶体管的放大作用（实际是控制作用）表现为小的基极电流可以控制大的集电极电流，下面从晶体管内部载流子的运动和外部电流的关系来分析晶体管的电流放大作用。以 NPN 型硅管为例，晶体管内部载流子和外部电流如图 5-6 所示。

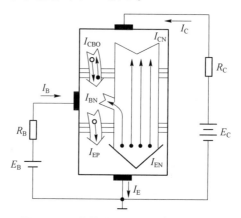

图 5-6　晶体管内部载流子和外部电流

发射结加了正向电压，而且发射区的掺杂浓度高，发射区会有大量的多数载流子自由电子从发射区越过发射结扩散到基区。同时，基区的多数载流子空穴从基区向发射区扩散，但由于基区掺杂浓度低，所以空穴形成的电流 I_{EP} 非常小，近似分析时可忽略不计。可见，多数载流子的扩散运动形成了发射极电流 I_E。

由于基区很薄且掺杂浓度低，扩散到基区的自由电子中只有极少数与空穴复合，大部分自由电子被集电结电场拉入集电区。在基极电源 E_B 的作用下，自由电子与空穴的复合源源不断地进行下去，从而形成基极电流 I_B。

集电结加了反向电压，而且集电区面积大，扩散到基区的自由电子中大部分会在外电场的作用下越过集电结漂移到集电区。同时，集电区和基区的少数载流子也参与漂移运动，但它们数量很少，它们形成的电流 I_{CBO} 在近似分析中可忽略不计。可见，在集电极电源 E_C 作用下，多数载流子的漂移运动形成了集电极电流 I_C。I_C 要比 I_B 大数十倍，I_C 与 I_B 的比例决定了晶体管的放大能力。

由以上分析可知：

（1）晶体管在发射结正偏，集电结反偏的外部条件下具有电流放大作用。

（2）晶体管的电流放大作用，实质上是小的基极电流对大的集电极电流的控制作用。即一个较小的基极电流，可以在集电极得到一个较大的集电极电流。较大的集电极电流实际上是晶体管控制集电极电源 E_C 提供的。

晶体管之所以具有电流放大作用，是晶体管内部结构特点和外加电压共同作用的结果。内部结构是具有放大作用的根本，外加电压是具有放大功能的条件。在我们的人生发展过程中同样要正确看待内因和外因的关系，辩证看待机遇，懂得机遇永远只属于有准备和努力的人。

5.1.3 晶体管的特性曲线

晶体管的特性曲线是描述各个电极电压和电流之间相互关系的曲线，它反映了晶体管的工作特性。常用的特性曲线有输入特性曲线和输出特性曲线。下面以图5-7所示的共发射极电路为例来分析晶体管的特性曲线。因为输入回路含有基极B和发射极E，输出回路含有集电极C和发射极E，发射极是输入回路和输出回路的公共电极，所以称为共发射极电路。

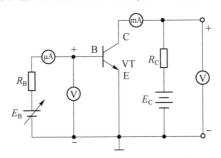

图5-7　晶体特性曲线实验电路

1. 输入特性曲线

输入特性曲线是指当输出回路中的集电极−发射极间电压 U_{CE} 是某一常数时，输入回路中的基极电流 i_B 与基极−发射极间电压 u_{BE} 之间的关系曲线，即

$$i_B = f(u_{BE})|_{U_{CE}=常数}$$

输入特性曲线如图5-8所示，它不是一条曲线，而是一组曲线。当 $U_{CE}=0$ 时，集电极与发射极短接，发射结与集电结并联，类似于两个二极管并联，而且发射结和集电结都加了正向电压，此时输入特性曲线与二极管的正向特性曲线相似。

当 U_{CE} 不等于零时，U_{CE} 增大，输入特性曲线右移。因为有了 U_{CE} 之后，由发射区到达基区的多数载流子有一部分越过基区和集电结到达集电区了，使在基区参与复合的载流子数量随着 U_{CE} 的增大而减少。因此要获得同样的 i_B，必须加大 u_{BE}，使发射区中更多的多数载流子到达基区。

当 U_{CE} 增大到1 V后，集电区的电场已经足够强，可以把发射区扩散到基区的大部分多数载流子收集到集电区，如果再增大 U_{CE}，只要 u_{BE} 不变，i_B 就不再明显减小，也就是说 i_B 已基本不变，U_{CE} 超过1 V的输入特性曲线不再右移而基本上是重合的，所以 $U_{CE} \geq 1$ V时只用一条输入特性曲线来表示。

从输入特性曲线上可以看出，当外加电压 u_{BE} 大于开启电压时，晶体管才会出现基极电流 i_B。一般硅管的开启电压约为0.5 V，锗管的开启电压约为0.2 V。

2. 输出特性曲线

输出特性曲线是指当输入回路中的基极电流 I_B 是某一常数时，输出回路中的集电极电流 i_C 与集电极−发射极间电压 u_{CE} 之间的关系曲线，即

$$i_C = f(u_{CE})|_{I_B=常数}$$

输出特性曲线如图5-9所示，它也是一组曲线，对于每一个确定的I_B，都有一条曲线。从输出特性曲线看，晶体管有三个工作区域。

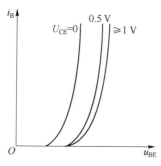

图5-8 输入特性曲线

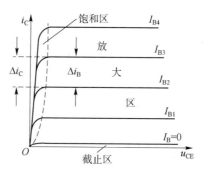

图5-9 输出特性曲线

1）截止区

输出特性曲线中$I_B=0$以下的区域。在此区域，发射结的电压小于开启电压且集电结反向偏置，即$U_{BE}<U_{on}$，$U_{CE}>U_{BE}$。为了可靠截止，通常说截止区的外部条件是发射结反偏，集电结反偏。此时，$I_B=0$，$I_C \leq I_{CEO}$（称为穿透电流：当基极开路、在集电极电源V_{CC}作用下，集电极与发射极之间形成的电流）。通常I_{CEO}的值很小，因此，在近似分析中可认为晶体管截止时$I_C \approx 0$，此时晶体管相当于开关断开的状态。

2）放大区

输出特性曲线中接近于等距离平行线的区域。晶体管处于放大区的外部条件是发射结正偏（严格来说是正向电压大于开启电压），集电结反偏，即$U_{BE}>U_{on}$，$U_{CE}>U_{BE}$。此时I_C的大小几乎仅仅决定于I_B，而与U_{CE}无关，I_B变化时，I_C按比例变化，$I_C=\bar{\beta}I_B$，$\Delta i_C=\beta\Delta i_B$。在放大电路中，需要晶体管工作在放大区。

3）饱和区

晶体管处于饱和区的外部条件是发射结正偏（严格来说是正向电压大于开启电压），集电结正偏，即$U_{BE}>U_{on}$，$U_{CE}<U_{BE}$。此时，I_C和I_B不成比例关系，$I_C<\bar{\beta}I_B$。晶体管饱和时，U_{CE}的值很小，此时晶体管相当于开关导通的状态。

由晶体管的三种工作状态可以得出晶体管的应用场合：放大电路和开关电路。

5.1.4 晶体管主要参数

晶体管的主要参数有共发射极电流放大系数、极间反向电流、极限参数等。

1. 共发射极电流放大系数

静态时I_C与I_B的比值，称为直流电流放大系数。

$$\bar{\beta}=\frac{I_C}{I_B}$$

动态时Δi_C与Δi_B的比值，称为交流电流放大系数。

$$\beta=\frac{\Delta i_C}{\Delta i_B}$$

$\bar{\beta}$和β含义不同，但是数值接近，近似分析中可以认为

$$\beta \approx \bar{\beta}$$

2. 极间反向电流

I_{CBO}：集电结反向饱和电流，是指发射极开路、集电结反偏时，流过集电结的反向电流。

I_{CEO}：穿透电流，是指基极开路、集电结反偏时，集电极与发射极之间形成的电流。

I_{CBO} 与 I_{CEO} 的关系为

$$I_{CEO} = (1+\bar{\beta})I_{CBO}$$

同一型号的晶体管，极间反向电流越小，性能越稳定。

3. 极限参数

1）集电极最大允许电流 I_{CM}

当 I_C 的值大到一定程度时，电流放大系数将减小，使值下降到正常值的 2/3 时的 I_C 值，称为集电极最大允许电流 I_{CM}。

2）反向击穿电压

$U_{(BR)CBO}$：集电极-基极间反向击穿电压，是指当发射极开路时，集电结所允许加的最高反向电压，一般为几十伏到上千伏。

$U_{(BR)CEO}$：集电极-发射极间反向击穿电压，是指当基极开路时，集电极-发射极间允许加的最高反向电压。通常 $U_{(BR)CEO}$ 小于 $U_{(BR)CBO}$。

$U_{(BR)EBO}$：发射极-基极间反向击穿电压，是指集电极开路时，发射结所允许加的最高反向电压，通常为 5 V。

3）集电极最大允许功率损耗 P_{CM}

由于集电极电流流过集电结时产生热量，使结温升高，如果温度过高，则引起晶体管参数变化，晶体管特性明显变坏，甚至烧坏。当晶体管因受热而引起的参数变化不超过允许值时，集电极所消耗的最大功率，称为集电极最大允许功率损耗 P_{CM}。

5.1.5 晶体管的判别与检测

1. 判别基极和管子的类型

用万用表置于 $R \times 100$ 挡或 $R \times 1$ k 挡，测量晶体管三个电极中每两个电极间的正向、反向电阻值。先用红表笔接一个管脚，黑表笔分别接另两个管脚，测得两个电阻值；然后再用红表笔接另一个管脚，重复上述步骤，又测得两个电阻值；最后再用红表笔接剩下的一个管脚，重复上述步骤，又测得两个电阻值。这样测 3 次，其中有一组两个阻值都较小的，对应测得这组值的红表笔接的就是基极，而且晶体管是 PNP 型。如果换成黑表笔接一个管脚，重复上述步骤测 3 次，若测得两个阻值都较小，对应黑表笔为基极，而且晶体管是 NPN 型。

2. 判别集电极

用万用表置于 $R \times 100$ 挡或 $R \times 1$ k 挡，红表笔接基极，黑表笔分别接另外两个管脚时，测得两个电阻值一个大一个小。对应测得阻值小的黑表笔所接管脚为集电极，对应测得阻值大的黑表笔所接管脚为发射极。

任务实施

1. 实训设备与器材

万用表、常用不同规格类型的晶体管。

2. 任务内容和步骤

（1）使用万用表判别晶体管的引脚、类型。

观察万用表的面板结构，选择万用表电阻挡的适当量程，测量每两个引脚间的电阻，根据测量结果将判断结果记录在表 5-2 中。

表 5-2　测量记录表

晶体管序号	1组 电阻值	2组 电阻值	3组 电阻值	引脚1	引脚2	引脚3	类型
1							
2							
3							

（2）使用万用表测量晶体管的电流放大倍数。

了解万用表 h_{FE} 挡的使用方法，用 h_{FE} 挡测量各晶体管的电流放大倍数，并将测量结果填入表 5-3 中。

表 5-3　放大倍数测量记录表

晶体管序号	电流放大倍数
1	
2	
3	

检查评估 NEWS

1. 任务问答

（1）晶体管的放大作用是指什么？

_____

_____

_____

_____

（2）写出晶体管在不同分类依据下的类型。

_____

_____

_____

_____

（3）写出晶体管工作在放大状态的外部条件及电极电流的特点。

_____

_____

_____

_____

_____

2. 检查评估

任务评价如表 5-4 所示。

表 5-4　任务评价

评价项目	评价内容	配分/分	得分/分
职业素养	是否遵守纪律，不旷课、不迟到、不早退	10	
	是否以严谨细致、节约能源、勇于探索的态度对待学习及工作	10	
	是否符合电工安全操作规程	20	
	是否在任务实施过程中损坏万用表等器件	10	
专业能力	是否能复述晶体管的类型及作用	10	
	是否能规范使用万用表测量电阻值并会正确读数	15	
	是否能对检测结果进行准确判断	10	
	是否能规范使用万用表测量晶体管的电流放大倍数	15	
总分			

小结反思

（1）绘制本任务学习要点思维导图。

（2）在任务实施中出现了哪些错误？遇到了哪些问题？是否解决？如何解决？记录在表 5-5 中。

表 5-5　错误/问题记录

出现错误	遇到问题

任务 5.2　晶体管放大电路分析与检测

任务描述

　　蓄电池电压过低报警电路中会用到集成运算放大器，而集成运算放大器集成了三种类型的放大电路。在日常生活中，很多设备会用到放大电路来放大信号。如图 5-10 所示，电子助记器可以放大声音信号，话筒（传感器）将声音信号转换成电信号，经放大电路放大后得到更强的电信号，以驱动扬声器（执行机构）发出较强的声音信号。

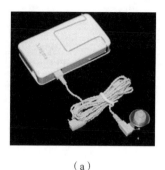
（a）

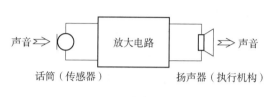
（b）

图 5-10　电子助记器工作原理

（a）实物图；（b）工作原理

本次任务：分析晶体管放大电路，并使用电工工具或仪器仪表检测放大电路。

任务提交：检测结论、任务问答、学习要点思维导图、检查评估表。

学习导航

本任务参考学习学时：4（课内）+2（课外）。通过本任务学习，可以获得以下收获：

专业知识：

1. 能够知晓晶体管放大电路的组成及主要性能指标。

2. 能够分析晶体管放大电路的工作原理。

专业技能：

1. 学会识别各种类型的晶体管放大电路。

2. 能够使用示波器观测放大电路输入电压、输出电压的波形及大小。

职业素养：

1. 养成认真负责的工作态度以及严谨细致、积极探索的良好作风。

2. 养成规范操作、安全用电、爱护设备的良好习惯和意识。

3. 能够积极进取、团结合作、发现问题、分析问题、解决问题。

知识储备

5.2.1　认识晶体管放大电路

晶体管的主要用途之一是利用其放大作用组成放大电路。放大电路的主要作用是将微弱的电信号放大到能够驱动负载工作所需的数值。

图 5-11　放大电路示意图

放大电路示意图如图 5-11 所示，u_S、R_S 分别为外部输入信号源的电压和内阻，u_i 为放大电路的输入电压；中间部分是放大电路；u_o 为放大电路的输出电压，R_L 为负载电阻。R_i 为从放大电路输入端看进去的等效电阻，相当于外部输入信号源的负载；对外部负载 R_L 来说，放大电路的输出端等效成一个带内阻的电压源，u_o' 和 R_o 分别为等效电压源的电压和内阻。放大电路的主要性能指标有放大倍数、输入电阻、输出电阻、通频带、最大不失真输出电压、最大输出功率、效率等。

学习笔记

1. 放大倍数

输出量与输入量之比，是衡量放大电路放大能力的重要指标。

电压放大倍数：输出电压与输入电压之比。

电流放大倍数：输出电流与输入电流之比。

电压对电流的放大倍数：输出电压与输入电流之比。

电流对电压的放大倍数：输出电流与输入电压之比。

本任务主要分析和测试电压放大倍数$\dot{A}_u$。

2. 输入电阻

输入电阻是输入电压有效值与输入电流有效值之比。

输入电阻R_i越大，放大电路从外部信号源汲取的电流越小，外部信号源内阻R_S上的压降越小，外部信号源电压损失越小，放大电路输入电压u_i越接近外部信号源电压u_S，当$R_i \gg R_S$时，可视为恒压输入。输入电阻R_i越小，信号电流损失越小，当$R_i \ll R_S$时，可视为恒流输入。

3. 输出电阻

输出电阻是输出电压有效值与输出电流有效值之比。

输出电阻R_o越小，负载R_L变化时，输出电压u_o变化越小，即输出电压受负载的影响越小，说明放大电路带负载能力越强。当$R_L \gg R_o$时，可视为恒压输出；当$R_L \ll R_o$时，可视为恒流输出。

4. 通频带

通频带是指放大电路能放大的信号的频率范围。

由于放大电路中存在着电容、电感以及晶体管结电容等电抗元件，当放大电路的信号频率较低或较高时，放大电路的电压放大倍数会降低，这说明放大电路对不同频率信号的放大能力不同，或者说放大电路适用于放大某一段频率范围内的信号。

如图 5-12 所示，使放大倍数下降至$\dfrac{|\dot{A}_{um}|}{\sqrt{2}}$（约为$0.707|\dot{A}_{um}|$）的高、低频率分别称为上限频率$f_H$和下限频率$f_L$，$f_H$和$f_L$之间的频率范围称为放大电路的通频带。通频带越宽，说明放大电路对不同频率信号的适应能力越强。

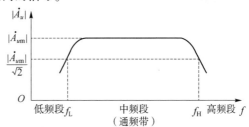

图 5-12　放大电路的频率指标

5. 最大不失真输出电压

最大不失真输出电压是指放大电路在输出波形不产生非线性失真的情况下，能提供的最大输出电压。

6. 最大输出功率

最大输出功率是指放大电路在输出信号不失真情况下，向负载提供的最大功率。

7. 效率

放大电路的效率是指放大电路的最大输出功率与直流电源提供的功率之比。

5.2.2 共射放大电路

如图 5-13 所示的放大电路，输入回路与输出回路以发射极为公共端，所以称为共射放大电路。共射放大电路既能放大电压，又能放大电流，输入电阻居中，输出电阻大，输出与输入相位相反，频带较窄。通常用作多级放大电路的中间级，以满足有足够放大能力的要求。

共射放大电路

1. 共射放大电路组成及各元件的作用

其各组成元件的作用如下：

晶体管：放大电路的核心元件，起电流放大作用。

基极电源 E_B 和基极电阻 R_B：E_B 和 R_B 作用是使晶体管的发射结处于正向偏置，并且为晶体管提供合适的静态基极电流，以保证晶体管工作在放大状态。

集电极电源 E_C：使晶体管的集电结反偏，保证晶体管工作在放大状态，并且向负载提供能量。

集电极电阻 R_C：将集电极的电流的变化转变为电压的变化，以实现电压放大。

耦合电容 C_1 和 C_2：起隔直流、通交流的作用，使该电路中的直流参量部分不影响外电路，而外电路的待放大信号（交流信号）能通过电容，进入电路中进行放大。

在实用的放大电路中，一般都采用单电源供电，如图 5-14 所示。只要适当调整 R_B 的阻值，仍能保证发射结正向偏置，产生合适的基极偏置电流 I_B。这样就将双电源供电转换成了单电源供电。在放大电路中，通常把公共端接地，设其电位为零，作为电路中其他各点电位的参考点。同时为了简化电路，习惯上常不画电源 E_C 的符号，而只在连接其正极的一端标出它对"地"的电压值 V_{CC} 和极性（+或-）。

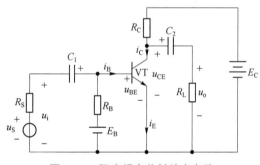

图 5-13 阻容耦合共射放大电路

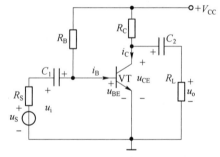

图 5-14 放大电路的一般画法

2. 放大电路的静态分析和动态分析

在放大电路中，既有直流电源的作用又有交流输入信号源的作用，电路中既存在直流电流、电压也存在交流电流、电压。由于电路中有电容、电感等元件的存在，直流量流过的通路和交流信号流过的通路不完全相同。所以常把直流电源对电路的作用和输入信号源对电路的作用区分开来进行分析。

1）静态分析

在输入信号源为零（即 $u_i = 0$）时，电路只有直流电源的作用，这时电路处于静止的工作状态，称为静态。对放大电路进行静态分析，就是要计算静态时电路中的直流量 I_B、I_C、U_{BE}、U_{CE} 的数值。这些参数称为放大电路的静态工作点。静态工作点实际上就是在外加输入信号为零时，晶体管在输入输出特性曲线上对应一个点 Q。

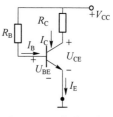

图 5-15　直流通路

通常用直流通路来对放大电路进行静态分析。直流通路就是在直流电源作用下直流电流流经的通路。画直流通路的原则是：电容视为开路；电感视为短路；交流信号源视为短路，但其内阻应保留。以阻容耦合共射放大电路为例，图 5-14 所示放大电路的直流通路如图 5-15 所示。

U_{BE} 可近似认为，硅管：$U_{BE}=(0.6\sim0.8)$ V，锗管：$U_{BE}=(0.1\sim0.3)$ V。

由图 5-15 所示直流通路，可求得放大电路的静态工作点的值为

$$I_B=\frac{V_{CC}-U_{BE}}{R_B} \tag{5-1}$$

$$I_C\approx\beta I_B \tag{5-2}$$

$$U_{CE}=V_{CC}-I_C R_C \tag{5-3}$$

静态工作点设置的必要性：

对放大电路的基本要求一是不失真，二是能放大。只有保证在交流信号的整个周期内晶体管均处于放大状态，输出信号才不会产生失真，故需要设置合适的静态工作点。Q 点不仅影响电路是否会产生失真，而且影响放大电路几乎所有的动态参数。

2）动态分析。

在有输入信号（即 $u_i\neq0$）时，电路的工作状态称为动态。

（1）波形分析。

当放大电路有交流信号输入时，在静态的基础上叠加交流信号，晶体管的工作点随着输入信号的变化而移动。电路中各处的电流、电压波形如图 5-16 所示。

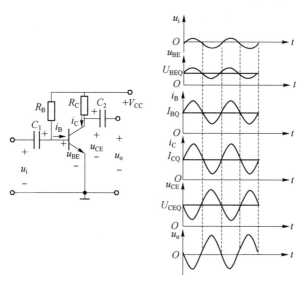

图 5-16　放大电路的波形分析

由于耦合电容容量大、容抗小，对交流信号可视为短路，所以 u_i 相当于直接接在晶体管的发射结上，因此发射结的电压为静态值 U_{BE} 叠加上 u_i，用 u_{BE} 表示（含有直流分量的瞬时值），即 $u_{BE}=U_{BE}+u_i$。

u_{BE} 的变化引起基极电流相应的变化，基极电流 $i_B=I_B+i_b$。

i_B 的变化引起集电极电流相应的变化，集电极电流 $i_C=I_C+i_c$。

i_C 的变化引起集电极与发射极电压的变化，集电极与发射极电压 $u_{CE}=V_{CC}-i_c R_c$。

当i_C增大时，u_{CE}减小；当i_C减小时，u_{CE}增大，u_{CE}的变化与i_C相反，所以经过耦合电容C_2之后，得到的输出电压u_o与u_i相位相反，并且u_o的幅值比u_i大得多，从而达到了放大的目的。

（2）动态参数的计算。

对放大电路进行动态分析，就是要计算电路的动态参数：电压放大倍数$\dot{A}_u$、输入电阻R_i、输出电阻R_o。通常用交流通路来研究动态参数。交流通路就是在信号作用下交流信号流经的通路。画交流通路的原则是：容量大的电容（如耦合电容）视为短路；无内阻的直流电源（如V_{CC}）视为短路。

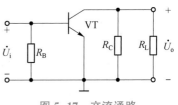

图 5-17　交流通路

以阻容耦合共射放大电路为例，图 5-14 所示放大电路的交流通路如图 5-17 所示。

因为交流通路中晶体管的非线性，不能直接用分析线性电路的分析方法来分析，所以通常在微小信号作用下将晶体管线性化，用等效模型（线性元件的组合）将晶体管等效替换掉，就可以用线性电路分析方法来分析晶体管电路了。

晶体管的微变等效模型如图 5-18 所示。

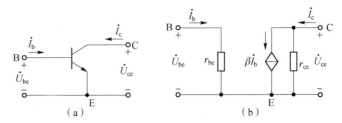

图 5-18　晶体管的微变等效模型

（a）原电路；（b）等效模型

在小信号的条件下，晶体管的输入端用一个线性电阻r_{be}等效代替。

$$r_{be} \approx 300 + (1+\beta)\frac{26\ \text{mV}}{I_E\ \text{mA}}(\Omega) \tag{5-4}$$

式中，I_E为发射极电流的静态值，单位为 mA。

晶体管的输出端用一个$\dot{I}_c = \beta \dot{I}_b$的受控电流源和电阻$r_{ce}$的并联来等效代替。因为$r_{ce}$很大，所以在近似分析中可忽略不计。因此简化的微变等效模型如图 5-19 所示。

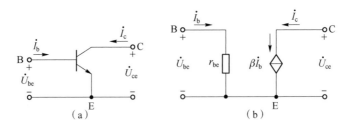

图 5-19　简化的微变等效模型

（a）原电路；（b）等效模型

把图 5-17 交流通路中的晶体管用其微变等效模型等效代替，即得到放大电路的微变等效电路，如图 5-20 所示。利用微变等效电路可以求解动态参数：电压放大倍数$\dot{A}_u$、输入电阻R_i、输出电阻R_o。

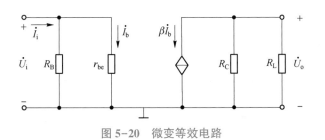

图 5-20　微变等效电路

电压放大倍数$\dot{A}_u$是输出电压与输入电压的相量之比。

$$\dot{A}_u = \frac{\dot{U}_o}{\dot{U}_i} = -\frac{\dot{I}_c(R_C /\!/ R_L)}{\dot{I}_b r_{be}} = -\frac{\beta R'_L}{r_{be}} \tag{5-5}$$

输入电阻是从放大电路输入端看进去的等效电阻。

$$R_i = \frac{\dot{U}_i}{\dot{I}_i} = R_B /\!/ r_{be} \tag{5-6}$$

通常情况下，$R_B \gg r_{be}$，所以$R_i \approx r_{be}$。

输出电阻是把信号源$\dot{U}_S$短路（$\dot{U}_S=0$）后，从放大电路输出端看进去的电阻。$\dot{U}_S$短路时，$\dot{I}_b = 0$，那么$\beta \dot{I}_b = 0$，受控电流源相当于开路，可得

$$R_o = R_C \tag{5-7}$$

综上所述，对放大电路进行动态分析的步骤如下：

①先确定放大电路的静态工作点 Q；

②由静态工作点 Q 求出 r_{BE}；

③画出放大电路的微变等效电路；

④列出计算动态参数的公式求解动态参数。

【例 5-1】　如图 5-21 所示基本放大电路，已知晶体管的$\beta = 60$，$V_{CC} = 12$ V，信号源内阻$R_S = 2$ kΩ，$R_B = 300$ kΩ，$R_C = 3$ kΩ，$R_L = 3$ kΩ。试求解静态工作点、电压放大倍数、输入电阻、输出电阻，并画出微变等效电路。

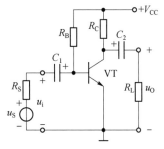

图 5-21　基本放大电路

解：静态工作点：

$$I_B = \frac{V_{CC} - U_{BE}}{R_B} \approx \frac{V_{CC}}{R_B} = \frac{12}{300} = 0.04 \ (\text{mA})$$

$$I_C \approx \beta I_B = 60 \times 0.04 = 2.4 \ (\text{mA})$$

$$U_{CE} = V_{CC} - I_C R_C = 12 - 2.4 \times 3 = 4.8 \ (\text{V})$$

基本放大电路的微变等效电路如图 5-22 所示。利用微变等效电路求解各动态参数：

$$r_{be} \approx 300 + (1+\beta)\frac{26}{I_E} = \left[300 + (1+60) \times \frac{26}{2.4+0.04} \right] = 950 \ (\Omega)$$

$$R'_L = R_C /\!/ R_L = \frac{R_C R_L}{R_C + R_L} = \frac{3 \times 3}{3+3} = 1.5 \ (\text{k}\Omega)$$

$$\dot{A}_u = \frac{\dot{U}_o}{\dot{U}_i} = -\frac{\beta R'_L}{r_{be}} = -\frac{60 \times 1.5}{0.95} \approx -95$$

$$R_i = R_B /\!/ r_{be} \approx r_{be} = 950 \ \Omega$$

$$R_o = R_C = 3 \ \text{k}\Omega$$

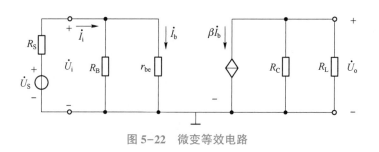

图 5-22 微变等效电路

5.2.3 分压式偏置电路

分压式偏置
放大电路

1. 温度对静态工作点的影响

静态工作点受温度的影响较大，温度升高，静态工作点移近饱和区，可能会使输出波形产生饱和失真。静态工作点不仅决定了电路是否产生失真，而且影响着电压放大倍数、输入电阻等动态参数。所以为了稳定静态点，除了保持放大电路的工作温度恒定外，还需要改进放大电路自身的电路结构，以保证电路正常工作。

2. 静态工作点的稳定电路

常用的静态工作点稳定电路是分压偏置放大电路，如图 5-23 所示，电阻 R_{B1} 和 R_{B2} 构成分压偏置电路。

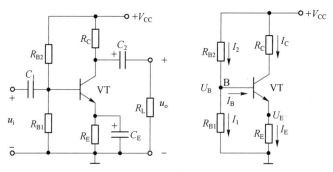

图 5-23　分压偏置放大电路及直流通路

1) 稳定原理

在直流通路中，节点 B 的电流方程为

$$I_2 = I_1 + I_B$$

若在选择参数时使 $I_1 \gg I_B$，那么

$$I_2 \approx I_1 = \frac{V_{CC}}{R_{B1} + R_{B2}}$$

则基极电位

$$U_B \approx \frac{R_{B1}}{R_{B1} + R_{B2}} V_{CC}$$

由此可以认为基极电位 U_B 取决于 R_{B1} 和 R_{B2} 对 V_{CC} 的分压，而与晶体管的参数无关，只要电阻不受环境温度影响，则 U_{BQ} 与环境温度无关，即温度变化时，U_B 基本不变。

当温度升高时，集电极电流 I_C 增大，发射极电流 I_E 相应增大，发射极电阻 R_E 上的电压增大，发射极电位 U_E 增大，由于 U_B 基本不变，所以 $U_{BE}=U_B-U_E$ 要减小，从而导致基极电流 I_B 减小，而 I_B 减小，会引起 I_C 减小。I_C 由于温度升高而增大的部分几乎被 I_B 减小而减小的部分抵消，那么 I_C 基本不变，U_{CE} 也基本不变，则 Q 点的位置基本不动。稳定静态工作点的过程可以用下述过程表示：

$$VT\uparrow \to I_C\uparrow \to U_E\uparrow \to U_{BE}\downarrow \to I_B\downarrow$$
$$I_C\downarrow \quad\longleftarrow$$

由以上分析可知：

当 I_C 变化时，通过电阻 R_E 上电压（$I_E R_E$）的变化来影响 U_{BE}，使 I_B 向相反方向变化，从而引起 I_C 向相反方向变化，达到稳定静态工作点的目的。电阻 R_E 起着重要作用，R_E 越大，电路的温度稳定性越好，但 U_E 也会越大，当电源电压一定时，放大电路输出电压的动态范围会变小。

这种将输出量（I_C）通过一定的方式（将 I_C 的变化通过 R_E 转换为电压的变化）引回输入回路影响输入量（U_{BE}）的措施称为反馈。反馈的结果使输出量（I_C）的变化减小的称为负反馈。直流通路中的反馈称为直流反馈。分压偏置放大电路就是通过发射极电流的负反馈作用，牵制集电极电流的变化。

R_E 起直流负反馈作用，其值越大，反馈越强，Q 点越稳定。但是 R_E 会减小放大电路的电压放大倍数。所以既要稳定静态工作点又要不影响电压放大倍数，通常做法是在 R_E 两端并联大容量的电容 C_E，利用电容"隔断直流、通过交流"的特性即可实现。

2）静态分析

$$I_E = \frac{U_B - U_{BE}}{R_E} \left(U_B \approx \frac{R_{B1}}{R_{B1}+R_{B2}} V_{CC} \right) \tag{5-8}$$

$$I_B \approx \frac{I_E}{1+\beta} \tag{5-9}$$

$$U_{CE} \approx V_{CC} - I_C(R_C + R_E)\,(I_C \approx I_E) \tag{5-10}$$

3）动态分析

分压偏置放大电路的微变等效电路如图 5-24 所示。

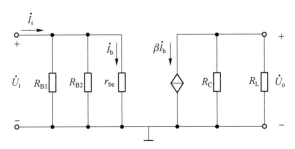

图 5-24　分压偏置放大电路的微变等效电路

$$\dot{A}_u = \frac{\dot{U}_o}{\dot{U}_i} = -\frac{\beta R_L'}{r_{be}}\ (R_L' = R_C \,/\!/\, R_L) \tag{5-11}$$

$$R_i = \frac{\dot{U}_i}{\dot{I}_i} = R_{B1} \,/\!/\, R_{B2} \,/\!/\, r_{be} \tag{5-12}$$

$$R_o = R_C \tag{5-13}$$

若没有旁路电容 C_E，则微变等效电路如图 5-25 所示。

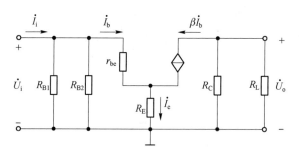

图 5-25 无旁路电容的微变等效电路

动态参数：

$$\dot{A}_u = \frac{\dot{U}_o}{\dot{U}_i} = -\frac{\beta R_L'}{r_{be} + (1+\beta) R_E} \quad (R_L' = R_C \mathbin{/\mkern-5mu/} R_L) \tag{5-14}$$

$$R_i = \frac{\dot{U}_i}{\dot{I}_i} = R_{B1} \mathbin{/\mkern-5mu/} R_{B2} \mathbin{/\mkern-5mu/} [\, r_{be} + (1+\beta) R_E \,] \tag{5-15}$$

$$R_o = R_C \tag{5-16}$$

可见没有旁路电容时，R_E 会使静态工作点稳定、电压放大倍数减小，输入电阻增大。

5.2.4 多级放大电路

在实际应用中，单级放大电路往往不能将微弱的输入电信号放大为电压、功率都满足需要的电信号。因此，常常把多个单级放大电路串联起来使用，构成多级放大电路。在多级放大电路中，前后相邻两级之间的连接方式称为耦合。

1. 耦合方式

1）直接耦合

直接耦合放大电路如图 5-26 所示，当输入信号为零时，前级由温度变化所引起的电流、电位的变化会逐级放大。各级放大电路的静态工作点 Q 相互影响，存在零点漂移现象。但它能放大变化缓慢的信号，而且便于集成化。

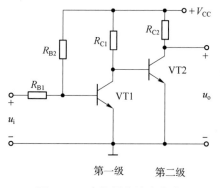

第一级 第二级

图 5-26 直接耦合放大电路

2）阻容耦合

阻容耦合放大电路如图 5-27 所示，利用电容连接信号源与放大电路、放大电路的前后级、放大电路与负载，为阻容耦合。因为电容对直流信号相当于开路，所以各级放大电路的静态工作点 Q 相互独立。但它不能放大变化缓慢的信号，低频特性差；而且集成电路中很难制造大容量电容，不便于集成化。

3）变压器耦合

变压器耦合放大电路如图 5-28 所示，因为变压器的一次侧、二次侧之间靠磁路耦合，所以变压器耦合放大电路的各级静态工作点是独立的。另外变压器耦合还能实现电压、电流和阻抗的变换，适用于放大器之间、放大器与负载之间的匹配。理想变压器情况下，负载上获得的功率等于一次侧消耗的功率。

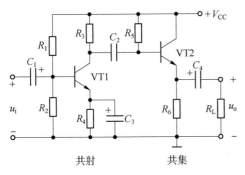

图 5-27　阻容耦合放大电路

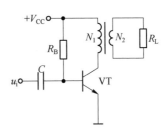

图 5-28　变压器耦合放大电路

2. 动态分析

一个 n 级放大电路的微变等效电路如图 5-29 所示。

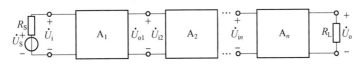

图 5-29　多级放大电路方框图

1）电压放大倍数

多级放大电路的电压放大倍数等于各级放大电路的电压放大倍数之积。

$$\dot{A}_u = \frac{\dot{U}_o}{\dot{U}_i} = \frac{\dot{U}_{o1}}{\dot{U}_i} \cdot \frac{\dot{U}_{o2}}{\dot{U}_{i1}} \cdots \frac{\dot{U}_o}{\dot{U}_{in}} = \prod_{j=1}^{n} \dot{A}_{uj}$$

2）输入电阻

多级放大电路的输入电阻是第一级放大电路的输入电阻。

$$R_i = R_{i1}$$

3）输出电阻

多级放大电路的输出电阻是最后一级放大电路的输出电阻

$$R_o = R_{on}$$

*5.2.5　相关知识扩展

1. 共集放大电路

共射放大电路，输入电阻低、输出电阻高。若放大电路需要输入电阻高、输出电阻低，则可以采用共集放大电路。共集放大电路的输出取自发射极，故又称为射极输出器。共集放大电路如图 5-30（a）所示，设信号源内阻是 R_S。

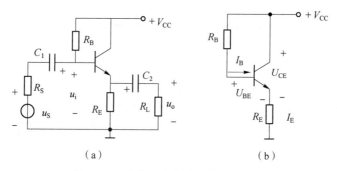

图 5-30　共集放大电路及其直流通路
（a）共集放大电路；（b）直流通路

1）静态分析

共集放大电路的直流通路如图 5-30（b）所示，通过分析共集放大电路的直流通路，可得

$$I_B = \frac{V_{CC}-U_{BE}}{R_B+(1+\beta)R_E} \tag{5-17}$$

$$I_E = I_B+I_C = I_B+\beta I_C = (1+\beta)I_B \tag{5-18}$$

$$U_{CE} = V_{CC}-I_E R_E \tag{5-19}$$

2）动态分析

共集放大电路的交流通路及微变等效电路如图 5-31 所示，通过分析共集放大电路的微变等效电路，可得

$$\dot{A}_u = \frac{\dot{U}_o}{\dot{U}_i} = \frac{(1+\beta)\dot{I}_b R'_L}{\dot{I}_B r_{be}+(1+\beta)\dot{I}_b R_L} = \frac{(1+\beta)R'_L}{r_{be}+(1+\beta)R''_L} \approx 1\ (R'_L = R_E /\!/ R_L)$$

$$R_i = \frac{\dot{U}_i}{\dot{I}_i} = \frac{\dot{U}_i}{\dfrac{\dot{U}_i}{R_B}+\dfrac{\dot{U}_i}{r_{be}+(1+\beta)R'_L}} = R_B /\!/ [r_{be}+(1+\beta)R'_L]$$

$$R_o = R_E /\!/ \frac{r_{be}+R_B /\!/ R_S}{1+\beta} \approx \frac{r_{be}+R_B /\!/ R_S}{\beta}$$

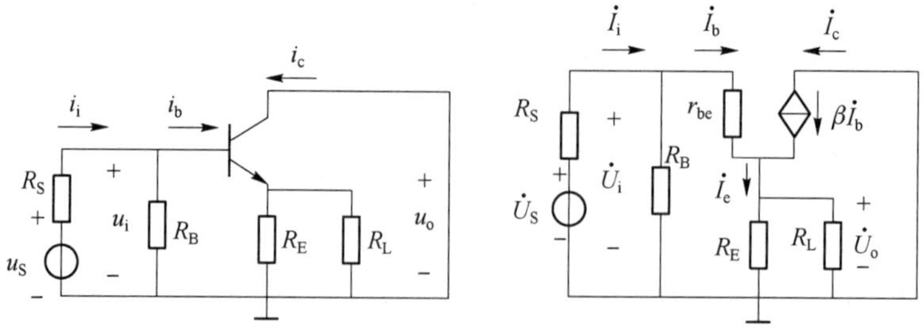

图 5-31　交流通路及微变等效电路

由上述式子可以得出，共集放大电路的电压放大倍数恒小于 1，但接近 1，即输出电压和输入电压同相，大小近似相等，所以共集放大电路又称为射极跟随器。输入电阻由 R_B 和 $[r_{BE}+(1+\beta)R'_L]$ 并联得到，比共射放大电路的输入电阻 r_{BE} 大得多，所以射极跟随器的输入电阻很高。输出

电阻约等于$[r_{be}+R_B//R_S]$与β的比值，所以射极跟随器的输出电阻很小。

2. 共基放大电路

共基放大电路如图5-32（a）所示。

1）静态分析

共基放大电路的直流通路如图5-32（b）所示，通过分析共基放大电路的直流通路，可得

$$I_E=\frac{U_B-U_{BE}}{R_E}\left(U_B\approx\frac{R_{B2}}{R_{B1}+R_{B2}}V_{CC}\right) \tag{5-20}$$

$$I_B\approx\frac{I_E}{1+\beta} \tag{5-21}$$

$$U_{CE}\approx V_{CC}-I_C(R_C+R_E)(I_C\approx I_E) \tag{5-22}$$

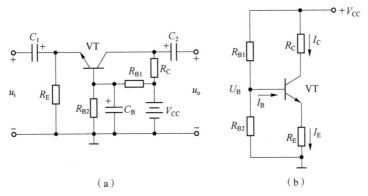

图5-32　共基放大电路及其直流通路

（a）共基放大电路；（b）直流通路

2）动态分析

共基放大电路的交流通路及微变等效电路如图5-33所示，通过分析共基放大电路的微变等效电路，可得

$$\dot{A}_u=\frac{\dot{U}_o}{\dot{U}_i}=\frac{-\beta\dot{I}_BR'_L}{-\dot{I}_Br_{be}}=\frac{\beta R'_L}{r_{be}}\ (R'_L=R_C//R_L) \tag{5-23}$$

$$R_i=\frac{\dot{U}_i}{\dot{I}_i}=\frac{r_{be}}{1+\beta}//R_E\approx\frac{r_{be}}{1+\beta} \tag{5-24}$$

$$R_o=R_C \tag{5-25}$$

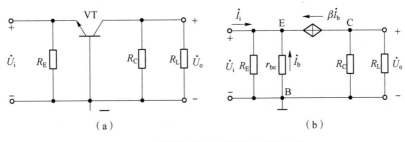

图5-33　共基放大电路的微变等效电路

（a）共基放大电路；（b）微变等效电路

由上述式子可以得出，共基放大电路的电压放大倍数与阻容耦合共射放大电路的电压放大倍数大小相等，均为$\dfrac{\beta R'_\mathrm{L}}{r_\mathrm{be}}$，但阻容耦合共射放大电路的输出电压和输入电压反相，而共基放大电路的输出电压和输入电压同相。输入电阻比共射放大电路的输入电阻r_be小。输出电阻与共射放大电路的输出电阻R_c相当。

3. 放大电路三种基本接法的特点及其用途

1）放大电路三种基本接法的判别

当放大电路的输入电压和输出电压为u_i和u_o时，先观察u_i和u_o不接地（接地符号"⊥"）的端子接在哪两个电极上，那么u_i和u_o都不接的那个电极就是公共的电极。放大电路三种基本接法的判别方法如表5-6所示。

放大电路的三种
基本接法

表5-6　放大电路基本接法的判别

内容	共射	共集	共基
u_i所接电极	基极 B	基极 B	发射极 E
u_o所接电极	集电极 C	发射极 E	集电极 C

2）放大电路三种基本接法的特点及其用途

共射：既能放大电压，又能放大电流，输入电阻居中，输出电阻大，输出与输入相位相反，频带较窄。通常用作多级放大电路的中间级，以满足有足够放大能力的要求。

共集：不能放大电压，只能放大电流，输入电阻大，输出电阻小，输出与输入相位相同，在一定条件下有电压跟随作用，频带居中。通常用作多级放大电路的输入级和输出级，以满足输入电阻大、输出电阻小和带负载能力强的要求。

共基：只能放大电压，不能放大电流，输入电阻小，输出电阻大，输出与输入相位相同，频带较宽，通常用于宽频带放大电路。

开阔视野

从不同类型的基本放大电路具有不同的特性角度出发，共发射极基本放大电路放大倍数的绝对值比较大，但是输入电阻比较小；共集电极基本放大电路放大倍数小于等于1，但是其输入电阻比较大，输出电阻比较小。从中可以看到，专业知识里面也蕴藏着一些做人的道理。俗话说：上帝待人是公平的。他给了拿破仑一米五的小个子，却给了他非凡的才智；他让凡·高一生困苦，却赋予他绘画的热情和天才；他给史铁生残缺的肢体，却赠予他一支生花妙笔。一个人总会有一些优点，也存在一些不足，在生活中要注意善于扬长避短，发挥自己应有的作用。

 任务实施

1. 实训设备与器材

模拟电路试验箱、信号发生器、示波器、万用表、电子交流毫伏表。

2. 任务内容和步骤

(1) 使用万用表测量静态工作点。

观察模拟电路实验箱上晶体管共射极单管放大器模块结构，接通直流通路。选择万用表直流挡的适当量程，测量放大电路的静态工作点，将测量结果记录在表 5-7 中。调节可变电阻，测量变化后的静态工作点，也将测量结果记录在表 5-7 中。

表 5-7　测量电压记录表

序号	可变电阻值	U_{BE}/V	U_{CE}/V	$I_B/\mu A$	I_C/mA
1					
2					

(2) 使用示波器观测放大电路输入电压和输出电压的波形及大小。

将信号发生器的输出信号连接到放大电路的输入端，用示波器观察输出电压的波形，调整示波器相关旋钮，使之显示清晰、波形稳定。使用示波器准确读取交流电压的峰-峰值和周期，并将测量结果填入表 5-8 中。

增大输入电压的振幅，重复进行测量，并将测量结果填入表 5-8 中。

表 5-8　示波器观测信号记录表

序号	峰-峰值	有效值	周期	频率
1				
2				

用电子交流毫伏表测量外部信号源电压 U_S，输入电压的有效值 U_i，输出电压的有效值 U_o，断开 R_L 后测出输出电压 U_o'，并将测量结果填入表 5-9 中。再根据相关公式，计算出电压放大倍数 $\dot{A}_u$、输入电阻 R_i、输出电阻 R_o，并将结果填入表 5-9 中。

表 5-9　测量结果

序号	U_S	U_i	U_o	U_o'	$\dot{A}_u$	R_i	R_o
1							

检查评估 NEWS

1. 任务问答

(1) 指出放大电路中各元件的作用是什么？

_____

_____

(2) 静态工作点选取不合适会引起什么问题？

_____

_____

（3）分析动态测试结果，如何求出电压放大倍数？

2. 检查评估

任务评价如表 5-10 所示。

表 5-10　任务评价

评价项目	评价内容	配分/分	得分/分
职业素养	是否遵守纪律，不旷课、不迟到、不早退	10	
	是否以严谨细致、节约能源、勇于探索的态度对待学习及工作	10	
	是否符合电工安全操作规程	20	
	是否在任务实施过程中造成示波器、万用表等器件的损坏	10	
专业能力	是否能分析放大电路各元件的作用	10	
	是否能规范使用万用表、电子交流毫伏表测量电压并正确读数	15	
	是否能对检测结果进行准确判断	10	
	是否能规范使用示波器检测交流电压参数	15	
总分			

小结反思

（1）绘制本任务学习要点思维导图。

（2）在任务实施中出现了哪些错误？遇到了哪些问题？是否解决？如何解决？记录在表 5-11 中。

表 5-11　错误/问题记录

出现错误	遇到问题

任务 5.3　报警电路的设计与检测

任务描述

集成运算放大器是一种具有很高放大倍数的多级直接耦合放大电路，是发展最早、应用最广泛的一种模拟集成电路。集成运算放大器可以完成诸如比例、求和、求差、积分、微分、对数、乘法等运算电路，还在波形产生、信号处理等方面得到广泛的应用。如图 5-34 所示，设计汽车蓄电池电压过低报警电路时，当车辆蓄电池出现电压不足时，汽车液晶显示屏上的蓄电池状态指示灯就会闪动，提醒蓄电池的使用情况。蓄电池电压过低报警电路就是集成运算放大器应用之一。

图 5-34　汽车蓄电池状态指示灯

本次任务：设计蓄电池电压过低报警电路，并使用电工工具或仪器仪表按规范操作检测输出电压。

任务提交：检测结论、任务问答、学习要点思维导图、检查评估表。

学习导航

本任务参考学习学时：4（课内）+2（课外）。通过本任务学习，可以获得以下收获：

专业知识：

1. 能够知晓集成运算放大器的组成及性能。
2. 能够掌握集成运算放大器的基本应用。
3. 能够掌握运用集成运算放大器设计报警电路的方法。

专业技能：

1. 能够分析运算放大器的应用电路。
2. 能够应用运算放大器设计蓄电池电压过低报警电路。

职业素养：

1. 养成实事求是、积极分析问题、敢于挑战的良好态度。
2. 养成规范操作、安全用电、正确使用和爱护仪器设备的习惯和意识。
3. 能够认真负责、团结协作、善于沟通交流。

知识储备

5.3.1　认识集成运算放大器

1. 集成运算放大器的基本组成

集成运算放大器简称集成运放，是具有高放大倍数的集成电路。集成运放电路由输入级、中间级、输出级和偏置电路四部分组成，其组成框图如图 5-35 所示。

1）输入级

输入级由高性能双端输入差分放大电路构成，差分的两个输入端分别和输出有不同的相位关系。输入级具有较高的输入电阻和抑制零点漂移的能力。

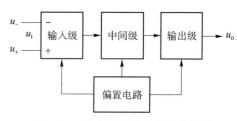

图 5-35　集成运放的内部组成框图

2）中间级

中间级是整个放大电路的主放大器，其作用是使集成运放具有较强的放大能力，多采用共射放大电路。

3）输出级

输出级要为负载提供足够的电压和电流，具有很小的输出电阻和较大的动态范围，因而多采用互补对称功率放大电路。

4）偏置电路

偏置电路为各级放大电路提供直流偏置电流，并使整个集成运放工作在合适的稳定的静态工作点上，一般由各种类型的恒流源电路组成。

2. 集成运算放大器主要参数

作为一个单元电路，集成运放的种类很多，描述集成运放性能的参数也有很多。正确理解这些参数是实际应用集成运放的基础。通过这些参数，可选择合适集成运放，满足各种实际的需求。

1）开环差模电压增益 A_{ud}

开环差模电压增益是指集成运放工作在线性区，不加外部电路情况下的直流差模电压增益。

2）差模输入电阻 r_{id}

差模输入电阻是集成运放的两个输入端之间的等效电阻。集成运放的差模输入电阻很大，一般在 2 MΩ 以上。

3）输出电阻 r_o

输出电阻是输出端的等效电阻，是衡量集成运放带负载能力的一个参数。r_o 越小，说明带负载能力越强，负载的变化对输出电压的影响越小。一般集成运放的输出电阻都很小。

4）最大差模输入电压 U_{idM}

最大差模输入电压是指集成运放两个输入端之间所能承受的最大电压，主要受输入级晶体管发射结反向击穿电压的限制，可达几十伏。

5）最大共模输入电压 U_{icM}

最大共模输入电压是指集成运放输入信号中的共模成分不能大于此值，否则会使输入级饱和或截止状态。

6）最大输出电压幅度 U_{oPP}

最大输出电压幅度是指在特定的负载条件下，集成运放能输出的最大电压幅度，正、负向的电压摆幅往往不同，而且与供电电压大小有关，通常和电源电压相差 2 V 左右。

7）共模抑制比 K_{CMR}

共模抑制比等于差模放大倍数与共模放大倍数之比的绝对值，也常用分贝表示，其数值为

$$K_{CMR} = 20\lg \frac{A_{ud}}{A_{uc}} (\text{dB})$$

8）输入失调电压 U_{iO}

输入失调电压是指 $u_i = 0$ 时，由于输入差分对管的 $U_{BE1} \neq U_{BE2}$ 从而引起 $u_o \neq 0$，即 $U_{iO} = |U_{BE1} - U_{BE2}|$。

9）输入失调电流 I_{iO}

输入失调电流是指 $u_i = 0$ 时，由于输入级偏置电流 $I_{B1} \neq I_{B2}$ 引起 $u_o \neq 0$，即 $I_{iO} = |I_{B1} - I_{B2}|$。

10）输入偏置电流 I_{iB}

输入偏置电流是指输入偏置电流 I_{B1} 和 I_{B2} 的平均值。

5.3.2 放大电路中的反馈

1. 反馈的概念

将放大电路的输出量（输出电压或输出电流）的一部分或全部，通过一定的方式回送到输入回路中，以改善放大电路的某些性能，这种方法称为反馈。放大电路的反馈框图如图 5-36 所示。反馈放大电路主要分为两部分：基本放大电路 A 和反馈电路 F。基本放大电路的输入信号称为净输入量 $\dot{X}_{id}$，它是输入量和反馈量的叠加（$\dot{X}_{id} = \dot{X}_i - \dot{X}_f$）。

2. 反馈的类型及判别

先根据输出回路与输入回路的联系，判断放大电路中是否有反馈。若电路中有在输出回路和输入回路间起联系作用的元件，则有反馈，否则没有反馈。然后再判断反馈的类型。

如图 5-37 所示电路，电阻 R_E 既存在输入回路中，又存在输出回路中，所以有反馈。

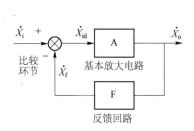

图 5-36　放大电路的反馈框图

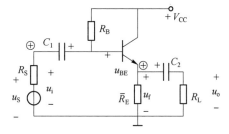

图 5-37　反馈电路示例

（1）根据反馈的性质不同分类，可分为正反馈和负反馈。反馈信号增强原输入信号，使基本放大电路的净输入量增大的反馈，称为正反馈；反馈信号削弱原输入信号，使基本放大电路的净输入量减小的反馈，称为负反馈。

判断方法：瞬时极性法。设某一瞬时 u_i 为正，根据电路情况推出此时反馈信号的正负，如果反馈信号使净输入信号减小，则为负反馈，反之则为正反馈。

如图 5-37 所示电路，当 u_S 为 + 时，输出为 +，R_E 上的电压 u_f 使 u_{BE} 减小，所以为负反馈。

（2）按反馈信号采样方式不同分类，可分为直流反馈和交流反馈。若反馈信号是交流量，只对交流信号起作用，则称为交流反馈；若反馈信号是直流量，只对直流起作用，则称为直流反馈。若在反馈电路中串接隔直电容，则可以隔断直流，此时反馈只对交流起作用。在起反馈作用的电阻两端并联旁路电容，可以使其只对直流起作用。

判断方法：根据反馈存在于放大电路的直流通路中还是交流通路中来判断引入的是直流反馈还是交流反馈。

图 5-37 所示电路中，R_E 既引入直流反馈又引入交流反馈。如果 R_E 两端并联容量足够大的旁路电容，则 R_E 只引入直流反馈。

（3）根据反馈信号从输出端的取样方式不同分类，可分为电压反馈和电流反馈。若反馈信号取自输出电压，或与输出电压成正比，则称为电压反馈；若反馈信号取自输出电流，或与输出电流成正比，则称为电流反馈。

判断方法：可假设输出电压为零，若反馈随之消失，则为电压反馈，否则就是电流反馈。

如图 5-37 所示电路，假设输出电压为零，则 R_E 被短路，反馈消失，所以是电压反馈。

（4）根据反馈信号在输入端连接方式的不同分类，可分为串联反馈和并联反馈。反馈信号与输入信号在输入回路中以电压形式叠加的为串联反馈；反馈信号与输入信号在输入回路中以电流形式叠加的为并联反馈。

判断方法：反馈信号与输入信号在不同输入端为串联反馈，在同一个输入端为并联反馈。

如图 5-37 所示电路，反馈信号与输入信号在不同输入端，所以是串联反馈。

3. 负反馈的基本类型

负反馈有四种基本类型：电压串联负反馈、电压并联负反馈、电流串联负反馈、电流并联负反馈，如图 5-38 所示。

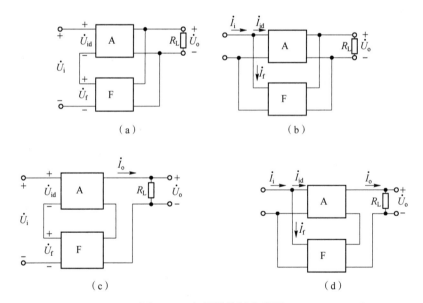

图 5-38　负反馈的基本类型

（a）电压串联负反馈；（b）电压并联负反馈；（c）电流串联负反馈；（d）电流并联负反馈

4. 负反馈的作用

（1）降低放大倍数。由于负反馈的存在，使放大器的净输入信号减小，输出电压减小，所以包含反馈回路后的电压放大倍数降低。

（2）提高放大倍数的稳定性。放大器在工作过程中，由于环境温度变化、晶体管老化、电源电压波动等情况，都会引起输出电压变化，使电压放大倍数不稳定。加入负反馈，在同样的外界条件变化时，电流负反馈可以稳定输出电流，电压负反馈可以稳定输出电压，电压放大倍数变化较小，即比较稳定。

（3）减小非线性失真。如图5-39所示，负反馈可将失真的输出信号送到输入端，使净输入信号发生某种程度的失真，经放大后，可使输出信号的失真得到补偿，输出信号接近正弦波，失真得到改善。

（4）改变输入电阻和输出电阻。负反馈对输入电阻的影响：串联负反馈使输入电阻增大；并联负反馈使输入电阻减小。负反馈对输出电阻的影响：电压负反馈可稳定输出电压，使输出电阻减小；电流负反馈可稳定输出电流，使输出电阻增大。

【例5-2】 判断如图5-40所示电路有无反馈，若有反馈，试判断反馈的类型。

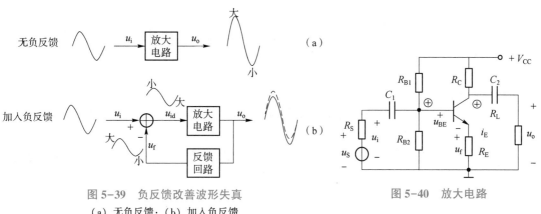

图5-39 负反馈改善波形失真
（a）无负反馈；（b）加入负反馈

图5-40 放大电路

解：电阻 R_E 既存在输入回路中，又存在输出回路中，所以有反馈。

当 u_S 为+时，输出为+，R_E 上的电压 u_f 使 u_{BE} 减小，所以为负反馈。

假设输出电压为零，R_E 上仍然有电流，反馈依然存在，所以是电流反馈。或者说反馈信号取自输出电流，所以是电流反馈。

反馈信号与输入信号在不同输入端，所以是串联反馈。

因此该电路的反馈类型是电流串联负反馈。

5.3.3 理想集成运算放大器

1. 理想的运算放大器

在分析运算放大器的电路时，一般把运算放大器看成理想元件。理想化的主要条件：开环差模电压增益 $A_{ud} = \infty$；差模输入电阻 $r_{id} = \infty$；输出电阻 $r_o = 0$；共模抑制比 $K_{CMR} = \infty$。

由于实际运算放大器的技术指标接近理想化条件，用理想运算放大器分析电路可使问题大大简化，因此，后面对运算放大器的分析都是按其理想化条件进行的。图5-41所示为理想运算放大器的符号，从图中可以看出，该放大器有两个输入端和一个输出端。其中 u_- 为反向输入端，u_+ 为同相输入端。

2. 传输特性

集成运放的输出电压 u_o 与输入电压 $u_i = u_+ - u_-$ 的关系曲线称为集成运放的传输特性，如图5-42所示。传输特性分为两个区：一个是线性区，另一个是非线性区。集成运算放大器可以工作在线性区也可以工作在非线性区。

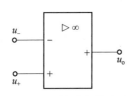

图 5-41　理想运算放大器的图形符号

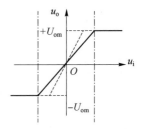

图 5-42　集成运放的传输特性

1）理想集成运放工作在线性区的特点

集成运放工作在线性区时，其输出电压与两个输入端的电压之间存在着线性放大关系，即

$$u_o = A_{ud} u_i = A_{ud}(u_+ - u_-)$$

式中，u_o 为集成运放的输出端电压；u_- 和 u_+ 分别为其反相输入端和同相输入端的对地电压；A_{ud} 为其开环差模电压增益，因为 u_o 为定值且 A_{ud} 很大，所以必须要求 u_+ 和 u_- 的差很小才行。

理想集成运放工作在线性区时，有两个重要特点：

（1）两个输入端电位相等。

由于集成运放工作在线性区，有 $u_o = A_{ud} u_i = A_{ud}(u_+ - u_-)$，考虑到理想集成运放的 $A_{ud} = \infty$，所以必然有 $u_+ = u_-$。

$u_+ = u_-$ 表示理想集成运放的同相输入端与反相输入端的电位相等，就像这两个输入端是短路的一样，这种现象称为"虚短"。

（2）理想集成运放的输入电流等于零。

由于理想集成运放的差模输入电阻 $r_{id} = \infty$，因此在其两个输入端均可以认为没有电流输入，即 $i_+ = i_- = 0$。此时，集成运放的同相输入端和反相输入端的输入电流都等于零，如同这两个输入端内部被断开一样，所以将这种现象称为"虚断"。

"虚短"和"虚断"是理想集成运放工作在线性区时的两个特点，常常作为分析集成运放应用电路的出发点。

2）理想集成运放工作在非线性区的特点

如果集成运放的输入信号超出一定范围，则输出电压不再随输入电压线性增长，而将达到饱和。理想集成运放工作在非线性区时，也有两个重要的特点：

（1）理想集成运放的输出电压 u_o 具有两值性。

输出电压 u_o 或等于集成运放的正饱和电压 $+U_{om}$，或等于集成运放的负饱和电压 $-U_{om}$，即

当 $u_+ - u_- > 0$，即 $u_+ > u_-$ 时，集成运放呈现正饱和，$u_o = +U_{om}$；

当 $u_+ - u_- < 0$，即 $u_+ < u_-$ 时，集成运放呈现负饱和，$u_o = -U_{om}$。

（2）理想集成运放的输入电流等于零。

在非线性区内，虽然集成运放两个输入端的电位不等，但因为理想集成运放的输入电阻 $r_{id} = \infty$，故仍可认为理想集成运放的输入电流等于零，即

$$i_+ = i_- = 0$$

5.3.4　集成运算放大器的线性应用

集成运算放大器的基本应用之一是能构成各种运算电路，在运算电路中，以输入电压为自变量，以输出电压为函数，当输入电压变化时，输出电压将按一定的数学规律变化，例如比例、加减、积分、微分等基本运算电路。

1. 比例运算电路

1）反相比例运算电路

图 5-43 所示为反相比例运算电路，电路中引入了电压并联负反馈。R_1 为输入回路电阻，R_f 为反馈电阻，R' 为直流平衡电阻，其作用是保持集成运放输入端对称性，要求 $R' = R_1 /\!/ R_f$。

因为虚断 $i_+ = i_- = 0$，R' 的电压为 0，故 $u_+ = u_- = 0$，此为"虚地"，"虚"即假，表明电位为零，但又不真正接地，$i_1 = i_f$。

$$i_i = \frac{u_i - u_-}{R_1} = \frac{u_i}{R_1} \quad i_f = \frac{u_- - u_o}{R_f} = \frac{0 - u_o}{R_f} = -\frac{u_o}{R_f}$$

所以

$$u_o = -\frac{R_f}{R_1} u_i \tag{5-26}$$

u_o 与 u_i 成比例关系，比例系数为 R_f / R_1，负号表示 u_o 与 u_i 反相。比例系数的数值可以是大于、等于和小于 1 的任何值。

2）同相比例运算电路

同相比例运算电路如图 5-44 所示。输入信号 u_i 通过 R_2 加到集成运算放大器的同相输入端。电阻 R_f 跨接在输出端与反相输入端之间，使电路工作在闭合状态。该电路的反馈形式为电压串联负反馈。R_2 为平衡电阻，要求 $R_2 = R_1 /\!/ R_f$。

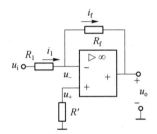

图 5-43　反相比例运算电路

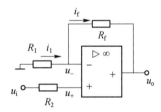

图 5-44　同相比例运算电路

因为虚短，$u_+ = u_- = u_i$，u_i 就是 R_1 上的电压，$i_1 = i_f$。

$$i_i = \frac{0 - u_-}{R_1} = -\frac{u_-}{R_1} = -\frac{u_i}{R_1} \quad i_f = \frac{u_- - u_o}{R_f} = \frac{u_i - u_o}{R_f}$$

$$-\frac{u_i}{R_1} = \frac{u_i - u_o}{R_f}$$

$$u_o = \left(1 + \frac{R_f}{R_1}\right) u_i \tag{5-27}$$

上式表明 u_o 与 u_i 同相，且 u_o 大于 u_i。

在图 5-45（a）所示电路中，若 $R_1 = \infty$（即断开 R_1），由式（5-27）可知，$u_o = u_i$，电路称为电压跟随器。由于这个电路引入了串联反馈，输入电阻很大，常用于输入缓冲。若再令 $R_2 = R_f = 0$，则电路称为另一种形式的电压跟随器，如图 5-45（b）所示。

2. 加法运算电路

1）反相加法运算电路

在图 5-43 所示电路基础上增加若干个输入回路，就可以对多个输入信号实现代数相加运算。图 5-46 所示为具有两个输入信号的反相加法运算电路，输入信号 u_{i1}、u_{i2} 分别通过电阻 R_1、

R_2 加到运算放大器的反相输入端，R' 为直流平衡电阻，要求 $R'=R_1/\!/R_2/\!/R_f$。

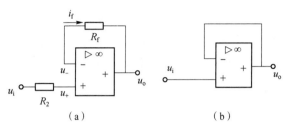

（a）　　　　　　　　　（b）

图 5-45　电压跟随器

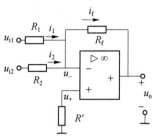

图 5-46　反相加法运算电路

根据"虚短"和"虚断"可知

$$u_+ = u_- = 0$$

$$i_1 + i_2 = i_f$$

因此，由图 5-46 可得

$$\frac{u_{i1}}{R_1} + \frac{u_{i2}}{R_2} = \frac{0-u_o}{R_f}$$

所以，输出电压表达式为

$$u_o = -R_f\left(\frac{u_{i1}}{R_1} + \frac{u_{i2}}{R_2}\right) \tag{5-28}$$

由式（5-28）可以看出，u_o 与 u_i 的关系仅与外部电阻有关，所以反相加法运算电路也能做到很高的运算精度和稳定性。

当 $R_f = R_1 = R_2$ 时，则

$$u_o = -(u_{i1} + u_{i2}) \tag{5-29}$$

可见，输出电压等于输入电压代数和，实现了加法运算。

2）同相加法运算电路

同相加法运算电路如图 5-47 所示，输入信号 u_{i1}、u_{i2} 均加在同相输入端，要求 $R_2/\!/R_3 = R_1/\!/R_f$。利用叠加定理求得同相输入端电压为

$$u_+ = \frac{R_3}{R_2+R_3}u_{i1} + \frac{R_2}{R_2+R_3}u_{i2}$$

根据同相输入时输出电压 u_o 与同相端电压 u_+ 的关系得

$$u_o = \left(1+\frac{R_f}{R_1}\right)u_+ = \left(1+\frac{R_f}{R_1}\right)\left(\frac{R_3}{R_2+R_3}u_{i1} + \frac{R_2}{R_2+R_3}u_{i2}\right) \tag{5-30}$$

若 $R_1 = R_f$，$R_2 = R_3$，则 $u_o = u_{i1} + u_{i2}$，可见实现了同相加法运算。

3. 减法运算电路

减法运算电路如图 5-48 所示，两个输入信号 u_{i1}、u_{i2} 分别加在集成运放的反相输入端和同相输入端，构成减法运算电路，也称差分放大电路。

$$u_- = u_+ = \frac{u_{i2}R_3}{R_2+R_3}$$

$$i_1 = \frac{u_{i1}-u_-}{R_1} \quad i_f = \frac{u_- - u_o}{R_f}$$

$$i_1 = i_f$$

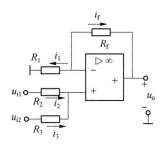
图 5-47　同相加法运算电路

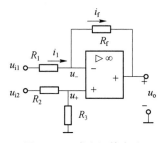
图 5-48　减法运算电路

因此，减法运算电路的输出电压为

$$u_o = \left(1 + \frac{R_f}{R_1}\right)\frac{R_3}{R_2 + R_3}u_{i2} - \frac{R_f}{R_1}u_{i1}$$

当 $R_1 = R_2$，$R_3 = R_f$ 时，得

$$u_o = \frac{R_f}{R_1}(u_{i2} - u_{i1}) \tag{5-31}$$

可见，输出电压与两输入电压的差成正比，实现了减法运算。

4. 积分与微分运算电路

1）积分运算电路

积分运算电路如图 5-49 所示，它和反相比例运算电路的差别是用电容 C_f 代替电阻 R_f，为使直流电阻平衡，要求 $R_1 = R'$。

根据运放反相端虚地可得

$$i_1 = \frac{u_i}{R_1} \quad i_f = -C_f\frac{\mathrm{d}u_o}{\mathrm{d}t}$$

由于 $i_1 = i_f$，因此可得输出电压

$$u_o = -\frac{1}{R_1 C_f}\int u_i \mathrm{d}t \tag{5-32}$$

可见，输出电压 u_o 正比于输入电压 u_i 对时间的积分值，从而实现了积分运算。式中，$R_1 C_f$ 为电路的时间常数。

2）微分运算电路

若将图 5-49 中的电阻 R_1 和电容 C_f 的位置互换，则得到基本微分运算电路，如图 5-50 所示。

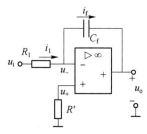
图 5-49　积分运算电路

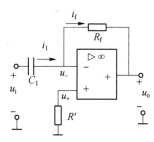
图 5-50　微分运算电路

根据虚短和虚断的原则，$u_+ = u_- = 0$，电容两端电压 $u_C = u_i$。

$$i_1 = C_1 \frac{\mathrm{d}u_C}{\mathrm{d}t} = C_1 \frac{\mathrm{d}u_i}{\mathrm{d}t} = i_f$$

输出电压

$$u_o = -i_f R_f = -R_f C_1 \frac{\mathrm{d}u_i}{\mathrm{d}t} \tag{5-33}$$

输出电压与输入电压的变化率成比例，$R_f C_1$ 称为微分时间常数。

5.3.5 理想集成运放的非线性应用

集成运算放大器的
非线性应用

前面主要讨论了集成运放的线性应用，在线性应用时，集成运放的输出输入引入了电压负反馈。如果集成运放直接使用，或者引入的反馈是正反馈，则集成运放只能工作在非线性区。集成运放工作在非线性区时，其输出只有两个值，一个是正的最大值 $+U_{om}$；另一个是负的最大值 $-U_{om}$。集成运放的两个输入端之间有时会相差很大，不存在"虚短"。但当集成运放接近理想运放的条件时，集成运放的净输入电流仍然约为零，即可以理解成"虚断"还存在。集成运放的非线性运用电路主要是电压比较器。

1. 电压比较器

电压比较器的基本功能是对两个输入信号进行比较，并根据比较结果输出高电平或低电平电压。电压比较器广泛应用于信号产生电路、信号处理和检测电路等。

1）过零比较器

最简单的电压比较器如图 5-51（a）所示，图中 u_i 为待比较的输入电压。由于同相端电压为零，即参考电压 $U_{REF} = 0$，集成运算放大器工作在开环状态，具有很高的开环电压增益，因此：

当 $u_i > 0$ 时，运算放大器输出为负的最大值，即 $U_{oL} = -U_{om}$。

当 $u_i < 0$ 时，运算放大器输出为正的最大值，即 $U_{oH} = +U_{om}$，

其传输特性如图 5-51（b）所示。由于运算放大器的状态在 $u_i = 0$ 时翻转，因此，图 5-51（a）称为过零电压比较器。

2）一般单门限比较器

如果将参考电压 U_{REF} 接在运算放大器的反相端，待比较的输入电压 u_i 接到同相端，如图 5-52（a）所示，即构成同相输入单门限电压比较器，图中输出端所接稳压管用以限定输出高低电平的幅度，R 为稳压管限流电阻。当 $u_i > U_{REF}$ 时，输出为高电平 $U_{oH} = U_Z$，当 $u_i < U_{REF}$ 时，输出为低电平 $U_{oL} = -U_Z$，把比较器输出电平发生跳转时的输入电压称为门限电压 U_T，则 $U_T = U_{REF}$。其传输特性如图 5-52（b）所示。

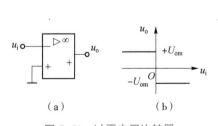

图 5-51　过零电压比较器
（a）电路图；（b）传输特性

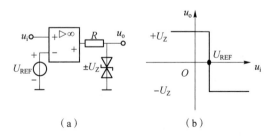

图 5-52　同相输入单门限电压比较器
（a）电路图；（b）传输特性

2. 滞回比较器

在单门限比较器中，输入电压在门限电压附近的任何微小变化都将引起输出电压的跃变，所以抗干扰能力差。滞回比较器具有惯性，有一定的抗干扰能力。集成运放引入正反馈，有两个转换电压点，是双门限比较器，如图5-53所示。

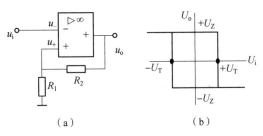

图 5-53　滞回比较器及其电压传输特性
(a) 电路图；(b) 传输特性

从集成运放输出端的限幅电路可以看出，$u_o = \pm U_Z$，$u_- = u_i$，同相输入端电位

$$u_+ = \frac{R_1}{R_1 + R_2} U_Z$$

令 $u_+ = u_-$，求出的 u_i 就是阈值电压，因此得

$$\pm U_T = \pm \frac{R_1}{R_1 + R_2} U_Z \tag{5-34}$$

式（5-34）表明：

当 $u_o = +U_Z$ 时，$u_+ = \frac{R_1}{R_1 + R_2} U_Z = +U_T$；

当 $u_o = -U_Z$ 时，$u_+ = -\frac{R_1}{R_1 + R_2} U_Z = -U_T$。

当 u_i 足够大时（比如$+\infty$），$u_- > u_+$，$u_o = -U_Z$，此时的转换电压点是$-U_T$。然后 u_i 逐渐减小，在大于$-U_T$以前，$u_+ > u_-$，$u_o = -U_Z$；当 u_i 刚刚小于$-U_T$时，输出跳转为 $u_o = +U_Z$，同时转换电压立即变为$+U_T$。之后如果 u_i 继续变小，输出不会改变。

同理，当 u_i 由足够小变大时，在 $u_i < +U_T$时，$u_- < u_+$，$u_o = +U_Z$，$u_i > +U_T$以后，$u_- > u_+$，$u_o = -U_Z$，输出跳转。转换的临界点突变为$-U_T$。

任务实施

1. 实训设备与器材

模拟电路试验箱、万用表，示波器。

2. 任务内容和步骤

（1）分析如图5-54所示电路的组成和工作原理。

电路由集成运算放大器 LM741、稳压二极管 VZ、发光二极管 LED 及一些电阻组成。R_3 与 VZ 组成电压基准电路，向电压比较器提供 5 V 的基准电压。R_1、R_2 组成分压电路，中间点作为电压检测点。

当电源电压高于 10 V 时，电压比较器输出电压约为电源电压，发光二极管不发光；当电源电压低于 10 V 时，电压比较器输出电压约为零，发光二极管发光。

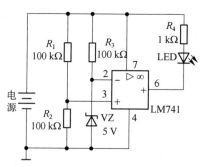

图 5-54　集成运放用作电压比较器实例电路

（2）设计蓄电池电压过低报警电路。根据图 5-54 所示电路，设计蓄电池电压过低报警电路，并按规范连接好电路。用可调直流电源模拟蓄电池，当电压分别为 12 V、11 V、10 V、9 V时，观察发光二极管是否发光，并用万用表测量输出电压，或用示波器观察输出电压波形。将测量结果填入表 5-12 中。

表 5-12　输出电压及报警情况

输入电压/V	输出电压		是否报警
	实测值	理论估算值	
12			
11			
10			
9			

检查评估

1. 任务问答

（1）用作电压比较器的集成运放的工作原理？

_____

_____

_____

（2）还有哪些集成运放可以用作电压比较器？它们之间有何区别？

_____

_____

_____

（3）为什么输出电压的实测值与理论估算值略有差别？

_____

_____

_____

_____

2. 检查评估

任务评价如表 5-13 所示。

表 5-13　任务评价

评价项目	评价内容	配分/分	得分/分
职业素养	是否遵守纪律，不旷课、不迟到、不早退	10	
	是否以严谨细致、节约能源、勇于探索的态度对待学习及工作	10	
	是否符合电工安全操作规程	20	
	是否在任务实施过程中造成示波器、万用表等器件的损坏	10	
专业能力	是否能复述理想集成运放在线性区或非线性区的两个特性	10	
	是否能掌握集成运放用作电压比较器的工作原理	15	
	是否能掌握设计报警电路的思路和方法	10	
	是否能规范使用仪器仪表测量调试报警电路	15	
总分			

小结反思

(1) 绘制本任务学习要点思维导图。

(2) 在任务实施中出现了哪些错误？遇到了哪些问题？是否解决？如何解决？记录在表 5-14 中。

表 5-14　错误/问题记录

出现错误	遇到问题

【项目总结】

1. 晶体管有三种工作状态，每种工作状态对应的外部条件及电极电流的特点如表 5-15 所示。

表 5-15　晶体管的工作状态及外部条件

工作状态	外部条件	电流特点
放大区	发射结正偏，集电结反偏	$I_C = \bar{\beta} I_B$
饱和区	发射结正偏，集电结正偏	$I_C < \bar{\beta} I_B$
截止区	发射结反偏，集电结反偏	$I_B = 0$，$I_C \approx 0$

2. 在输入信号为零时，放大电路处于静态。放大电路的静态分析就是利用直流通路求解静态工作点 Q，也就是输入信号为零时晶体管各电极间的直流电流与直流电压。

3. 在输入信号不为零时，放大电路处于动态。放大电路的动态分析就是利用微变等效电路求解小信号作用下的电压放大倍数$\dot{A}_u$、输入电阻R_i、输出电阻R_o。

4. 三种放大电路的比较如表 5-16 所示。

表 5-16　三种放大电路的比较

接法	共射	共集	共基
电压放大倍数$\dot{A}_u$	大	小于 1 但近似于 1	大
输入电阻R_i	中	大	小
输出电阻R_o	大	小	大
频带	窄	中	宽

5. 集成运放电路由输入级、中间级、输出级和偏置电路四部分组成。

6. 放大电路中交流负反馈的四种基本类型：电压串联负反馈、电压并联负反馈、电流串联负反馈、电流并联负反馈。

7. 利用负反馈技术，根据外接线性反馈元件的不同，可用集成运放构成比例、加减、微分、积分等基本运算电路。运算电路中反馈电路都必须接到反相输入端以构成负反馈，使运算放大器工作在线性区。

8. 比例运算电路是最基本的运算电路，它有反相输入和同相输入两种，反相比例运算电路的特点是电路构成深度电压并联负反馈，运算放大器共模信号为零，但输入电阻较低，其值决定于反相输入端所接元件。同相比例运算电路的特点是电路构成深度电压串联负反馈，运算放大器两个输入端对地电压等于输入电压，故有较大的共模输入信号，但它的输入电阻很大，可趋于无穷。

9. 电压比较器处于大信号运用状态，电路中集成运放工作在非线性区，所以输出只有高电平和低电平两种状态，它可用来对两个输入电压进行比较。加有正反馈的比较器称为迟滞比较器。

【习题】

5.1 放大电路中晶体管三个电极的电流如题图 5-1 所示。用万用表直流电流挡测得 $I_A = 1.01$ mA，$I_B = 1$ mA，$I_C = 0.01$ mA，试分析 A、B、C 中哪个是集电极 C、基极 B、发射极 E；说明晶体管是 NPN 型还是 PNP 型；并计算它的电流放大系数 $\bar{\beta}$。

5.2 在晶体管放大电路中，测得晶体管的各个电极的电位如题图 5-2 所示，试判断晶体管的类型是 PNP 管还是 NPN 管，是硅管还是锗管，并区分 E、B、C 三个电极。

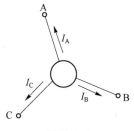

题图 5-1

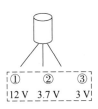

题图 5-2

5.3 在一个放大电路中，三只晶体管（管号为 VT1、VT2、VT3）三个管脚①、②、③的电位分别如题表 5-1 所示，将每只管子所用材料（硅或锗）、类型（NPN 或 PNP）及管脚为哪个极（E、B 或 C）填入题表 5-1 内。

题表 5-1

管号：		VT1	VT2	VT3	管号：		VT1	VT2	VT3
管脚 电位 /V	①	0.7	6.2	3	电极 名称	①			
	②	0	6	10		②			
	③	5	3	3.7		③			
材料					类型				

5.4 如题图 5-3 所示电路，晶体管是硅管，电流放大系数 $\beta = 100$，$r_{be} = 1.5$ kΩ。

(1) 现已测得静态时 $U_{CE} = 6$ V，试估算 R_B。

(2) 若测得 $\dot{U}_i$ 和 $\dot{U}_o$ 的有效值分别为 1 mV 和 100 mV，试求负载电阻 R_L。

5.5 在题图 5-4 所示电路中，已知晶体管静态时 $U_{BE} = 0.7$ V，电流放大系数为 $\beta = 80$，$r_{be} = 1.2$ kΩ，$R_B = 500$ kΩ，$R_C = R_L = 5$ kΩ，$V_{CC} = 12$ V。

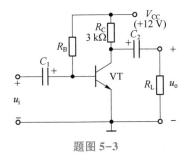

题图 5-3

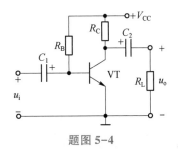

题图 5-4

（1）画出直流通路，估算电路的静态工作点 Q。

（2）画出微变等效电路，求解电压放大倍数 $\dot{A}_u$、输入电阻 R_i 和输出电阻 R_o。

5.6 如题图 5-5 所示电路，已知 $V_{CC} = 12$ V，$R_S = 10$ kΩ，$R_{B1} = 120$ kΩ，$R_{B2} = 39$ kΩ，$R_C = 3.9$ kΩ，$R_L = 3.9$ kΩ，$R_E = 2.1$ kΩ，$\beta = 50$，电容容量足够大，求：

（1）求静态工作点 Q（设 $U_{BE} = 0.6$ V）。

（2）画出微变等效电路，求电压放大倍数、输入电阻、输出电阻。

（3）去掉旁路电容 C_E，求电压放大倍数、输入电阻、输出电阻。

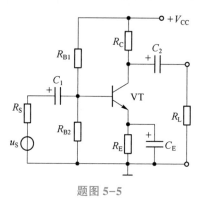

题图 5-5

5.7 电路如题图 5-6 所示，试分析各电路对正弦交流信号有无放大作用，并简述理由（电容容量足够大，对交流信号可视为短路）。

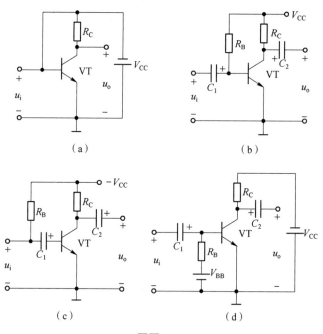

题图 5-6

5.8 写出题图 5-7 所示各电路的名称，分别计算它们的电压放大倍数和输入电阻。

5.9 运算电路如题图 5-8 所示，求出各电路输出电压的大小。

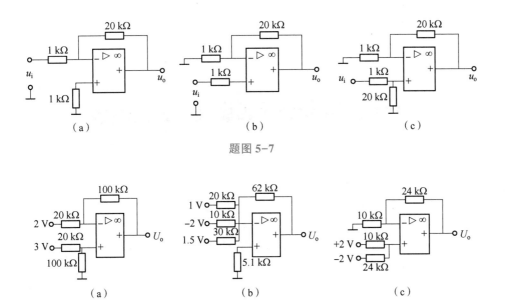

题图 5-7

题图 5-8

5.10　迟滞电压比较器如题图 5-9 所示，试画出该电路的传输特性；当输入电压为 $u_i = 4\sin\omega t$ V时，试画出输出电压 u_o 的波形。

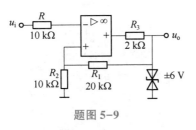

题图 5-9

项目6 数字秒表电路的设计与检测

项目描述

时光荏苒，分秒必争。时间管理使你能控制生活、善用时间，朝自己的方向前进，而不致在忙乱中迷失方向。目前普遍采用数字表来帮助自己合理管理时间，不同的场所、不同的需求可以选择不同功能的数字表。数字秒表一般用于短时间内进行时间精确控制的场合，比如体育赛跑、答辩、辩论赛、面试等。如图6-1所示，数字秒表是一种利用时间脉冲触发计数器来驱动数码管显示数字的电子秒表计数器。根据安装和调试工艺标准完成60 s数字秒表电路的设计与检测。

图6-1 数字秒表

项目流程

数字秒表电路的基本单元一般包括循环清零电路、显示电路、计数器电路、控制电路等四个部分。根据数字秒表基本单元电路的组成，本项目过程分三步走，具体如图6-2所示。

图6-2 项目流程图

任务 6.1　数字秒表循环清零电路设计

任务描述

时至今日，数字电子技术的应用已经渗透到人类活动的一切领域，比如电视、电话、移动通信、计算机、医疗仪器、现代的家用电器、数字表等。

根据逻辑功能的不同特点，可以将数字电路分为两大类：一类是组合逻辑电路；另一类是时序逻辑电路。门电路是组合逻辑电路中的基本逻辑单元，认识门电路是学习组合逻辑电路的分析与设计的基础。数字秒表中的清零信号需要借助逻辑门电路实现。

本次任务：请使用电工工具或仪表按规范操作检测逻辑门电路，并完成数字秒表循环清零电路的设计。

任务提交：检测结论、任务问答、学习要点思维导图、检查评估表。

学习导航

本任务参考学习学时：6（课内）+2（课外）。通过本任务学习，可以获得以下收获：

专业知识：

1. 能够知晓逻辑函数的表示方法、化简方法。

2. 能够认识常用逻辑门电路。

3. 能够掌握逻辑门电路的功能特点。

专业技能：

1. 能够使用示波器测量集成门电路输出逻辑状态值与电压值。

2. 能够正确选择电路元器件，规范完成数字秒表循环清零电路的设计。

职业素养：

1. 学会选用低能耗电路元器件，养成节约意识。

2. 提升规范意识及使用仪器仪表、工具等安全用电意识。

3. 培养学生积极主动性，锻炼团队协作能力。

知识储备

数制和码制

6.1.1　数制和码制

数字电路所处理的各种数字信号都是以数码形式给出的。不同的数码既可以用来表示不同数量的大小，又可以用来表示不同的事物或事物的不同状态。

用数码表示数量的大小时，仅仅使用一位数码往往不够用，因而经常需要用进位计数制的方法组成多位数码使用。多位数码中每位的构成方法和从低位到高位的进位规则称为数制。数字电路中使用最多的数制是二进制，其次是在二进制基础上构成的十六进制和十进制，有时也用到八进制。

为了便于记忆和查找，在编制代码时总要遵循一定的规则，这些规则就称为码制。每个人都可以根据自己的需要选定编码规则，编制出一组代码。

1. 数制

1）十进制

在日常生活中最常用的是十进制，它的每一位有 0～9 十个数码，所以计数的基数是 10。超过 9 的数必须用多位数表示，其中低位和相邻高位之间的关系是"逢十进一"，故称为十进制。

例如：$135.28 = 1 \times 10^2 + 3 \times 10^1 + 5 \times 10^0 + 2 \times 10^{-1} + 8 \times 10^{-2}$，所以，任意一个多位的十进制数 D 都可以展开为

$$D = \Sigma k_i \times 10^i \tag{6-1}$$

式中，k_i 是第 i 位的系数。若整数部分的位数是 n，小数部分的位数是 m，则 i 包含从 $n-1$ 到 0 的所有正整数和从 -1 到 $-m$ 的所有负整数，整数部分的最高位为 $n-1$，最低位为 0；小数部分的最高位为 -1，最低位为 $-m$。

若以 N 取代式（6-1）中的 10，即可得到多位任意进制（N 进制）数展开式的普遍形式

$$D = \Sigma k_i \times N^i \tag{6-2}$$

式中，N 称为计数的基数；k_i 称为第 i 位的系数；N^i 称为第 i 位的权。

2）二进制

目前在数字电子电路中应用最广泛的是二进制。在二进制中，每一位仅有 0 和 1 两个可能的数码，所以计数基数为 2。低位和相邻高位之间的进位关系是"逢二进一"，故称为二进制。

（1）二进制数转换为十进制数。

根据式（6-2），任何一个二进制数均可展开为

$$D = \Sigma k_i \times 2^i \tag{6-3}$$

并可用上式计算出它所表示的十进制数的大小。例如：

$$(101.11)_2 = 1 \times 2^2 + 0 \times 2^1 + 1 \times 2^0 + 1 \times 2^{-1} + 1 \times 2^{-2} = (5.75)_{10}$$

（2）十进制数转换为二进制数。

假定十进制数为 $(S)_{10}$，等值的二进制数为 $(k_n k_{n-1} \cdots k_0)_2$，十进制数转换为二进制数的方法为：$S$ 除以 2，保留余数，用其商继续除以 2，直至商为 0 为止，将所有的余数倒序排列即可。

例如：将 $(35)_{10}$ 化为二进制数可如下进行。

```
2 | 35
2 | 17    余数=1=k0
2 | 8     余数=1=k1
2 | 4     余数=0=k2
2 | 2     余数=0=k3
2 | 1     余数=0=k4
    0     余数=1=k5
```

3）十六进制

十六进制的每一位有十六个不同的数码，分别用 0～9、A（10）、B（11）、C（12）、D（13）、E（14）、F（15）表示。低位和相邻高位之间的进位关系是"逢十六进一"，故称为十六进制。

（2）二进制数转换为十六进制数。

由于 4 位二进制数恰好有 16 个状态，而把这 4 位二进制数看作一个整体时，它的进位输出又正好是逢十六进一，所以只要从低位到高位将整数部分每 4 位二进制数分为一组并代之以等值的十六进制数，同时从高位到低位将小数部分的每 4 位数分为一组并代之以等值的十六进制数，即可得到对应的十六进制数。

例如：将 $(01011110.10110010)_2$ 化为十六进制数时可得

$$(0101\ 1110.\ 1011\ 0010)_2$$
$$\downarrow \qquad \downarrow \qquad \downarrow \qquad \downarrow$$
$$= (\ 5 \qquad E. \qquad B \qquad 2\ )_{16}$$

若二进制数的整数部分最高位一组不足 4 位时，用 0 补足 4 位；小数部分最低一组不足 4 位时，也需要用 0 补足 4 位。

（3）十六进制数与十进制数的转换。

根据式（6-3），任意一个十六进制数均可展开为

$$D = \sum k_i \times 16^i \tag{6-4}$$

例如：将 $(2A)_{16}$ 化为十进制数可如下进行

$$(2A)_{16} = 2 \times 16^1 + 10 \times 16^0 = (42)_{10}$$

反过来，要将十进制数转换为十六进制，可先将十进制数转换为二进制数，再由二进制数转换为十六进制数。例如：$(27)_{10} = (0011011)_2 = (1B)_{16}$。

2. 编码

所谓编码，就是用数字或某种文字和符号来表示某一对象或信号的过程。8421 码又称 BCD码，是十进制代码中最常用的一种。在这种编码方式中，每一位二值代码的 1 都代表一个固定数值，将每一位的 1 代表的十进制数加起来得到的结果就是它所代表的十进制数码。由于代码中从左到右每一位的 1 分别表示 8、4、2、1，所以将这种代码称为 8421 码。每一位 1 代表的十进制数称为这一位的权。8421 码中每一位的权是固定不变的，它属于恒权代码。8421 码与十进制码的对照关系如表 6-1 所示。

表 6-1　8421 码与十进制码的对照关系

十进制数码	8421 码	十进制数码	8421 码
0	0000	5	0101
1	0001	6	0110
2	0010	7	0111
3	0011	8	1000
4	0100	9	1001

此外，还有其他编码方式，如余 3 码、2421 码、5211 码、格雷码、美国信息交换标准代码（ASCII）等，读者可根据需要查阅有关书籍和手册。

6.1.2　逻辑函数及基本运算

1. 逻辑函数

逻辑代数也称布尔代数，是分析和设计逻辑电路的一种数学工具，用来描述数字电路和数字系统的结构与方法。

逻辑代数有 1 和 0 两种逻辑值，它们并不表示数量的大小，而是表示两种对立的逻辑状态，例如电平的高低、晶体管的导通与截止、脉冲信号的有无、事物的是非等。所以，逻辑 1 和逻辑 0 与自然数的 1 和 0 有本质的区别。

在逻辑代数中，输出逻辑变量和输入逻辑变量的关系，叫作逻辑函数，写作

$$Y = F(A, B, C, \cdots)$$

由于变量和输出（函数）的取值只有 0 和 1 两种状态，所以我们所讨论的都是二值逻辑函数。

2. 逻辑代数中的三种基本运算

逻辑代数的基本运算有与（AND）、或（OR）、非（NOT）三种。

逻辑函数及
基本运算

1） 与逻辑

与逻辑即逻辑乘，其意义是仅当决定事件发生的所有条件 A、B 均具备时，事件才能发生。与逻辑表达式为

$$Y=A \cdot B$$

如图 6-3 所示，把两个开关和一盏电灯串联接到电源上，只有当两个开关均闭合时灯才能亮；两个开关中有一个不闭合，灯就不能亮。

若以 A、B 表示开关状态，并以 1 表示开关闭合，以 0 表示开关断开；以 Y 表示指示灯状态，并以 1 表示灯亮，以 0 表示不亮，则可以列出与逻辑关系的真值表，如表 6-2 所示。

表 6-2 与逻辑真值表

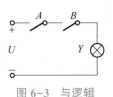

图 6-3 与逻辑

A	B	Y
0	0	0
0	1	0
1	0	0
1	1	1

2） 或逻辑

或逻辑即逻辑加，其意义是当决定事件发生的各种条件 A、B 中，只要有一个或一个以上的条件具备，事件 Y 就发生。或逻辑表达式为

$$Y=A+B$$

如图 6-4 所示，把两个开关并联与一盏电灯串联接到电源上，当两个开关中有一个或一个以上闭合时灯均能亮；只有两个开关全断开灯才不亮。当 A、B 分别取 0 或 1 值时，可以列出以 0、1 表示的或逻辑关系的真值表，如表 6-3 所示。

表 6-3 或逻辑真值表

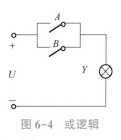

图 6-4 或逻辑

A	B	Y
0	0	0
0	1	1
1	0	1
1	1	1

3） 非逻辑

其意义是当条件 A 为真，事件发生，出现的结果必然是这种条件相反的结果。非逻辑表达式为

$$Y=\overline{A}$$

如图 6-5 所示，一只开关与电灯并联后串联到电源上，当开关闭合时灯不亮，开关断开时灯亮。当 A 分别取 0 或 1 值时，可以列出以 0、1 表示的非逻辑关系的真值表，如表 6-4 所示。

表 6-4 非逻辑真值表

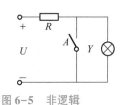

图 6-5 非逻辑

A	Y
0	1
1	0

3. 基本逻辑运算规则

表 6-5 所示为逻辑代数的基本公式。

表 6-5 逻辑代数的基本公式

序号	公式	序号	公式
1	$0 \cdot A = 0$	10	$1 + A = 1$
2	$1 \cdot A = A$	11	$0 + A = A$
3	$A \cdot A = A$	12	$A + A = A$
4	$A \cdot \overline{A} = 0$	13	$A + \overline{A} = 1$
5	$A \cdot B = B \cdot A$	14	$A + B = B + A$
6	$A \cdot (B+C) = A \cdot B + A \cdot C$	15	$A + (B+C) = (A+B) + C$
7	$A \cdot (A+B) = A$	16	$A + AB = A$
8	$\overline{A \cdot B} = \overline{A} + \overline{B}$	17	$\overline{A+B} = \overline{A} \cdot \overline{B}$
9	$A + \overline{A} \cdot B = A + B$	18	$A \cdot B + A \cdot \overline{B} = A$

4. 逻辑函数的化简

逻辑式越简单，它所表示的逻辑关系越明显，同时也有利于用最少的电子器件实现这个逻辑函数。逻辑函数常用的化简方法有公式化简法、卡诺图化简法等。公式化简法常用来化简相对简单的逻辑函数，卡诺图化简法常用来化简复杂的逻辑函数，这里主要介绍公式化简法。现将经常使用的方法归纳如下：

1）并项法

利用公式 $AB + A\overline{B} = A$ 可以将两项合并为一项，并消去 B 和 $\overline{B}$ 这一对因子。

【例 6-1】 化简逻辑函数 $Y = A\overline{B} + ACD + \overline{A}\,\overline{B} + \overline{A}CD$。

解：$Y = A\overline{B} + ACD + \overline{A}\,\overline{B} + \overline{A}CD$

$\quad = A(\overline{B} + CD) + \overline{A}(\overline{B} + CD)$

$\quad = \overline{B} + CD$

2）吸收法

利用公式 $A + AB = A$ 可将 AB 项消去。

【例 6-2】 化简逻辑函数 $Y = AB + AB\overline{C} + ABD + AB(\overline{C} + \overline{D})$。

解：$Y = AB + AB\overline{C} + ABD + AB(\overline{C} + \overline{D})$

$\quad = AB + AB[\overline{C} + D + (\overline{C} + \overline{D})]$

$\quad = AB$

3）消因子法

利用公式 $A + \overline{A}B = A + B$ 可将 $\overline{A}B$ 中的 $\overline{A}$ 消去。

【例 6-3】 化简逻辑函数 $Y = A\overline{B} + B + \overline{A}B$。

解：$Y = A\overline{B} + B + \overline{A}B = A + B + \overline{A}B = A + B$

4）配项法

根据公式 $A + \overline{A} = 1$ 可以在逻辑函数式中重复写入某一项，有时能获得更加简单的化简结果。

【例 6-4】 化简逻辑函数 $Y=AB+\overline{A}\,\overline{C}+B\overline{C}$。

解： $Y = AB+\overline{A}\,\overline{C}+B\overline{C}$

$= AB+\overline{A}\,\overline{C}+B\overline{C}(A+\overline{A}) = AB+\overline{A}\,\overline{C}+AB\overline{C}+\overline{A}B\overline{C}$

$= (AB+AB\overline{C})+(\overline{A}\,\overline{C}+\overline{A}B\overline{C}) = AB(1+\overline{C})+\overline{A}\,\overline{C}(1+B)$

$= AB+\overline{A}\,\overline{C}$

6.1.3 基本逻辑门电路结构及功能

基本逻辑门电路
结构及功能

所谓"门"就是一种开关，在一定条件下它能允许信号通过，条件不满足时，信号就通不过。因此利用开关的不同连接形式，可以实现一定的逻辑关系。

1. 二极管门电路

1）二极管的开关特性

由于半导体二极管具有单向导电性，即外加正向电压时导通，外加反向电压时截止，所以它相当于一个受外加电压极性控制的开关。如图 6-6 所示二极管开关电路。

假定输入信号的高电平 $V_{iH}=V_{CC}$，低电平 $V_{iL}=0$，并假定二极管 VD 为理想开关元件，即正向导通电阻为 0，反向内阻为无穷大，则当 $v_i=V_{iH}$ 时，VD 截止，$v_o=V_{oH}=V_{CC}$；而当 $v_i=V_{iL}=0$ 时，VD 导通，$v_o=V_{oL}=0$。

因此，可以用 v_i 的高、低电平控制二极管的开关状态，并在输出端得到相应的高、低电平输出信号。

2）二极管与门

最简单的与门可以用二极管和电阻组成。图 6-7（a）所示为有两个输入端的与门电路，图中 A、B 为两个输入变量，Y 为输出变量。

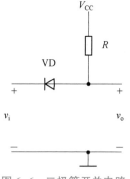

图 6-6 二极管开关电路

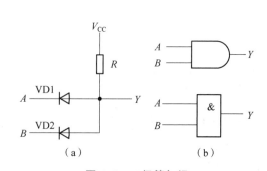

（a）　　　　　　　（b）

图 6-7 二极管与门

（a）与门电路；（b）与门逻辑符号

设 $V_{CC}=5$ V，A、B 输入端的高、低电平分别为 $V_{iH}=3$ V，$V_{iL}=0$ V，二极管 VD1、VD2 的正向导通压降 $V_{DF}=0.7$ V。由图 6-7 可知，A、B 当中只要有一个是低电平 0 V，则必有一个二极管导通，使 Y 为 0.7 V。只有 A、B 同时为高电平 3 V 时，Y 才为 3.7 V。将输出与输入逻辑电平的关系列表，即得表 6-6。

如果规定 3 V 以上为高电平，用逻辑 1 表示；0.7 V 以下为低电平，用逻辑 0 表示，则可将表 6-6 改写成表 6-7 的真值表。显然，Y 和 A、B 是与逻辑关系，即逻辑式为 $Y = A \cdot B$。逻辑运算的图形符号如图 6-7（b）所示。

表 6-6 图 6-7 所示电路的逻辑电平		
A/V	B/V	Y/V
0	0	0.7
0	3	0.7
3	0	0.7
3	3	3.7

表 6-7 二极管与门逻辑真值表		
A	B	Y
0	0	0
0	1	0
1	0	0
1	1	1

3）二极管或门

最简单或门电路如图 6-8（a）所示，它是由二极管和电阻组成的，图中 A、B 为两个输入变量，Y 为输出变量。

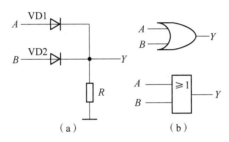

图 6-8 二极管或门
（a）或门电路；（b）或门逻辑符号

若输入的高、低电平分别为 $V_{iH} = 3$ V、$V_{iL} = 0$ V，二极管 VD1、VD2 的导通压降为 0.7 V，则只要 A、B 当中有一个是高电平，输出就是 2.3 V。只有当 A、B 同时为低电平时，输出才是 0 V。因此，可以列出表 6-8 所示的电平关系表。

如果规定高于 2.3 V 为高电平，用逻辑 1 表示；而低于 0 V 为低电平，用逻辑 0 表示，则可将表 6-8 改写为表 6-9 所示的真值表。显然，Y 和 A、B 之间是或逻辑关系，即逻辑式为 $Y = A + B$。逻辑运算的图形符号如图 6-8（b）所示。

表 6-8 图 6-8 所示电路的逻辑电平		
A/V	B/V	Y/V
0	0	0
0	3	2.3
3	0	2.3
3	3	2.3

表 6-9 二极管或门逻辑真值表		
A	B	Y
0	0	0
0	1	1
1	0	1
1	1	1

2. 晶体管门电路

1）晶体管的开关特性

只要能通过输入信号控制晶体管工作在截止和导通两个状态，它们就可以起到开关的作用。利用晶体管的开关作用就能够制作出许多用于数字电子电路中的半导体元器件。

2）晶体管非门

对图 6-9（a）所示晶体管开关电路分析可知，当输入为高电平时，输出为低电平；当输入为低电平时，输出为高电平，所以输出与输入之间呈现非逻辑关系，是一个非门，也称为反相器。

在实际电路中，为了使输入低电平时二极管开关能可靠地截止，一般采用图 6-9（a）所示电路形式。只要电阻 R_1、R_2 和负电源电压 $-V_{SS}$ 参数配合适当，则当输入为低电平信号时，晶体管的基极就可以是负电位，发射结反偏，晶体管将可靠截止，使输出为高电平，实现非运算。晶体管非门逻辑真值表如表 6-10 所示，逻辑式为 $Y=\overline{A}$，也可以写为 $Y=A'$。逻辑运算的图形符号如图 6-9（b）所示。

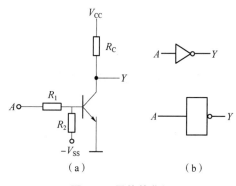

图 6-9　晶体管非门
（a）非门电路；（b）非门逻辑符号

表 6-10　晶体管非门逻辑真值表

A	Y
0	1
1	0

3）与非门

将二极管与门和反相器连接起来，就可以构成图 6-10（a）所示的与非门电路。根据前面分析与门和非门逻辑功能，可得出与非门电路的真值表，如表 6-11 所示。其逻辑表达式为 $F=\overline{A \cdot B}$。逻辑运算的图形符号如图 6-10（b）所示。

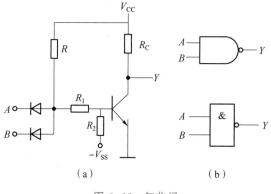

图 6-10　与非门
（a）与非门电路；（b）与非门逻辑符号

表 6-11　与非门逻辑真值表

A	B	Y
0	0	1
0	1	1
1	0	1
1	1	0

74LS00 和 74LS20 是常用在各种数字电路中的集成与非门电路，74LS00 为二输入端四与非门，74LS20 是常用的四输入端双与非门集成电路。

4）或非门

将二极管或门与反相器连接起来，就可以构成图 6-11（a）所示的或非门电路。根据前面分析或门和非门逻辑功能，可得出或非门电路的真值表，如表 6-12 所示。其逻辑表达式为 $F = \overline{A+B}$，也可写为 $Y=(A+B)'$。逻辑运算的图形符号如图 6-11（b）所示。

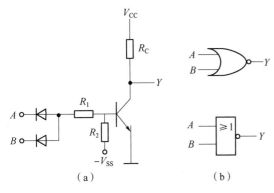

图 6-11　或非门
（a）或门电路；（b）或非门逻辑符号

表 6-12　或非门逻辑真值表

A	B	Y
0	0	1
0	1	0
1	0	0
1	1	0

任务实施

1. 实训设备与器材

数字电路实验箱、示波器、74LS00 二输入端四与非门 2 片、74LS20 四输入端双与非门 1 片、直流稳压电源。

2. 任务内容和步骤

实验前检查实验箱电源是否正常。然后选择实验用集成电路，按实验接线图接好连线，特别注意 V_{CC} 及地线不能接错（$V_{CC} = +5$ V，地线实验箱上备有）。实验中若需要改动接线，则应先断开电源，接好后再通电继续实验。

1）测试门电路逻辑功能

（1）选用四输入端双与非门 74LS20 一只，插入数字电路实验箱（注意集成电路应摆正放平），输入端接 S1~S4（实验箱左下角逻辑电平开关的输出插口），输出端接实验箱上方的 LED 电平指示二极管输入插口 D1~D8 中的任意一个。

（2）将逻辑电平开关按表 6-13 状态转换，测出输出逻辑状态值及电压值并填表。

实验电路图接线方式：1、2、4、5 管脚接输入，6 管脚接输出，7 管脚接地，14 管脚接+5 V 电源。同时输出端接电压表。

实验结果：

表 6-13　74LS20 输出逻辑状态及电压记录表

输入				输出	
A	B	C	D	Y	电压/V
1	1	1	1		
0	1	1	1		
0	0	1	1		
0	0	0	1		
0	0	0	0		

实验结论：（分析出逻辑功能）

2）逻辑电路的逻辑关系

用74LS00二输入端四与非门电路，按图6-12接线，将输入输出逻辑关系填入表6-14中。

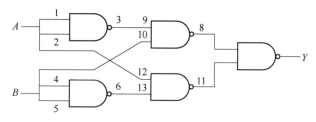

图 6-12　逻辑电路

表 6-14　74LS00 输出逻辑状态及电压记录表

输入		输出	
A	B	Y	电压/V
0	0		
0	1		
1	0		
1	1		

写出电路的逻辑表达式。

实验结论：（分析出逻辑功能）

3）利用与非门控制输出

用一片 74LS00 按图 6-13 接线。S 分别接高、低电平开关，用示波器观察 S 对输出脉冲的控制作用。

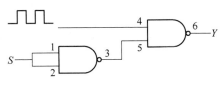

图 6-13　与非门组成的电路

写出电路的逻辑表达式。

实验结论：（分析出逻辑功能）

4）设计并绘制出数字秒表循环清零电路

特别提示

　　60 s 数字秒表循环清零方式一般可采用计数器异步清零功能实现。

　　当十位数字变为 6（0110）时，把输出结果为 1 的所有端接到 74LS00 与非门上，与非门的输出连接到计数器异步清零端 CLR 端即可实现循环计数。

检查评估 NEW!

1. 任务问答

（1）如何判断门电路逻辑功能是否正常？

（2）与非门一个输入端接连续脉冲，其余端什么状态时允许脉冲通过，什么状态时禁止脉冲通过，对脉冲信号有何要求？

_____

_____

2. 检查评估

任务评价如表 6-15 所示。

表 6-15 任务评价

评价项目	评价内容	配分/分	得分/分
职业素养	是否遵守纪律，不旷课、不迟到、不早退	10	
	是否以严谨细致、节约能源、勇于探索的态度对待学习及工作	10	
	是否符合电工安全操作规程	20	
	是否在任务实施过程中造成示波器等仪器仪表的损坏	10	
专业能力	是否能复述逻辑门电路的功能特点	10	
	是否能正确选用数字电路元器件	15	
	是否能对检测结果进行准确判断	10	
	是否能规范设计出数字秒表循环清零电路	15	
总分			

小结反思

（1）绘制本任务学习要点思维导图。

（2）在任务实施中出现了哪些错误？遇到了哪些问题？是否解决？如何解决？记录在表 6-16 中。

表 6-16 错误/问题记录

出现错误	遇到问题

任务 6.2 数字秒表显示电路检测

任务描述

数字秒表要想显示出时间数字，必须具备数码管和驱动数码管显示的译码器。数码管与驱动显示译码器只有互相功能匹配才能够实现控制作用。

本次任务：能够正确选用数码管和显示译码器，规范完成数字秒表显示电路的检测。

任务提交：检测结论、任务问答、学习要点思维导图、检查评估表。

学习导航

本任务参考学习学时：6（课内）+2（课外）。通过本任务学习，可以获得以下收获：

专业知识：

1. 能够知晓数码管、显示译码器的分类及特点。

2. 能够掌握逻辑电路的检测方法。

专业技能：

1. 学会识别数码管和显示译码器元件。

2. 能够正确连接数码管和显示译码器各引脚接线。

3. 能够规范操作测试数码管显示功能。

职业素养：

1. 培养创新思维意识及敢闯会创的科学态度。

2. 提升学生使用仪器仪表的安全意识及操作规范意识。

3. 增强学生时间观念，锻炼人际沟通解决问题能力。

知识储备

6.2.1 组合逻辑电路分析

在组合逻辑电路中，任意时刻的输出仅仅取决于该时刻的输入，与电路原来的状态无关，也就是电路中不包含存储单元。

组合逻辑电路分析

所谓组合逻辑电路的分析，就是要通过分析找出电路的逻辑功能。

通常采用的分析方法是从电路输入到输出逐级写出逻辑函数式，最后得到表示输出与输入关系的逻辑函数式。然后将得到的函数式化简或变换，以使逻辑关系简单明了。为了使电路的逻辑功能更加直观，有时还可以将逻辑函数式转换为真值表的形式。

【例 6-5】 分析图 6-14 所示电路的逻辑功能。

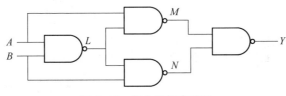

图 6-14　组合逻辑电路图

解：（1）根据逻辑电路图 6-14 写出逻辑函数式。

$$L=\overline{A \cdot B}, M=\overline{A \cdot L}=\overline{A \cdot \overline{A \cdot B}}, N=\overline{B \cdot L}=\overline{B \cdot \overline{A \cdot B}}$$

$$Y=\overline{M \cdot N}=\overline{\overline{A \cdot \overline{A \cdot B}} \cdot \overline{B \cdot \overline{A \cdot B}}}$$

【提示】　从每个器件的输入端到输出端，依次写出各个逻辑门的逻辑函数式，最后写出输出与各输入量之间的逻辑函数式。

（2）将得到的逻辑函数式进行化简。

$$Y=\overline{M \cdot N}=\overline{\overline{A \cdot \overline{A \cdot B}} \cdot \overline{B \cdot \overline{A \cdot B}}}$$

$$=A \cdot \overline{A \cdot B}+B \cdot \overline{A \cdot B}=A \cdot \overline{A \cdot B}+B \cdot \overline{A \cdot B}$$

$$=A \cdot (\overline{A}+\overline{B})+B \cdot (\overline{A}+\overline{B})=A\overline{B}+B\overline{A}$$

（3）将逻辑函数式转换为逻辑真值表，如表 6-17 所示。

表 6-17　图 6-14 所示电路的逻辑真值表

输入		输出
A	B	Y
0	0	0
0	1	1
1	0	1
1	1	0

（4）分析逻辑功能。

由逻辑函数式和逻辑真值表可知，图 6-14 是由与非门组成的异或门，其逻辑函数式也可以写为

$$Y=A \overline{B}+B \overline{A}=A \oplus B$$

6.2.2　组合逻辑电路设计

1. 组合逻辑电路设计内容

根据给出的实际逻辑问题，完成实现这一逻辑功能的最简逻辑电路，是设计组合逻辑电路时要完成的工作。

这里所说的"最简"，是指电路所用的元器件数最少，器件种类最少，而且器件之间的连线也最少。

2. 逻辑设计基本步骤

组合逻辑电路的基本设计步骤如图 6-15 所示。

组合逻辑电路
基本设计方法

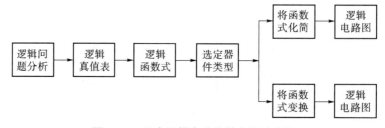

图 6-15　组合逻辑电路的基本设计步骤

应当指出，上述的设计步骤并不是一成不变的。例如，有的设计要求直接以真值表的形式给出，就不用进行逻辑抽象了。又如，有的问题逻辑关系比较简单、直观，也可以不经过逻辑真值表而直接写出逻辑函数式。

职业素养

在组合逻辑电路分析和设计时，每个门电路只能完成一种功能，只有多个门电路组合在一起，才能构成功能强大的电路。人们常说"一个篱笆三个桩，一个好汉三个帮"，我们要充分发挥个人在团队中的作用，在提高团队凝聚力和创新能力的同时实现个人创造力和核心力的提升。当个体与整体的利益发生冲突时，要以团队利益为重。

6.2.3 编码器和译码器

随着数字化的浪潮席卷了电子技术应用的一切领域，人们在实践中遇到的逻辑问题层出不穷，因而为解决这些逻辑问题而设计的逻辑电路也不胜枚举。其中有些逻辑功能电路经常大量地出现在各种数字系统当中，这些逻辑功能电路包括编码器、译码器、数据选择器、运算器等。在设计实现复杂的电路时，可以调用这些已有的、经过使用验证的电路模块，作为设计电路的组成部分。下面从设计或分析的角度分别介绍这些常用的组合逻辑模块。

编码器和译码器

1. 编码器

在数字系统中，为了区分一系列不同的事务，将其中的每个事物用一个二值代码表示，这就是编码的含义。在二值逻辑电路中，信号都是以高、低电平的形式给出的。因此，编码器的逻辑功能就是将输入的每一个高、低电平信号编成一个对应的二进制代码。n 位二进制代码有 2^n 个状态，可以表示 2^n 个信息，对 m 个信号进行编码时，应按公式 $2^n \geq m$ 来确定需要使用的二进制代码的位数 n。常用的编码器有普通编码器和优先编码器。

1）普通编码器

在普通编码器中，任何时刻只允许输入一个编码信号，否则输出将发生混乱。

现以 3 位二进制普通编码器为例，分析一下普通编码器的工作原理。图 6-16 所示为 3 位二进制编码器的框图，它的输入是 $I_0 \sim I_7$ 八个高电平信号，输出是 3 位二进制代码 $Y_2 Y_1 Y_0$。为此，又将它称为 8 线-3 线编码器。输出与输入的对应关系由表 6-18 给出。

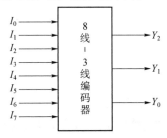

图 6-16　3 位二进制（8 线-3 线）编码器

表 6-18　3位二进制编码器的真值表

输入								输出		
I_0	I_1	I_2	I_3	I_4	I_5	I_6	I_7	Y_2	Y_1	Y_0
1	0	0	0	0	0	0	0	0	0	0
0	1	0	0	0	0	0	0	0	0	1
0	0	1	0	0	0	0	0	0	1	0
0	0	0	1	0	0	0	0	0	1	1
0	0	0	0	1	0	0	0	1	0	0
0	0	0	0	0	1	0	0	1	0	1
0	0	0	0	0	0	1	0	1	1	0
0	0	0	0	0	0	0	1	1	1	1

如果任何时刻 $I_0 \sim I_7$ 当中仅有一个取值为 1，即输入变量的组合仅有表 6-18 中列出的八种状态，则输入变量为其他取值下其值等于 1 的那些最小项的约束项。利用这些约束项可以得到输出端的逻辑表达式为

$$\begin{cases} Y_2 = I_4 + I_5 + I_6 + I_7 \\ Y_1 = I_2 + I_3 + I_6 + I_7 \\ Y_0 = I_1 + I_3 + I_5 + I_7 \end{cases} \tag{6-5}$$

图 6-17 就是根据式（6-5）得出的编码器电路，这个电路是由三个或门组成的。

2）优先编码器

为了避免多个输入信号同时有效造成输出状态混乱现象，可选用优先编码器。优先编码器是将输入信号的优先顺序排队，只对优先级别最高的输入信号编码，从而避免输出编码错误。

74HC148 是用 CMOS 门电路组成的 8 线-3 线优先编码器，它的逻辑图如图 6-18 所示，逻辑真值表如表 6-19 所示。

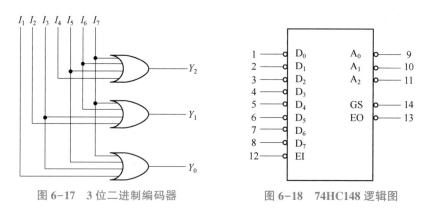

图 6-17　3位二进制编码器　　　　图 6-18　74HC148 逻辑图

其中，$D_0 \sim D_7$ 为输入信号（D_7 优先级最高，D_0 优先级最高），$A_0 \sim A_2$ 为三位二进制编码输出信号，EI 为使能输入端，EO 为使能输出端，GS 为片优先编码输出端（扩展端）。

表 6-19　74HC148 的逻辑真值表

输入									输出				
$\overline{EI}$	$\overline{D_0}$	$\overline{D_1}$	$\overline{D_2}$	$\overline{D_3}$	$\overline{D_4}$	$\overline{D_5}$	$\overline{D_6}$	$\overline{D_7}$	$\overline{A_2}$	$\overline{A_1}$	$\overline{A_0}$	$\overline{EO}$	$\overline{GS}$
1	×	×	×	×	×	×	×	×	1	1	1	1	1
0	1	1	1	1	1	1	1	1	1	1	1	0	1
0	×	×	×	×	×	×	×	0	0	0	0	1	0
0	×	×	×	×	×	×	0	1	0	0	1	1	0
0	×	×	×	×	×	0	1	1	0	1	0	1	0
0	×	×	×	×	0	1	1	1	0	1	1	1	0
0	×	×	×	0	1	1	1	1	1	0	0	1	0
0	×	×	0	1	1	1	1	1	1	0	1	1	0
0	×	0	1	1	1	1	1	1	1	1	0	1	0
0	0	1	1	1	1	1	1	1	1	1	1	1	0

2. 译码器

译码器的逻辑功能是将每个输入的二进制代码译成对应的输出高、低电平信号或另外一个代码。因此译码是编码的反操作。常用的译码器电路有二进制译码器和显示译码器。

1）二进制译码器

二进制译码器的输入是一组二进制代码，输出是一组与输入代码一一对应的高、低电平信号。

图 6-19 所示为 3 位二进制译码器。输入的 3 位二进制代码共有 8 种状态，译码器将每个输入代码译成对应的一根输出线上的高、低电平信号。因此，也将这个译码器称为 3 线-8 线译码器。

在一些中规模集成电路译码器中多半采用三极管集成门电路结构。74HC138 就是用 CMOS 门电路组成的 3 线-8 线译码器，它的逻辑图如图 6-20 所示，逻辑真值表如表 6-20 所示。

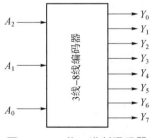

图 6-19　3 位二进制译码器

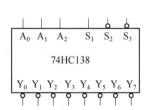

图 6-20　74HC138 逻辑图

74HC138 有 3 个附加的控制端 S_1、$\overline{S_2}$、$\overline{S_3}$。当 $S_1 = 1$、$\overline{S_2} + \overline{S_3} = 0$ 时，译码器处于工作状态。否则，译码器被禁止，所有的输出端被封锁在高电平。

表 6-20　74HC138 逻辑真值表

输入					输出							
S_1	$\overline{S_2}+\overline{S_3}$	A_2	A_1	A_0	$\overline{Y_0}$	$\overline{Y_1}$	$\overline{Y_2}$	$\overline{Y_3}$	$\overline{Y_4}$	$\overline{Y_5}$	$\overline{Y_6}$	$\overline{Y_7}$
0	×	×	×	×	1	1	1	1	1	1	1	1
×	1	×	×	×	1	1	1	1	1	1	1	1
1	0	0	0	0	0	1	1	1	1	1	1	1
1	0	0	0	1	1	0	1	1	1	1	1	1
1	0	0	1	0	1	1	0	1	1	1	1	1
1	0	0	1	1	1	1	1	0	1	1	1	1
1	0	1	0	0	1	1	1	1	0	1	1	1
1	0	1	0	1	1	1	1	1	1	0	1	1
1	0	1	1	0	1	1	1	1	1	1	0	1
1	0	1	1	1	1	1	1	1	1	1	1	0

2）显示译码器

（1）七段字符显示器（七段数码管）。

为了能以十进制数码直观地显示数字系统的运行数据，目前广泛使用了七段字符显示器，也称为七段数码管。这种字符显示器由七段可发光的线段拼合而成。常见的七段字符显示器有半导体数码管和液晶显示器两种。

图 6-21 所示为半导体数码管的外形和等效电路。半导体数码管的每个线段都是一个发光二极管（简称 LED），故也将它称为 LED 数码管，可分共阴极和共阳极两类，如图 6-21 所示。

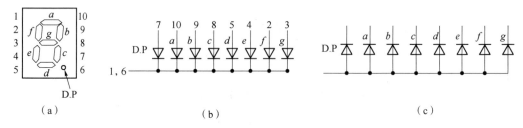

图 6-21　半导体数码管的外形和等效电路
（a）外形；（b）共阴极；（c）共阳极

半导体数码管不仅具有工作电压低、体积小、寿命长、可靠性高等优点，而且响应时间短（一般不超过 0.1 μs），亮度也比较高。它的缺点是工作电流比较大，每一段的工作电流在 10 mA 左右。

液晶显示器，简称 LCD。液晶显示器的最大优点是功耗极小，每平方厘米的功耗在 1 μW 以下。它的工作电压也很低，在 1 V 以下仍能工作。因此，液晶显示器在电子表以及各种小型、便携式仪器、仪表中得到了广泛的应用。它的缺点是亮度差，响应速度较低，这就限制了它在快速系统中的应用。

（2）BCD-七段显示译码器。

七段数码管需要驱动电路，使其点亮。驱动电路可以是 TTL 电路或者 CMOS 电路，其作用是将 BCD 代码转换成数码管所需要的驱动信号，共阳极数码管需要低电平驱动，共阴极数码管需要高电平驱动。

CD4511 是一个用于驱动共阴极 LED（数码管）显示器的 BCD-七段显示译码器，具有锁存、译码、消隐功能。其引脚图如图 6-22 所示。

其中，7、1、2、6 为 8421BCD 码输入端；

5 为锁定控制端，当 $LE=0$ 时，允许译码输出，当 $LE=1$ 时译码器是锁定保持状态，译码器输出被保持在 $LE=0$ 时的数值；

4 为消隐输入控制端，当 $BI=0$ 时，不管其他输入端状态如何，七段数码管均处于熄灭（消隐）状态，不显示数字；

3 为测试输入端，当 $BI=1$，$LT=0$ 时，译码输出全为 1，不管输入 DCBA 状态如何，七段均发亮，显示 "8"，它主要用来检测数码管是否损坏；

13、12、11、10、9、15、14 为译码输出端，输出为高电平 1 有效。

图 6-22　CD4511 的逻辑图

*6.2.4　相关知识扩展

相关知识扩展

1. 加法器

两个二进制数之间的算术运算无论是加、减、乘、除，目前在数字计算机中都是化作若干步加法运算进行的。因此，加法器是构成算术运算器的基本单元。

1）半加器

如果不考虑有来自低位的进位将两个 1 位二进制数相加，称为半加。实现半加运算的电路称为半加器。

按照二进制加法运算规则可以列出如表 6-21 所示的半加器真值表，其中 A、B 是两个加数，S 是相加的和，CO 是向高位的进位。将 S、CO 和 A、B 的关系写成逻辑表达式，则得

$$\begin{cases} S=\overline{A}B+A\overline{B}=A\oplus B \\ CO=AB \end{cases} \tag{6-6}$$

表 6-21　半加器真值表

输入		输出	
A	B	S	CO
0	0	0	0
0	1	1	0
1	0	1	0
1	1	0	1

因此，半加器是由一个异或门和一个与门组成的，如图 6-23 所示。

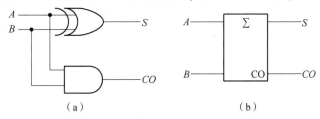

（a）　　　　　　　　　（b）

图 6-23　半加器
（a）逻辑图；（b）符号

2）全加器

在将两个多位二进制数相加时，除了最低位以外，每位都应该考虑来自低位的进位，即将两个对应位的加数和来自低位的进位 3 个数相加，这种运算称为全加。所用的电路称为全加器，CI 为进位输入端，CO 为进位输出端。

根据二进制加法运算规则可列出 1 位全加器的真值表，如表 6-22 所示。

表 6-22　1 位全加器的真值表

输入			输出	
CI	A	B	S	CO
0	0	0	0	0
0	0	1	1	0
0	1	0	1	0
0	1	1	0	1
1	0	0	1	0
1	0	1	0	1
1	1	0	0	1
1	1	1	1	1

2. 数据选择器

在数字信号的传输过程中有时需要从一组输入数据中选出某一个来，这时就要用到一种称为数据选择器或多路开关的逻辑电路。

1）二选一数据选择器

数据选择器是一种常用模块，最小的是二选一数据选择器。其逻辑图形符号如图 6-24 所示。该符号表示通过 SEL 确定 Y 从 A 和 B 中选哪一个数据，其真值表如表 6-23 所示。

表 6-23　二选一数据选择器的真值表

输入			输出
SEL	A	B	Y
0	0	0	0
0	0	1	1
0	1	0	0
0	1	1	1
1	0	0	0
1	0	1	0
1	1	0	1
1	1	1	1

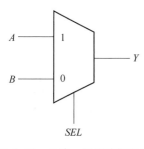

图 6-24　二选一数据选择器的
逻辑图形符号

由表 6-23 可得，二选一数据选择器的逻辑表达式为

$$Y = SEL \cdot A + \overline{SEL} \cdot B \tag{6-7}$$

2）四选一数据选择器

四选一数据选择器则是从 4 个输入数据中选出一个送到输出端。图 6-25 所示为 74HC153 的

逻辑图，它包含两个完全相同的四选一数据选择器。两个数据选择器有公共的地址输入端，而数据输入端和输出端是各自独立的。通过给定不同的地址代码（即 A_1A_0 的状态），即可从四个输入数据中选出所要的一个，并送至输出端 Y。图 6-25 中的 S_1' 和 S_2' 是附加控制端，用于控制电路工作状态和扩展功能。

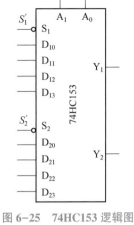

图 6-25　74HC153 逻辑图

任务实施

1. 实训设备与器材

数字电路实验箱、LED 数码显示器、CD4511 显示译码器、直流稳压电源、万用表。

2. 任务内容和步骤

（1）实验前检查实验箱电源是否正常。

（2）选择实验用集成电路。选用 CD4511 显示译码器和共阴极数码管各一只，插入数字电路实验箱（注意集成电路应摆正放平）。

（3）电路连接。按实验接线图 6-26 接好连线，特别注意 V_{CC} 及地线不能接错（$V_{CC} = +5\text{ V}$，地线实验箱上备有）。实验中若需要改动接线，则应先断开电源，接好后再通电继续实验。

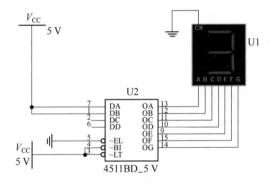

图 6-26　CD4511 驱动数码管显示电路

（4）测试数码管显示功能。将 CD4511 显示译码器的输入端电平信号按表 6-24 状态给出，测试数码管显示是否正确，并将显示数字填表 6-24 中。

表 6-24　CD4511 驱动数码管显示

输入				数码管显示
D	C	B	A	Y
0	0	0	0	
0	0	0	1	
0	0	1	0	
0	0	1	1	
0	1	0	0	
0	1	0	1	
0	1	1	0	
0	1	1	1	
1	0	0	0	
1	0	0	1	

（5）测试结果分析：（验证结果是否与理论相符）

检查评估 NEWS

1. 任务问答

（1）简述组合逻辑电路的设计方法与步骤。

_____

_____

_____

（2）编码器和译码器对输入信号与输出信号的要求有什么不同？

_____

_____

_____

（3）设计数字显示电路时如何确定选用共阴极数码管还是共阳极数码管？

_____

_____

_____

_____

2. 检查评估

任务评价如表 6-25 所示。

表 6-25　任务评价

评价项目	评价内容	配分/分	得分/分
职业素养	是否遵守纪律，不旷课、不迟到、不早退	10	
	是否以严谨细致、节约能源、勇于探索的态度对待学习及工作	10	
	是否符合电工安全操作规程	20	
	是否在任务实施过程中造成万用表等器件的损坏	10	
专业能力	是否能正确选择显示译码器和数码显示器	10	
	是否能按要求规范操作数字电路的连接	15	
	是否能对测试结果进行准确判断	10	
	是否能掌握组合逻辑电路的设计方法与步骤	15	
总分			

小结反思

（1）绘制本任务学习要点思维导图。

（2）在任务实施中出现了哪些错误？遇到了哪些问题？是否解决？如何解决？记录在表6-26中。

表6-26　错误/问题记录

出现错误	遇到问题

任务 6.3　60 s 数字秒表电路设计与检测

任务描述

秒表应用于我们生活、工作、运动等需要精确计时的方方面面。它由刚开始的机械式秒表发展到今天所常用的数字式秒表。由于部分学生参加学院辩论赛，备赛过程中需要加强语速的练习，现需要 1 min 计时范围的数字秒表 6 块。

本次任务：完成 60 s 数字秒表的设计，并使用电工工具或仪表按规范完成电路连接与检测。

任务提交：检测结论、任务问答、学习要点思维导图、检查评估表。

学习导航

本任务参考学习学时：8（课内）+2（课外）。通过本任务学习，可以获得以下收获：

专业知识：

1. 掌握各触发器的特性功能及特性方程。

2. 掌握时序逻辑电路的分析方法与步骤。

3. 掌握常用计数器的工作原理及集成计数器各引脚功能。

4. 了解 555 定时器电路的工作原理，掌握 555 定时器电路各引脚功能。

专业技能：

1. 完成数字秒表的设计，绘出电路原理图。

2. 能够正确搭接数字秒表整体试验电路。

3. 能够正确测试电子秒表清零、开始计时、停止计时功能。

职业素养：

1. 培养学生正确的设计思想与方法、严谨的科学态度和良好的工作作风，提升质量意识、树立自信心。

2. 提升操作规范意识及使用仪器仪表的安全意识。

3. 提升语言表达式能力、善于协调人际工作关系。

知识储备

6.3.1 触发器

触发器具有存储与记忆功能，是时序逻辑电路中的核心元件，如寄存器模块、计数器模块。由于每一种触发器电路的信号输入方式不同（有单端输入的，也有双端输入的），触发器的次态与输入信号逻辑状态间的关系也不相同，所以它们的逻辑功能也不完全相同。

触发器

1. SR 触发器

1）基本 SR 触发器

基本 SR 触发器是静态存储单元当中最基本也是电路结构最简单的一种。图 6-27（a）中给出了用两个与非门组成的基本 SR 触发器的电路。图形符号如图 6-27（b）所示。

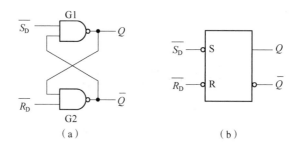

图 6-27　用与非门组成的基本 SR 触发器

(a) 电路结构；(b) 图形符号

Q 和 $\overline{Q}$ 是基本 SR 触发器的输出端，两者的逻辑状态在正常条件下能保持相反。它在正常状态下有两种稳定状态：一种状态是 $Q=1$、$\overline{Q}=0$，为 1 状态（置位）；另一种状态是 $Q=0$、$\overline{Q}=1$，为 0 状态（复位）。$\overline{S_D}$ 称为置位端或置 1 输入端，$\overline{R_D}$ 称为复位端或置 0 输入端。根据正逻辑约定（高电平表示逻辑 1 状态，低电平表示逻辑 0 状态）可知：

（1）$\overline{S_D}=1$、$\overline{R_D}=0$。

当 $\overline{S_D}=1$、$\overline{R_D}=0$ 时，$Q=0$、$\overline{Q}=1$。在 $\overline{R_D}=0$ 时，不论 Q 的原态是 1 还是 0，G2 的输出 $\overline{Q}=1$ 不变；又由于 $\overline{Q}$ 端的高电平接回到 G1 的另一个输入端，因而电路的输出为 $Q=0$。

（2）$\overline{S_D}=0$、$\overline{R_D}=1$。

当 $\overline{S_D}=0$、$\overline{R_D}=1$ 时，$Q=1$、$\overline{Q}=0$。在 $\overline{S_D}=0$ 时，不论 $\overline{Q}$ 的原态是 1 还是 0，G1 的输出 $Q=1$ 不变；又由于 Q 端的高电平接回到 G2 的另一个输入端，因而电路的输出为 $\overline{Q}=0$。

（3）$\overline{S_D}=\overline{R_D}=1$。

当 $\overline{S_D}=\overline{R_D}=1$ 时，电路维持原来的状态不变，这就是触发器具有的存储与记忆功能。

（4） $\overline{S_D}=\overline{R_D}=0$ 。

当 $\overline{S_D}=\overline{R_D}=0$ 时， $Q=\overline{Q}=1$ ，这既不是定义的 1 状态，也不是定义的 0 状态。而且，在 $\overline{S_D}$ 和 $\overline{R_D}$ 同时回到 1 以后无法判断此触发器将回到 1 状态还是 0 状态。因此，在正常工作时输入信号应遵守 $S_D \cdot R_D=0$ 的约束条件，亦即不允许输入 $\overline{S_D}=\overline{R_D}=0$ 的信号。

将上述逻辑关系列成真值表，就得到表 6-27。因为基本 SR 触发器新的状态 Q^*（也称为次态）不仅与输入状态有关，而且与触发器原来的状态 Q（也称为初态）有关，所以将 Q 也作为一个变量列入了真值表，并将 Q 称为状态变量，将这种含有状态变量的真值表称为触发器的特性表（或功能表）。

表 6-27　用与非门组成的 SR 触发器的特性表

$\overline{S_D}$	$\overline{R_D}$	Q	Q^*	功能
1	1	0	0	保持
1	1	1	1	
1	0	0	0	置0
1	0	1	0	
0	1	0	1	置1
0	1	1	1	
0	0	0	1[①]	禁态
0	0	1	1[①]	

2）门控 SR 触发器

上面介绍的基本 SR 触发器是各种双稳态触发器的共同部分。除此之外，一般触发器还有触发信号输入端，只有当触发信号到来时，触发器才能按照输入置1、置0信号置成相应的状态，并保持下去。我们将这个触发信号称为时钟信号（CLOCK），记作 CLK。当系统中有多个触发器需要同时动作时，就可以用同一个时钟信号作为同步控制信号。

图 6-28（a）所示为门控 SR 触发器的逻辑图，图 6-28（b）所示为它的图形符号。图 6-28（a）中，G1 和 G2 两个与非门构成基本 SR 触发器，G3 和 G4 两个与非门是输入控制门， $\overline{S_D}$ 为直接置位端， $\overline{R_D}$ 为直接复位端。CLK 是时钟脉冲输入端，在脉冲数字电路中所使用的触发器往往用一种正脉冲来控制触发器的翻转时刻，这种正脉冲就称为时钟脉冲，它也是一种控制命令。通过控制门电路来实现时钟脉冲对输入端 S 和 R 的控制，故称门控 SR 触发器。

工作原理：当 CLK=0 时，门 G3、G4 的输出始终停留在 1 状态，S、R 端的信号无法通过 G3、G4 来影响输出状态，故输出保持原来的状态不变。只有当触发信号 CLK 变成高电平以后，S、R 信号才能通过门 G3、G4 加到由门 G1、G2 组成的基本 SR 锁存器上，"触发"电路发生变化，使 Q 和 $\overline{Q}$ 根据 S、R 信号而改变状态。

在图 6-28（b）所示的图形符号中，用框内的 C1 表示 CLK 是编号为 1 的一个控制信号。1S 和 1R 表示受 C1 控制的两个输入信号，只有在 C1 为有效电平时（C1=1），1S 和 1R 信号才能起作用。框图外部的输入端处没有小圆圈表示 CLK 以高电平为有效信号。（如果在 CLK 输入端画有小圆圈，则表示 CLK 以低电平作为有效信号。）

图 6-28（a）电路的特性表如表 6-28 所示，从表中可见，只有当 CLK=1 时，触发器输出端

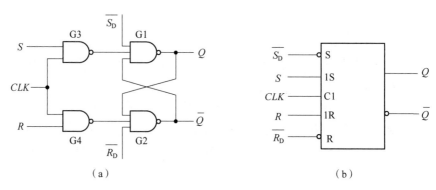

图 6-28　门控 SR 触发器

(a) 电路结构；(b) 图形符号

的状态才受输入信号的控制，而且在 $CLK=1$ 时这个特性表与基本 SR 触发器的特性表是一样的。同时，门控 SR 触发器的输入信号同样应当遵守 $SR=0$ 的约束条件。否则当 S、R 同时由 1 变为 0，或者 $S=R=1$ 时 CLK 回到 0，触发器的次态将无法确定。

表 6-28　门控 SR 触发器的特性表

CLK	S	R	Q	Q^*
0	×	×	0	0
0	×	×	1	1
1	0	0	0	0
1	0	0	1	1
1	1	0	0	1
1	1	0	1	1
1	0	1	0	0
1	0	1	1	0
1	1	1	0	1[①]
1	1	1	1	1[①]

如果把表 6-28 所规定的逻辑关系写成逻辑函数式，则得到 SR 触发器特性方程式：

$$\begin{cases} Q^* = S + \overline{R}Q \\ SR = 0 \end{cases} \tag{6-8}$$

在某些应用场合，有时需要在 CLK 的有效电平到达之前预先将触发器置成指定的状态，为此在实际电路中往往还设置有异步置 1 输入端 $\overline{S_D}$ 和异步置 0 输入端 $\overline{R_D}$。只要在 $\overline{S_D}$ 或 $\overline{R_D}$ 端加低电平，即可立即将触发器置 1 或置 0，而不受时钟信号的控制。

2. D 触发器

为了适应单端输入信号的需要，在一些集成电路产品中把门控 SR 触发器的 S 通过反相器接到 R 上，这就构成了电平触发的 D 触发器。电平触发的 D 触发器电路结构及图形符号如图 6-29 所示。

其逻辑功能为：当 $D=1$ 时，则 CLK 变为高电平以后触发器被置为 $Q=1$，CLK 回到低电平以

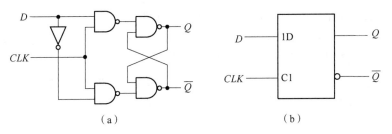

（a）　　　　　　　　　　　　　（b）

图6-29　电平触发的 D 触发器电路结构及图形符号

（a）电路结构；（b）图形符号

后触发器保持1状态不变。当 D=0 时，则 CLK 变为高电平以后触发器被置为 Q=0，CLK 回到低电平以后触发器保持0状态不变。它的特性表如表6-29所示。

表6-29　电平触发 D 触发器的特性表

CLK	D	Q	Q*
0	×	0	0
0	×	1	1
1	0	0	0
1	0	1	0
1	1	0	1
1	1	1	1

如果把表6-29所规定的逻辑关系写成逻辑函数式，则得到 D 触发器特性方程式：

$$Q^* = D \tag{6-9}$$

当把 D 触发器的 D 输入端与 $\overline{Q}$ 输出端连接在一起时，就构成了计数器。当在其时钟输入端加计数脉冲时，它的作用就与 JK 触发器在 J=K=1 时能够计数的功能相同，所不同的是它是由时钟脉冲的前沿触发。

3. JK 触发器

图6-30（a）所示为正脉冲触发的主从型 JK 触发器的逻辑图，图6-30（b）所示为它的图形符号。它由两个门控 SR 触发器组成，两者分别称为主触发器和从触发器。此外，还通过一个非门将两个触发器的时钟脉冲端连接起来，这就是触发器的主从结构，时钟脉冲的前沿使主触发器翻转，而时钟脉冲的后沿使从触发器翻转。

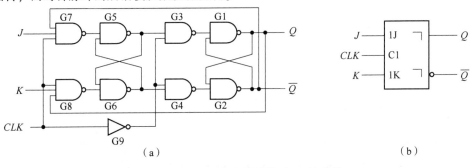

（a）　　　　　　　　　　　　　（b）

图6-30　正脉冲触发的主从型 JK 触发器

（a）电路结构；（b）图形符号

工作原理：当时钟脉冲来后，即 $CLK=1$，故从触发器的状态保持不变，这时主触发器是否翻转，要看它在时钟脉冲为低电平时的状态以及 J、K 输入端的状态而定。把 CLK 从 1 跳变为 0 前一瞬间的输出状态送到从触发器，使两者保持一致。

这种触发器不会出现"空翻"现象。因为 $CLK=1$ 期间，从触发器的状态不会改变；而等到 CLK 跳变为 0 时，从触发器翻转或保持原态，但主触发器的状态又不会改变，所以不会出现"空翻"的情况。

下面来具体分析一下图 6-30（a）所示电路在各种输入状态下的触发过程。

（1）$J=1$、$K=0$。

若 $J=1$、$K=0$，则 $CLK=1$ 时主触发器置 1（原来是 0 则置成 1，原来是 1 则保持 1），待 $CLK=0$ 以后从触发器亦随之置 1，即 $Q^*=1$。

（2）$J=0$、$K=1$。

若 $J=0$、$K=1$，则 $CLK=1$ 时主触发器置 0（原来是 1 则置成 0，原来是 0 则保持 0），待 $CLK=0$ 以后从触发器亦随之置 0，即 $Q^*=0$。

（3）$J=K=0$。

若 $J=K=0$，则由于 G7、G8 被封锁，触发器保持原状态不变，即 $Q^*=Q$。

（4）$J=K=1$。

若 $J=K=1$，则需要考虑两种情况：第一种情况是 $Q=0$。这时门 G8 被 Q 端的低电平封锁，$CLK=1$ 时仅 G7 输出低电平信号，故主触发器置 1。$CLK=0$ 以后从触发器也跟随置 1，即 $Q^*=1$。第二种情况是 $Q=1$。这时门 G7 被 $\overline{Q}$（Q'）端的低电平封锁，$CLK=1$ 时仅 G8 能输出低电平信号，故主触发器被置 0。$CLK=0$ 以后从触发器也跟随置 0，即 $Q^*=0$。综上两种情况可知，无论 $Q=1$ 还是 $Q=0$，当 $J=K=1$ 时，触发器的次态可统一表示为 $Q^*=Q'$（或 $Q^*=\overline{Q}$）。可见，JK 触发器在 $J=K=1$ 的情况下，来一个时钟脉冲，就使它翻转一次。这表明，在这种情况下，触发器具有计数功能。

将上述逻辑关系用真值表表示，即得到表 6-30 所示的 JK 触发器的特性表。

表 6-30　正脉冲触发的主从型 JK 触发器的特性表

CLK	J	K	Q	Q^*
×	×	×	×	Q
⎍	0 0	0 0	0 1	0 1
⎍	1 1	0 0	0 1	1 1
⎍	0 0	1 1	0 1	0 0
⎍	1 1	1 1	0 1	1 0

如果把表 6-30 所规定的逻辑关系写成逻辑函数式，则得到 JK 触发器特性方程式：

$$Q^*=J\overline{Q}+\overline{K}Q \tag{6-10}$$

4. T 触发器

在某些应用场合下，需要这样一种逻辑功能的触发器，当控制信号 $T=1$ 时每来一个时钟信号它的状态就翻转一次；而当 $T=0$ 时，时钟信号到达后它的状态保持不变。具备这种逻辑功能的触发器称为 T 触发器。它的图形逻辑符号如图6-31所示，其特性表如表6-31所示。

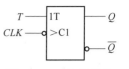

图 6-31 T 触发器的图形逻辑符号

表 6-31 T 触发器的特性表

CLK	T	Q	Q^*
1	0	0	0
1	0	1	1
1	1	0	1
1	1	1	0

如果把表6-31所规定的逻辑关系写成逻辑函数式，则得到 T 触发器特性方程式：

$$Q^* = T\overline{Q} + \overline{T}Q \tag{6-11}$$

事实上只要将 JK 触发器的两个输入端连在一起作为 T 端，就可以构成 T 触发器。正因为如此，在触发器的定型产品中通常没有专门的 T 触发器。

6.3.2 时序逻辑电路

若逻辑电路由触发器或触发器加组合逻辑电路组成，则它的输出不仅与当前时刻的输入状态有关，而且还与电路原来状态有关，这种电路称为时序逻辑电路。"时序"是指电路的状态与时间顺序有密切的关系。

时序逻辑电路

1. 时序逻辑电路概述

根据触发器状态更新与时钟脉冲 CLK 是否同步，可以将时序逻辑电路分为同步时序逻辑电路和异步时序逻辑电路两大类。

在同步时序逻辑电路中，所有触发器的状态在同一时钟脉冲 CLK 的协调控制下同步变化。在异步时序逻辑电路中，只有部分触发器的时钟输入端与系统时钟脉冲 CLK 相连，这部分触发器状态的变化与系统时钟脉冲同步，而其他触发器状态的变化往往滞后于这部分触发器。同步时序逻辑电路的工作速度明显高于异步电路，但电路复杂。

时序电路在电路结构上有两个显著的特点：

（1）时序电路通常包含组合电路和存储电路两个组成部分，而存储电路是必不可少的。

（2）存储电路的输出状态必须反馈到组合电路的输入端，与输入信号一起，共同决定组合逻辑电路的输出。

2. 时序逻辑电路的结构框图

时序逻辑电路的结构框图可以画成图6-32所示的普遍形式。

图中，$X(x_1, x_2, \cdots, x_i)$ 代表输入信号；$Y(y_1, y_2, \cdots, y_j)$ 代表输出信号，$Z(z_1, z_2, \cdots, z_k)$ 代表存储电路的输入信号；$Q(q_1, q_2, \cdots, q_l)$ 代表存储电路的输出信号。这些信号之间的逻辑关系可以用三个方程组（驱动方程、状态方程、输出方程）来描述，Q 表示存储电路中每个触发器的现态，Q^* 表示存储电路中每个触发器的次态，即

$$Y = F[X, Q], Z = G[X, Q], Q^* = H[Z, Q]$$

学习笔记

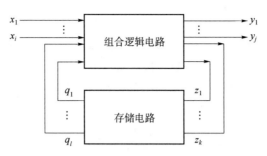

图 6-32　时序逻辑电路的结构框图

3. 时序逻辑电路的一般分析步骤

（1）列写时序逻辑电路的方程。

①从给定的逻辑图中写出每个触发器驱动方程（即存储电路中每个触发器输入信号的逻辑函数式）。

②将得到的驱动方程代入相应触发器特性方程中，得出每个触发器状态方程，从而得到由这些状态方程组成的整个时序电路的状态方程组。

③根据逻辑图写出电路的输出方程。

（2）列时序逻辑电路的状态转换表。

根据状态方程将所有的输入变量和电路初态的取值，代入电路的状态方程和输出方程，得到电路次态的输出值，列成表即为状态转换表。

（3）画时序逻辑电路的状态转换图。

将状态转换表以图形的方式直观表示出来，即状态转换图。在状态转换图中以圆圈表示电路的各个状态，以箭头表示状态转换方向。同时，还在箭头旁注明状态转换前的输入变量和输出变量的取值。

（4）分析时序逻辑电路的逻辑功能。

4. 时序逻辑电路分析举例

分析图 6-33 所示时序电路的逻辑功能，写出电路的驱动方程、状态方程和输出方程，画出电路的状态转换图。

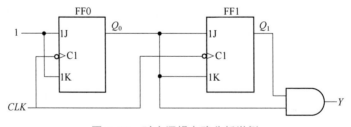

图 6-33　时序逻辑电路分析举例

【解】　（1）驱动方程：

$$J_0 = 1 \quad K_0 = 1$$
$$J_1 = Q_0 = K_1$$

（2）状态方程：

$$Q_0^* = J_0 \overline{Q_0} + \overline{K_0} Q_0 = \overline{Q_0}$$
$$Q_1^* = J_1 \overline{Q_1} + \overline{K_1} Q_1 = Q_0 \oplus Q_1$$

（3）输出方程：

$$Y = Q_0 \cdot Q_1$$

（4）状态转换图，如图 6-34 所示。

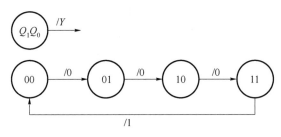

图 6-34　状态转换图

6.3.3　计数器

计数器

1. 计数器的功能

在数字系统中使用最多的时序电路是计数器。计数器不仅能用于对时钟脉冲计数，还可以用于分频、定时、产生节拍脉冲和脉冲序列以及进行数字运算等。

2. 计数器的分类

计数器的种类非常繁多。如果按计数器中触发器是否同时翻转分类，可将计数器分为同步式和异步式。在同步计数器中，当时钟脉冲输入时触发器翻转是同时发生的。而在异步计数器中，触发器翻转有先有后，不是同时发生的。

如果按计数过程中计数器中数字增减分类，又可分为加法计数器、减法计数器和可逆计数器（加/减计数器）。随着计数脉冲的不断输入而做递增计数的称为加法计数器，做递减计数的称为减法计数器，可增可减的称为可逆计数器。

如果按计数器中数字的编码方式分类，还可以分成二进制计数器、十进制计数器等。

3. 同步二进制加法计数器

根据二进制加法运算规则可知，在一个多位二进制数的末位上加 1 时，若其中第 i 位（即任何一位）以下各位皆为 1 时，则第 i 位应改变状态（由 0 变成 1，由 1 变成 0）。而最低位的状态在每次加 1 时都要改变，例如

按照上述原则，最低的 3 位数都改变了状态，而高 4 位状态未变。

同步计数器通常用 T 触发器构成，结构形式有两种：一种是控制输入端 T 的状态。当每次 CLK 信号（也就是计数脉冲）到达时，使该翻转的那些触发器输入控制端 $T_i = 1$，不该翻转的 $T_i = 0$；另一种形式是控制时钟信号，每次计数脉冲到达时，只能加到该翻转的那些触发器的 CLK 输入端上，而不能加给那些不该翻转的触发器。同时，将所有的触发器接成 $T = 1$ 的状态。这样，就可以用计数器电路的不同状态来记录输入的 CLK 脉冲数目，如图 6-35 所示。

表 6-32 所示为计数器脉冲个数与各触发器输出状态及十进制数之间的关系。利用第 16 个计数脉冲到达时 C 端电位的下降沿作为向高位计数器电路进位的输出信号。

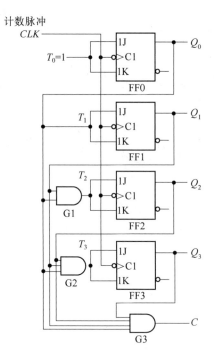

图 6-35　用 T 触发器构成的同步二进制加法计数器

表 6-32　电路的状态转换表

计数顺序	二进制数				十进制数	进位输出 C
	Q_3	Q_2	Q_1	Q_0		
0	0	0	0	0	0	0
1	0	0	0	1	1	0
2	0	0	1	0	2	0
3	0	0	1	1	3	0
4	0	1	0	0	4	0
5	0	1	0	1	5	0
6	0	1	1	0	6	0
7	0	1	1	1	7	0
8	1	0	0	0	8	0
9	1	0	0	1	9	0
10	1	0	1	0	10	0
11	1	0	1	1	11	0
12	1	1	0	0	12	0
13	1	1	0	1	13	0
14	1	1	1	0	14	0
15	1	1	1	1	15	1
16	0	0	0	0	0	0

　　此外，每输入 16 个计数脉冲计数器工作一个循环，并在输出端 Q_3 产生一个进位输出信号，所以又将这个电路称为十六进制计数器。计数器中能计到的最大数称为计数器的容量，它等于

计数器所有各位全为 1 时的数值。n 位二进制计数器的容量等于 2^n-1。

4. 同步十进制加法计数器

同步十进制加法计数器通常是在四位同步二进制加法计数器的基础上经过适当的修改获得的，如图 6-36 所示。也可利用反馈清零法和反馈置数法将四位同步二进制加法计数器构成同步十进制加法计数器。

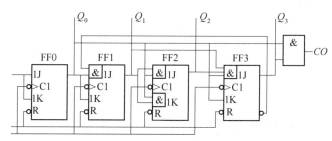

图 6-36　同步十进制加法计数器

电路在输入第十个计数脉冲后返回到初始的 0000 状态，同时 CO 向高位输出一个下降沿的进位信号。因此，该电路为同步十进制加法计数器。

常用的集成同步十进制计数器有 74LS160 和 74LS162，如图 6-37 所示。74LS160 与 74LS162 的差别是"160"为异步清零，"162"为同步清零，其他功能及管脚排列完全相同。74LS160 逻辑功能表如表 6-33 所示。

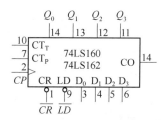

图 6-37　74LS160 和 74LS162 逻辑功能示意图

表 6-33　74LS160 逻辑功能表

输入									输出					说明
$\overline{CD}$	$\overline{LD}$	CT_P	CT_T	CP	D_3	D_2	D_1	D_0	Q_3	Q_2	Q_1	Q_0	CO	
0	×	×	×	×	×	×	×	×	0	0	0	0	0	异步清零
1	0	×	×	↑	d_3	d_2	d_1	d_0	d_3	d_2	d_1	d_0		同步置数
1	1	1	1	↑	×	×	×	×		计数				$CO=Q_3Q_0$
1	1	0	×	×	×	×	×	×		保持				
1	1	×	0	×	×	×	×	×		保持			0	

5. 利用同步置数功能获得 N 进制计数器

利用同步置数功能置入计数起始数据，通常取 $D_3 D_2 D_1 D_0 = 0000$，并置入计数器，在输入第 $N-1$ 个计数脉冲 CP 时，将计数器输出 Q_3、Q_2、Q_1、Q_0 端中的高电平 1 通过与非门输出的低电平 0 加到同步置数端 LD 上，这样，在输入第 N 个计数脉冲时，$D_3 \sim D_0$ 端输入的数据被置入计数器，使其返回到初始的预置数状态，从而实现 N 进制计数。

步骤：

（1）写出 N 进制计数器输出状态 S_{N-1} 的二进制代码。

（2）写出反馈置数函数。根据 S_{N-1} 写出同步置数控制端的逻辑表达式。

（3）画连线图。主要根据反馈置数函数画连线图。

【例】 试用 74LS160 的同步置数功能构成七进制计数器。

解：设计数器从 $Q_3Q_2Q_1Q_0 = 0000$ 状态开始计数。

因此，应取 $D_3D_2D_1D_0 = 0000$。

（1）写出 S_{7-1} 的二进制代码。

$$S_{7-1} = S_6 = 0110$$

（2）写出反馈置数函数。

$$LD = \overline{Q_2Q_1}$$

（3）画连线图，如图 6-38 所示。

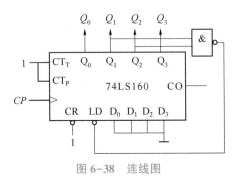

图 6-38　连线图

6.3.4　寄存器

寄存器存放数码的方式有并行和串行两种：并行方式就是数码各位从各对应位输入端同时输入寄存器中；串行方式就是数码从一个输入端逐位输入寄存器中。从寄存器取出数码的方式也有并行和串行两种：在并行方式中，被取出的数码各位在对应于各位的输出端上同时出现；而在串行方式中，被取出的数码在一个输出端上逐位出现。

寄存器常分为数码寄存器和移位寄存器两种，其区别在于有无移位的功能。

寄存器

1. 数码寄存器

数码寄存器只有寄存数码和清除原有数码的功能。

图 6-39 所示为 74LS75 采用基本 SR 触发器构成的 4 位数码寄存器的原理图。由于 D 触发器是由同步 SR 触发器构成的，故在时钟 $CLK=1$ 期间，输出 Q 会随 D 改变而改变。

图 6-40 所示为 74HC175 由 CMOS 边沿触发器构成的 4 位寄存器的原理图。其中：$D_0 \sim D_3$ 为并行数据输入端；CLK 为寄存脉冲输入端；$\overline{R_D}$ 为清零端。此寄存器为并行输入/并行输出方式。在 $CLK\uparrow$ 时，将 $D_0 \sim D_3$ 数据存入，与此前后的 D 状态无关，而且有异步置零（清零）功能。

2. 移位寄存器

移位寄存器除了具有存储代码的功能以外，还具有移位功能。所谓移位功能，是指寄存器里存的代码能在移位脉冲的作用下依次左移或右移。因此，移位寄存器不但可以用来寄存代码，还可以用来实现数据的串行-并行转换、数值的运算以及数据处理等，在计算机中广泛应用。

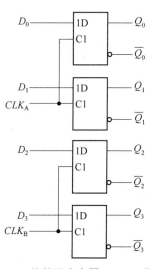

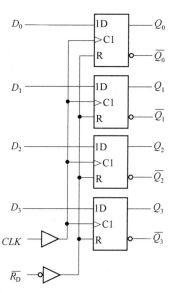

图 6-39　4 位数码寄存器 74LS75 原理图　　　图 6-40　4 位数码寄存器 74HC175 原理图

图 6-41 所示为由 D 触发器组成的 4 位移位寄存器，其中第一个触发器的输入端接收输入信号，其余的每个触发器输入端均与前边一个触发器的 Q 端相连。

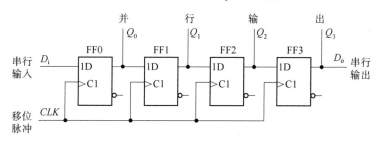

图 6-41　由 D 触发器构成的 4 位移位寄存器

因为从 CLK 上升沿到达开始到输出端新状态的建立需要经过一段传输延迟时间，所以当 CLK 的上升沿同时作用于所有的触发器时，它们输入端（D 端）的状态还没有改变。于是FF1 按 Q_0 原来的状态翻转，FF2 按 Q_1 原来的状态翻转，FF3 按 Q_2 原来的状态翻转。同时，加到寄存器输入端 D_i 的代码存入FF0。总的效果相当于移位寄存器里原有的代码依次右移了 1 位。

例如，在 4 个时钟周期内输入代码依次为 1011，而移位寄存器的初始状态为 $Q_0Q_1Q_2Q_3 =$ 0000，那么在移位脉冲（也就是触发器的时钟脉冲）的作用下，移位寄存器里代码的移动情况如表 6-34 所示。

表 6-34　移位寄存器中代码的移动状况

CLK 的顺序	输入 D_i	Q_0	Q_1	Q_2	Q_3
0	0	0	0	0	0
1	1	1	0	0	0
2	0	0	1	0	0
3	1	1	0	1	0
4	1	1	1	0	1

可以看到，经过 4 个 *CLK* 信号以后，串行输入的 4 位代码全部移入了移位寄存器中，同时在 4 个触发器的输出端得到了并行输出的代码。因此，利用移位寄存器可以实现代码的串行-并行转换。

如果首先将 4 位数据并行地置入移位寄存器的 4 个触发器中，然后连续加入 4 个移位脉冲，则移位寄存器里的 4 位代码将从串行输出端 D_o 依次送出，从而实现了数据的并行-串行转换。

图 6-42 所示为由 *JK* 触发器组成的 4 位移位寄存器，它和图 6-41 所示电路具有同样的逻辑功能，不同的是 *JK* 触发器的寄存是在移位脉冲的下降沿发生的。

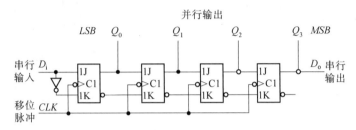

图 6-42　由 *JK* 触发器构成的 4 位移位寄存器

*6.3.5　555 定时器

555 定时器是一种多用途的数字-模拟混合的集成电路。它可以很方便地构成多谐振荡器、单稳态触发器和施密特触发器。由于使用灵活、方便，所以 555 定时器在波形的产生与变换、测量与控制、家用电器、电子玩具等许多领域中都得到了应用。

555 定时器

1. 555 定时器工作原理

图 6-43 所示为双极型 555 定时器的电路结构图。它由比较器 C1 和 C2、基本 *SR* 触发器和集电极开路的放电三极管 VT 三部分组成。三个 5 kΩ 的精密电阻构成基准电压分压电路，分别为两个电压比较器提供基准电压。低电平触发的基本 *SR* 触发器的 $\overline{Q}$ 端分为两路：一路接到三极管 VT 的基极，另一路经反相器（或称驱动器）缓冲输出。增加驱动器的目的是使 555 电路的最大输出电流达到 200 mA，以便直接驱动继电器、小电机、指示灯、扬声器等负载。

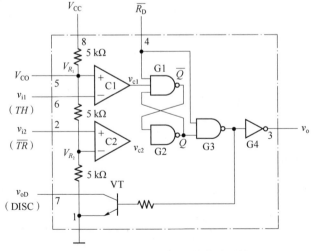

图 6-43　双极型 555 定时器的电路结构图

555 定时器电路各引脚功能：

1——接地端（GND）；

2——低电平触发端 $\overline{TR}$；

3——输出端；

4——复位端，若此端输入一负脉冲，则使触发器直接复位，不用时加以高电平；

5——电压控制端，此端可外加一电压以改变比较器的参考电压，不用时可悬空或通过 0.01 μF 的电容接地。在控制电压输入端悬空时，$V_{R_1}=\dfrac{2}{3}V_{CC}$，$V_{R_2}=\dfrac{1}{3}V_{CC}$。如果 V_{CO} 外接固定电压，则 $V_{R_1}=V_{CO}$，$V_{R_2}=\dfrac{1}{2}V_{CO}$。

6——高电平触发端；

7——放电端，当触发器的 $Q=0$ 时，VT 导通，外接电容 C 通过此管放电。

8——电源端，可在 3～18 V 使用。

由图 6-43 可知，（1）当 $v_{i1}>V_{R_1}$、$v_{i2}>V_{R_2}$ 时，比较器 C1 的输出 $V_{C1}=1$、比较器 C2 的输出 $V_{C2}=0$。基本 SR 触发器被置 0，VT 导通，同时 v_o 为低电平。

（2）当 $v_{i1}<V_{R_1}$、$v_{i2}>V_{R_2}$ 时，$V_{C1}=0$、$V_{C2}=0$，基本 SR 触发器的状态保持不变，因而 VT 和输出的状态也维持不变。

（3）当 $v_{i1}<V_{R_1}$、$v_{i2}<V_{R_2}$ 时，$V_{C1}=0$、$V_{C2}=1$，故基本 SR 触发器被置 1，v_o 为高电平，同时 VT 截止。

（4）当 $v_{i1}>V_{R_1}$、$v_{i2}<V_{R_2}$ 时，$V_{C1}=1$、$V_{C2}=1$，由与非门接成的基本 SR 触发器处于 $Q=\overline{Q}=1$ 的状态，v_o 为高电平，同时 VT 截止。

这样就得到了表 6-35 所示的 555 定时器的功能表。

表 6-35　555 定时器的功能表

输入			输出	
$\overline{R_D}$	$v_{i1}(TH)$	$v_{i2}(\overline{TR})$	v_o	VT
0	×	×	低	导通
1	$>\dfrac{2}{3}V_{CC}$	$>\dfrac{1}{3}V_{CC}$	低	导通
1	$<\dfrac{2}{3}V_{CC}$	$>\dfrac{1}{3}V_{CC}$	保持	不变
1	$<\dfrac{2}{3}V_{CC}$	$<\dfrac{1}{3}V_{CC}$	高	截止
1	$>\dfrac{2}{3}V_{CC}$	$<\dfrac{1}{3}V_{CC}$	高	截止

2. 555 电路的应用实例

1）构成施密特触发器用于温度等方面的控制

将 555 定时器的 v_{i1} 和 v_{i2} 两个输入端连在一起作为信号输入端，如图 6-44 所示，即可得到施密特触发电路。电路的电压传输特性曲线如图 6-45 所示，它是一个典型的反相输出施密特触发特性。

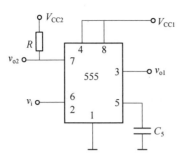

图 6-44　用 555 定时器构成的施密特触发器电路

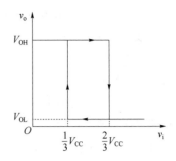

图 6-45　施密特触发器传输特性

电路回差电压为

$$\Delta V_{\mathrm{T}} = V_{\mathrm{T+}} - V_{\mathrm{T-}} = \frac{2}{3}V_{\mathrm{CC}} - \frac{1}{3}V_{\mathrm{CC}} = \frac{1}{3}V_{\mathrm{CC}}$$

如果参考电压由外接的电压 V_{CO} 供给，则此时的 $V_{\mathrm{T+}} = V_{\mathrm{CO}}$、$V_{\mathrm{T-}} = \frac{1}{2}V_{\mathrm{CO}}$，电路回差电压为 $\Delta V_{\mathrm{T}} = V_{\mathrm{T+}} - V_{\mathrm{T-}} = \frac{1}{2}V_{\mathrm{CO}}$。通过改变 V_{CO} 值就可以调节电路回差电压的大小。

利用施密特电路的工作特性，可以方便地制成温度控制器，用温度传感器制成电桥，把温度的变化转变为电压的变化，经放大电路放大后送到施密特触发器的输入端。通过改变引脚 5 电压（V_{CO}）的大小来改变温度设置上限和回差电压。当放大后的电压值小于 V_{CO} 时，555 定时器电路输出高电平，控制设备控制加热器进行加热，直到温度升高至放大后的电压等于 V_{CO} 时，555 定时器电路输出低电平，控制设备控制加热设备停止加热；当温度下降后，电桥的输出电压经放大电路放大，输入施密特触发器的输入端，若电压小于 V_{CO} 但大于 $1/2V_{\mathrm{CO}}$ 时，555 电路的输出状态保持不变；若电压等于 $1/2V_{\mathrm{CO}}$ 时，555 电路的输出变成高电平，控制设备控制加热器再进行加热，一直重复上述过程。

2）构成单稳态电路用于延时、定时

单稳态电路被广泛应用于数字电路中，具有脉冲整形、延时（产生滞后于触发脉冲的输出脉冲）以及定时（产生固定时间宽度的脉冲信号）等功能。

单稳态电路的工作特性具有如下的显著特点：

（1）它有稳态和暂稳态两个不同的工作状态；

（2）在外界触发脉冲作用下，能从稳态翻转到暂稳态，在暂稳态维持一段时间以后，再自动返回稳态；

（3）暂稳态维持时间的长短取决于电路本身的参数，与触发脉冲的宽度和幅度无关。

单稳态触发器的暂稳态通常都是靠 RC 电路的充、放电过程来维持的。

若以 555 定时器的 v_{i2} 端作为触发信号 v_{i} 的输入端，并将由 VT 和 R 组成的反相器输出电压 v_{oD} 接至 v_{i1} 端，同时在 v_{i1} 对地接入电容 C，就构成了如图 6-46 所示的单稳态电路。单稳态电路的工作波形如图 6-47 所示。

该电路可以用于制作各种定时器，如洗衣机的洗涤和甩干定时器等，还可以用于延时，如自动延时照明灯等。

3）构成多谐振荡电路用于产生矩形波

多谐振荡电路是一种自激振荡电路，在接通电源以后，不需要外加触发信号，便能自动地产生矩形脉冲。由于矩形波中含有丰富的高次谐波分量，所以习惯上又将矩形波振荡电路称为多谐振荡电路。由 555 定时器构成的多谐振荡电路如图 6-48 所示。

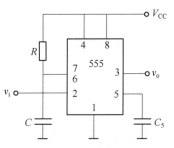

图 6-46　由 555 定时器构成的单稳态电路

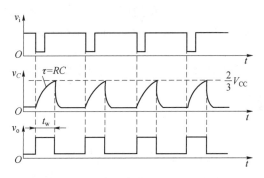

图 6-47　单稳态电路的工作波形

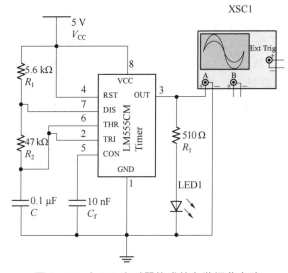

图 6-48　由 555 定时器构成的多谐振荡电路

电容上的电压 v_C 将在 V_{T+} 与 V_{T-} 之间往复振荡，v_C 和 v_o 的波形如图 6-49 所示，在输出端得到矩形波。

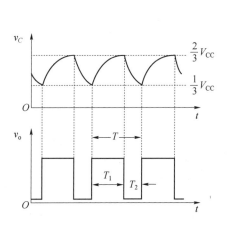

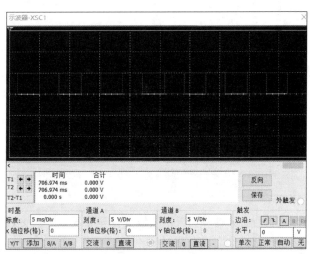

图 6-49　图 6-48 电路的电压波形图

该电路输出的矩形波的周期取决于电容器充、放电的时间常数，其充电时间常数为 $T_1=(R_1+R_2)C$，放电时间常数为 $T_2=R_2C$，故电路的振荡周期为

$$T=T_1+T_2=0.7(R_1+2R_2)C$$

通过改变 R 和 C 的参数即可以改变振荡频率。

任务实施

1. 实训设备与器材

直流稳压电源、示波器、万用表、脉冲信号发生器、PCB 电路板 1 块、2 个共阳极数码管、2 个共阴极数码管、显示译码器 1 个、计数器 2 个、电阻若干、电容若干、开关 2 个、导线若干、电工工具一套。

2. 任务内容和步骤

（1）60 s 数字秒表设计控制要求。

①按下开关 S1 和 S2，数字秒表开始以 1 s 的时间间隔开始计时，直到数码管显示 59 后，再来一个脉冲归零重新开始计数。

②断开开关 S1 时，暂停计时；当再次按下开关 S2 时，从当前值继续计时。

③断开开关 S2 时，数字秒表立即清零。

（2）任务步骤。

①根据数字秒表图 6-50 所示 Multisim 软件仿真电路参考图设计 60 s 数字秒表电路（秒脉冲可由函数信号发生器或 LM555 构成的多谐振荡器产生），按照控制要求完成电路仿真验证。

②仿真无误后，选择电路元器件并填表 6-36。

表 6-36　元器件清单

元器件名称及规格	数量

③把所有元器件插入电路板（注意布局合理、美观）。

④规范操作完成电路焊接。

⑤通电调试。在通电前先用万用表检查各芯片的电源接线是否正确。

（3）任务结果分析。

特别提示

利用异步清零功能获得 N 进制（任意进制）计数器的方法：

用 S_1，S_2，$\cdots$，S_N 表示输入 1，2，$\cdots$，N 个计数脉冲 CLK 时计数器的状态。

（1）写出 N 进制计数器输出状态 S_N 的二进制代码。

（2）写出反馈归零函数。根据 S_N 写清零端的逻辑表达式。

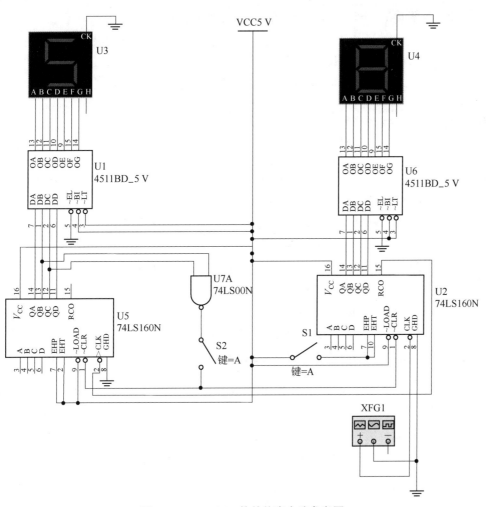

图 6-50　Multisim 软件仿真电路参考图

计数器采用 2 个相同的同步十进制加法计数器 74LS160 进行计数，低位计数器由函数发生器触发，高位计数器由低位计数器的进位触发，计时器每收到一个脉冲则加一。当高位计数器计数为 6（0110）时，将通过 74LS00 触发计数器执行异步清零功能，两个计数器重新从 0 开始计数。

检查评估 NEW!

1. 任务问答

（1）时序逻辑电路的分析方法与步骤有哪些？

_____

_____

_____

（2）计数器的功能有哪些？

_____

_____

_____

（3）计数器异步清零与同步置数功能在使用时有哪些区别？

_____

_____

_____

2. 检查评估

任务评价如表 6-37 所示。

表 6-37　任务评价

评价项目	评价内容	配分/分	得分/分
职业素养	是否遵守纪律，不旷课、不迟到、不早退	10	
	是否以严谨细致、节约能源、勇于探索的态度对待学习及工作	10	
	是否符合电工安全操作规程	20	
	是否在任务实施过程中造成示波器、万用表等器件的损坏	10	
专业能力	是否能复述不同触发器的功能特性及特性方程	10	
	是否能正确连接计数器各引脚	10	
	是否能利用 Multisim 软件仿真实验电路并对可靠性进行验证	20	
	是否能规范使用仪器仪表正确测试数字秒表电路各参数值	10	
总分			

小结反思

（1）绘制本任务学习要点思维导图。

（2）在任务实施中出现了哪些错误？遇到了哪些问题？是否解决？如何解决？记录在表6-38中。

表6-38　错误/问题记录

出现错误	遇到问题

【项目总结】

1. 数字电路中常用的数制是二进制和十六进制。二进制数换算成十进制数，可以用二进制数各位的权与相应位上的数的乘积获得。而十进制数换算成二进制数，可以用除2法求得。二进制数换算成十六进制数，是把二进制数从低位到高位四位分成一组，各组可以转换成十六进制数各相应位上的数。而把十六进制换算成二进制时，每位十六进制数转换成四位二进制数，将其组合到一起即可。十六进制数和十进制数之间的转换要借助二进制数。

2. 逻辑代数的运算法则有：基本运算法则、交换律、结合律、分配律、吸收律、反演律。

3. 与门和或门可以由二极管构成，非门要由三极管构成。与非门和或非门是与门、非门和或门、非门的组合。对于与门，只要有一个输入端为低电平，输出就为低电平，只有各输入端均为高电平，输出才为高电平。对于或门只要有一个输入端为高电平，输出就为高电平，只有各输入端均为低电平，输出才为低电平。与非门和或非门，刚好与与门和或门的结果相反。

基本逻辑门电路真值表

输入		输出					
A B		与门	或门	非门（A）	异或门	与非门	或非门
0 0		0	0	1	0	1	1
0 1		0	1	1	1	1	0
1 0		0	1	0	1	1	0
1 1		1	1	0	0	0	0

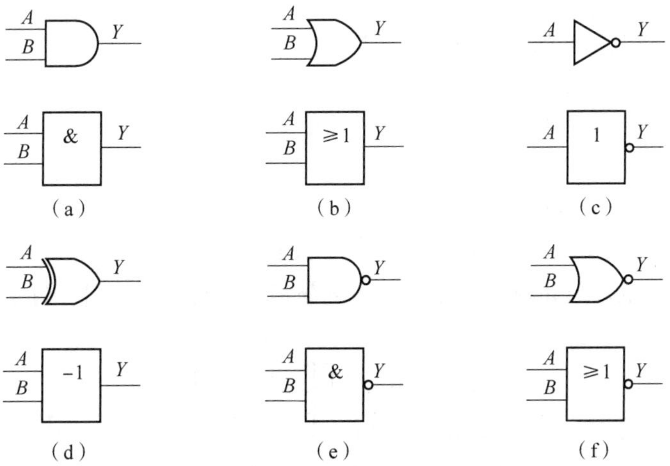

（a）　（b）　（c）

（d）　（e）　（f）

4. 组合逻辑电路的分析步骤：已知逻辑图→根据逻辑图写逻辑函数表达式→运用布尔（逻辑）代数化简或变换→列逻辑状态表分析逻辑功能。

5. 组合逻辑电路的设计步骤：根据逻辑问题→列逻辑真值表→写逻辑函数式→选定器件类型→化简函数式→画出逻辑电路图。

6. 用文字、符号或者数码表示特定信息的过程称为编码，能够实现编码功能的电路称为编码器。n 位二进制代码有 2^n 个状态，可以表示 2^n 个信息，对 m 个信号进行编码时，应按公式 $2^n \geqslant m$ 来确定需要使用的二进制代码的位数 n。常用的编码器有普通编码器、优先编码器等。

7. 译码是将给定的二进制代码翻译成编码时赋予的原意。完成这种功能的电路称为译码器。译码器是多输入、多输出的组合逻辑电路。译码器按功能分为二进制译码器和显示译码器。

8. 加法器是构成算术运算器的基本单元。两个二进制数之间的算术运算无论是加、减、乘、除，目前数字计算机中都是化作若干步加法运算进行的。

9. 数据选择器是一种常用模块，其功能是从一组数据中选择出某一个数据来，也叫多路开关。

10. 基本 SR 触发器是静态存储单元当中最基本也是电路结构最简单的一种。由与非门组成的基本 SR 触发器，它的输出状态是否变化，仅取决于 $\overline{S}_{\mathrm{D}}$ 和 $\overline{R}_{\mathrm{D}}$ 输入端的状态，只有当 $\overline{S}_{\mathrm{D}} = \overline{R}_{\mathrm{D}} = 0$ 时，$Q = \overline{Q} = 1$，电路的输出状态不定，其他情况输出均有固定的状态。

11. 门控 SR 触发器的输出状态是否变化取决于 S、R 输入端和时钟脉冲的状态，当 S、R 同时由 1 变为 0，或者 $S = R = 1$ 时 CLK 回到 0，触发器的次态将无法确知。其他情况输出均有固定的状态。

12. JK 和 D 触发器均具有计数功能且不会产生空翻现象。

13. 寄存器分为数码寄存器和移位寄存器两类。数码寄存器速度快，但必须有较多的输入端和输出端。而移位寄存器速度较慢，但仅需要很少的输入端和输出端。

14. 时序逻辑电路的分析就是分析出它的逻辑功能，分析的流程为：根据给定的逻辑图，列写电路的三种方程→列出其状态转换表→画出其状态转换图→分析出其逻辑功能。

15. 555 定时器电路是由模拟、数字和开关三部分电路组成的。模拟部分是由两个运算放大器和 3 个 5 kΩ 的分压电阻组成的；数字部分是一个基本 SR 触发器；由一个晶体三极管构成开关电路。

【习题】

6.1　将下列二进制数转换为等值的十进制数。

(1) $(01101)_2$；　　　　(2) $(1101101)_2$。

6.2　将下列十六进制数转换为等值的二进制数。

(1) $(8C)_{16}$；　　　　(2) $(3D.BE)_{16}$。

6.3　化简下列逻辑函数式。

(1) $Y = \overline{ABC} + \overline{A} + B + \overline{C}$；　　　　(2) $Y = ABC + AC\overline{D} + A\,\overline{C} + CD$。

6.4　输入 A、B 的波形如题图 6-1 所示，试分别画出与门、或门、与非门、或非门的输出波形图。

题图 6-1

6.5 试分析题图 6-2 所示电路的逻辑功能。

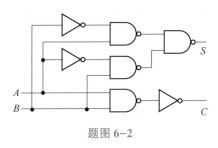

题图 6-2

6.6 试写出题图 6-3 所示电路的逻辑函数表达式，并判断其逻辑功能。

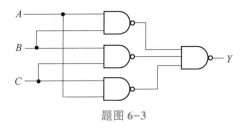

题图 6-3

6.7 设两个一位二进制数 A 和 B，试设计判别器，若 $A>B$，则输出 Y 为 1，否则输出 Y 为 0。

6.8 用与非门设计一个举重表决电路。

要求：举重比赛有 3 个裁判，一个主裁判和两个副裁判。杠铃完全举上的裁决由裁判按一下自己面前的按钮来确定。只有当两个或两个以上裁判判定成功，并且其中有一个为主裁判，表明成功的灯才亮。

6.9 试设计一个与非门逻辑电路供三人表决使用。

要求：每人有一电键，如果他赞成，就按电键，表示为 1；如果不赞成，不按电键，表示 0。表决结果用指示灯表示。若有 2 人或 2 人以上赞成，则指示灯亮，输出为 1，否则不亮为 0。

6.10 试说出时序逻辑电路与组合逻辑电路在结构与功能上的不同。

6.11 由与非门组成的基本 RS 触发器，输入端分别为 R、S，为使触发器处于"置 1"状态，其 R、S 端应为（　　）。

A. $RS = 00$　　　　B. $RS = 01$　　　　C. $RS = 10$　　　　D. $RS = 11$

6.12 T 触发器中，当 $T = 1$ 时，触发器实现（　　）功能。

A. 置 1　　　　B. 置 0　　　　C. 计数　　　　D. 保持

6.13 假设 JK 触发器的现态 $Q = 0$，要求 $Q^* = 0$，则应使（　　）。

A. $J = \times$，$K = 0$　　　　　　　　B. $J = 0$，$K = \times$

C. $J = 1$，$K = \times$　　　　　　　　D. $J = K = 1$

6.14 触发器由门电路构成，但它不同门电路的功能，主要特点是具有（　　）。

A. 翻转功能　　B. 保持功能　　C. 记忆功能　　D. 置 0 和置 1 功能

6.15 一个 5 位的二进制加计数器，由 00000 状态开始，经过 75 个时钟脉冲后此计数器的状态为（　　）。

A. 01011　　　　B. 01100　　　　C. 01010　　　　D. 00111

6.16 描述时序逻辑电路功能的两个必不可少的重要方程式是（　　）。

A. 状态方程和输出方程　　　　　　　B. 状态方程和驱动方程

C. 状态方程和时钟脉冲方程   D. 驱动方程和输出方程

6.17 分析题图 6-4 所示时序电路的逻辑功能，写出电路的驱动方程、状态方程和输出方程，画出电路的状态转换图。

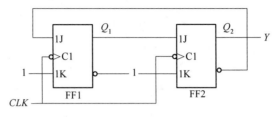

题图 6-4

6.18 分析题图 6-5 所示时序电路的逻辑功能，指出其逻辑功能。

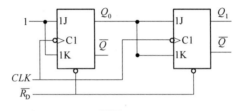

题图 6-5

参考文献

[1] 杨达飞，覃日强. 电工电子技术应用 [M]. 北京：北京理工大学出版社，2016.

[2] 黄淑琴. 电工电子技术应用 [M]. 北京：机械工业出版社，2018.

[3] 童诗白，华成英. 模拟电子技术基础 [M]. 5 版. 北京：高等教育出版社，2015.

[4] 林平勇，高嵩. 电工电子技术 [M]. 4 版. 北京：高等教育出版社，2016.

[5] 孙彤. 电工电子技术 [M]. 2 版. 北京：机械工业出版社，2017.

[6] 闫石. 数字电子技术基础 [M]. 北京：高等教育出版社，2016.

[7] 曹才开，熊幸明. 电工电子技术 [M]. 2 版. 北京：机械工业出版社，2015.

[8] 崔政敏，钟磊. 汽车电工电子技术 [M]. 上海：上海交通大学出版社，2015.

[9] 李若英. 电工电子技术基础 [M]. 5 版. 重庆：重庆大学出版社，2018.